国家骨干高职院校重点建设专业教材
高职机械类精品教材

电液比例控制与电液伺服控制技术

DIANYE BILI KONGZHI YU
DIANYE SIFU KONGZHI JISHU

主　编　袁帮谊
副主编　汪业常　肖　全
　　　　王建军　刘欣玉

中国科学技术大学出版社

内 容 简 介

“电液比例控制与电液伺服控制技术”是高等职业院校机械制造及自动化相关专业一门重要的专业课程，本书主要介绍了电液比例控制与电液伺服控制技术的基础概念、基本元件、系统组成及性能特点，是相关专业学生在将来的工作中必备的基本知识和基本技能。

本书共分10章，系统地、循序渐进地阐述了电液比例控制与电液伺服控制中的各种控制元件、动力元件，系统的工作原理、性能特点以及使用、维护和维修方法，并从实用的角度出发，简要介绍了实用基本回路及其应用、比例与伺服控制系统的使用和维护常识。

全书结构合理，内容取材适当，每章配有一定数量的思考题和习题，便于教学与自学，适合作为高职高专及成人高校机械及自动化专业教材，亦可供工厂技术管理人员参阅。

图书在版编目(CIP)数据

电液比例控制与电液伺服控制技术/袁帮谊主编.—合肥：中国科学技术大学出版社，2014.1(2020.8重印)

ISBN 978-7-312-03370-4

Ⅰ.电… Ⅱ.袁… Ⅲ.电液伺服系统—比例控制—高等学校—教材 Ⅳ.TH137.5

中国版本图书馆CIP数据核字(2013)第303074号

出版 中国科学技术大学出版社
安徽省合肥市金寨路96号，230026
http://press.ustc.edu.cn
https://zgkxjsdxcbs.tmall.com

印刷 安徽省瑞隆印务有限公司

发行 中国科学技术大学出版社

经销 全国新华书店

开本 787 mm×1092 mm 1/16

印张 12

字数 307千

版次 2014年1月第1版

印次 2020年8月第2次印刷

定价 32.00元

前　　言

液压技术包括液压传动技术和液压控制技术。液压传动指的是液压系统中控制阀对控制液体的压力、流量和方向所进行的开关型控制。这些阀的阀芯在工作时的状态要么是开，要么是关，只有这两种状态。液压控制指的是对控制液体的压力和流量实现有比例的控制。从功能上看，这种类型的控制阀是一种液压功率放大器，输入为位移，输出为压力或流量。液压控制系统主要包括电液比例控制系统、机液控制系统和电液伺服控制系统。这类系统具有容量大、响应速度快、刚度大和控制精度高等突出优点，在各类机床、重型机械、起重机械、建筑建材机械、汽车、大型试验设备、航空航天、船舶和武器装备等领域都有广泛的应用。

我国的民用工业，越来越多地用到电液比例控制和电液伺服控制技术。安徽机电职业技术学院机械制造及自动化专业开设"电液比例控制和电液伺服控制技术"这门课程，就是为了培养学生对工业发展的需要的适应能力，也是我院机械制造及自动化专业富有竞争力的体现。安徽省内高职院校只有我院开设了这门课程，我们希望通过这门专业课，为本专业的毕业生增强工作后劲打下良好的基础。

本门课程理论讲授为56学时，实训为一周(24学时)时间。通过不断探索、学习和总结，越来越多的高职类学生掌握了这门技术。

本书由安徽机电职业技术学院袁帮谊担任主编，汪业常、肖全、王建军、刘欣玉担任副主编。其中，绪论由汪业常编写，第1章由肖全编写，第2章由王建军编写，第5章由刘欣玉编写，其余章节由袁帮谊编写，全书由袁帮谊统稿。考虑到学生的主要培养方向(对液压控制的设备进行安装、调试和维修)和将来的实际工作需要，本书着重对控制元件的结构和原理、基本控制回路和综合控制系统进行了详细的分析，淡化了控制理论，尽量不体现理论部分，以达到使毕业生将来能在设备现场解决问题的目的。

本书在编写过程中，引用了大量的参考文献，在此对所有参考文献的作者表示感谢。

由于编者水平有限，书中难免存在缺点和不妥之处，敬请有关专家和广大读者批评指正。

袁帮谊

前言

[illegible]

目　录

下篇　电液伺服控制技术

绪　论

液压技术主要分为液压传动(即开关控制)技术和液压控制(比例控制、伺服控制、数字控制)技术两类,读者可在学习液压传动的基础上再学习液压控制技术。本书主要介绍电液比例控制和电液伺服控制技术。

液压技术整体上经历了开关控制、伺服控制和比例控制三个阶段。液压传动(开关控制)基于17世纪流体力学的帕斯卡原理,1795年世界上诞生了第一台用于棉花、羊毛打包的水压机。液压伺服控制诞生于第二次世界大战期间,由于军事刺激,各种高压元件获得了进一步的发展。1940年底,飞机上首次出现了电液伺服控制系统(二战前,机液控制系统作为海军舰船的操纵装置已开始使用),该系统到20世纪60年代后期日臻完善。液压伺服控制具有响应速度快、承载能力强、灵活性大和控制精度高等优点,但它也有造价昂贵、抗污染能力差等缺点。20世纪60年代末,随着工业的不断发展和民用工业的需要,控制精度高而又价廉的比例控制技术应运而生。两院院士路甬祥在20世纪80年代的五项发明为比例控制技术的发展作出了重大贡献。

液压技术的体系发展如图0.1所示。

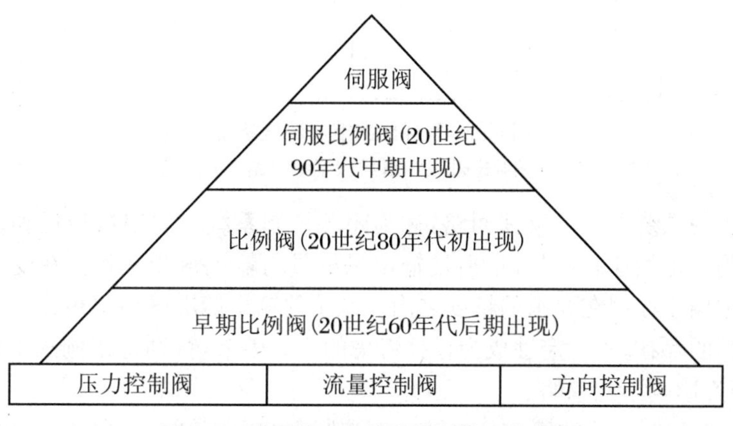

图0.1　液压传动与液压控制的层次关系

1. 电液比例控制的概念、工作原理及组成

(1) 电液比例控制的概念。电液比例控制技术是将电信号(模拟信号或数字信号)连续成比例地转换为液压功率输出(压力或流量)的电液转换技术。

(2) 电液比例控制的工作原理。随着电液比例控制技术的发展,逐渐分化出开环比例控制(图0.2)和闭环比例控制(图0.3)。在普通液压传动系统的基础上配上比例控制阀(含比例放大器)和传感器(开环控制无传感器),就构成了电液比例控制系统。图0.2中,比例调速阀 1 接到比例放大器 2 给定的电信号后，比例调速阀的开口流量与放大器的电信号成比例关系。放大器的电信号参数变化是连续的，调速阀的开口流量变化也是连续的，即对应的受控制对象液压缸的运动速度有无限种。

图 0.2 中的被控量不需进行检测和反馈，因而当被控量与期望值出现偏差时，就无法对其进行修正，此系统称为开环控制系统。这类系统一般控制精度不高，但与开关式液压控制系统相比，控制质量和方式都有进步和简化，它可使被控量复现控制信号的变化规律。这类系统在工程中经常使用。

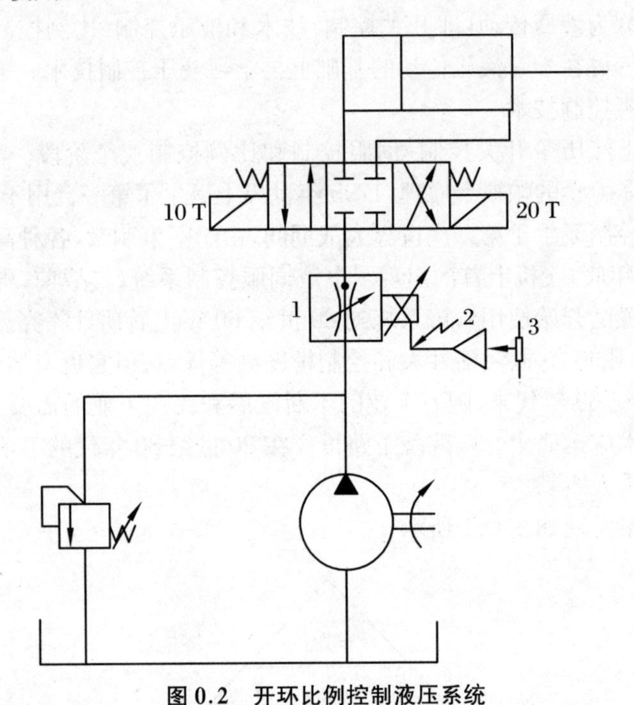

图 0.2　开环比例控制液压系统

1—比例调速阀；2—比例放大器；3—给定电位器

图 0.3 所示的系统引入了反馈回路，称为闭环控制系统。它用被控量和输入量（给定）的偏差信号作为真正的控制信号，最后使输出量尽量与输入量相一致。在受到干扰时仍能消除偏差或能把偏差控制在要求的精度之内。系统的输出能准确地复现输入信号的变化规律。但由于反馈的存在，其稳定性成为设计考虑的主要因素，特别是比例阀工作在较大的范围内时，其非线性影响不能忽略。

(3) 电液比例控制系统的组成。电液比例控制系统尽管结构各异，功能也不相同，但都可归纳为由功能相同的基本单元组成的系统。如图 0.4 所示，图中虚线所示为可能实现的检测与反馈。其中，包含外反馈的控制系统称为闭环控制系统，不包含外反馈的控制系统称为开环控制系统。如果存在比例阀本身的内反馈，也可以构成实际的局部小闭环控制，但一般不称为闭环控制系统。

组成电液比例控制系统的基本单元如下：

(1) 指令元件。它是给定指令信号的产生与输入元件，也可称为编程器或输入电路。在有反馈信号存在的情况下，它给出与反馈信号有相同形式和量级的控制信号。如图 0.2 中给定电位器或电-机械转换器组就是常见的指令元件之一。它也可以是信号发生装置或程序控制器。指令信号可以手动设定或程序设定，最常见的是手动预置设定，运行时用程序

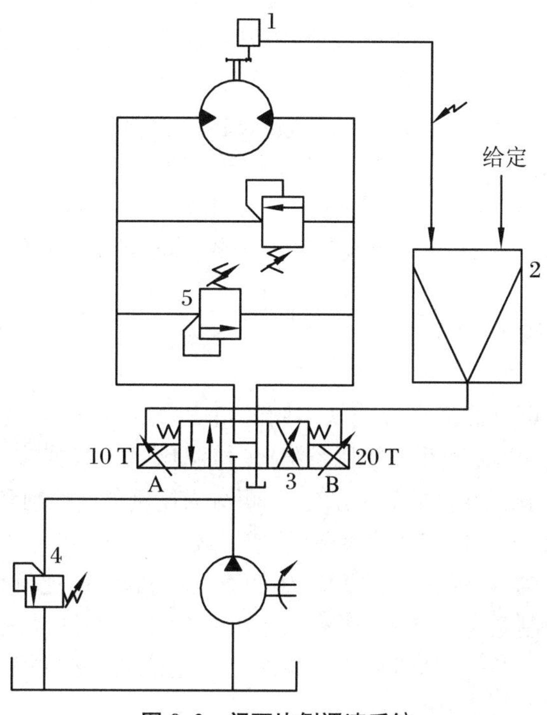

图 0.3　闭环比例调速系统

1—速度传感器；2—双通道比例放大器；3—比例放向阀；4—溢流阀；5—限压阀

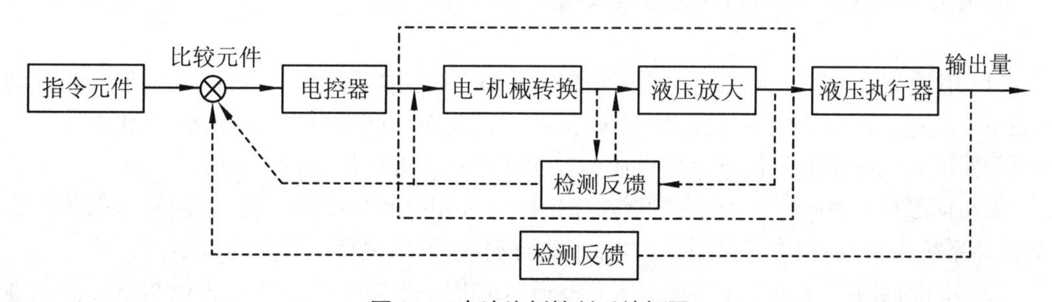

图 0.4　电液比例控制系统框图

选调。

（2）比较元件。它的功用是把给定的输入与反馈信号进行比较，得出偏差信号作为电控器的输入。进行比较的信号必须是同类型的，比例电控器的输入量为电控量，因此反馈量也应转换成同类型的电学量。如遇到不同类型的量，在比较前要进行信号类型转换，例如A/D或D/A转换，或电-机械转换等。

（3）电控器。电控制器通常被称为比例放大器，由于含在比例阀内的电磁铁需要的控制电流比较大（0～800 mA），而偏差控制电流比较小，不足以推动比例电磁铁工作，所以要对控制信号进行比例放大，且偏差信号的类型或形状都不一定能满足高性能控制的要求。电控器的作用是对输入信号进行加工、整形和放大，使其达到电-机械转换装置的控制要求。

（4）比例阀。比例阀内部又可分为两大部分，即电-机械转换器和液压放大元件，还可能带有阀内的检测反馈元件。电-机械转换器是电液的接口元件，它把经过放大后的电信号转换成与电学量成比例的力或位移。这个输出力或位移改变了液压放大级的液阻，经液压放大作用，把不大的电气控制信号放大到足以驱动负载，这就是整个系统的功率放大部分。

(5) 液压执行器。通常是指液压缸或液压马达，它是系统的输出装置，用于驱动负载。

(6) 检测反馈元件。对于闭环控制需要加入反馈检测元件，它检测被控量或中间变量的实际值，得出系统的反馈信号。检测元件有位移传感器、测速发电机等。检测元件往往是信号转换器(例如机-电、机-液转换)，用于满足比较的要求。从图 0.4 可以看出，检测元件有内环和外环之分。内环检测元件通常包含在比例阀内，用于改善比例阀的动、静态特性。外环检测元件直接检测输出量，用于提高整个系统的性能和控制精度。

2. 电液比例控制系统的分类

电液比例控制系统可以按很多方式从不同的角度来进行分类：按被控量是否被检测和反馈来分类，可分为开环控制和闭环控制系统；按控制信号的形式来分类，可分为模拟式控制和数字式控制系统；按比例元件的类型来分类，可分为比例节流控制和比例容积控制系统。

目前，最通用的分类方式是按被控对象(量或参数)来分类，可分为：比例流量控制系统、比例压力控制系统、比例流量压力控制系统、比例速度控制系统、比例位置控制系统、比例力控制系统和比例同步控制系统。此外，还有其他参数的比较控制系统。前 3 项通常以开环控制的形式出现，而其余的则多是闭环控制系统。而比例同步控制系统本质上就是一个比例位置控制系统。

3. 电液伺服控制的概念、工作原理及组成

(1) 电液伺服控制的概念。液压伺服控制系统(又称随动系统或跟踪系统)是一种自动控制系统。在这种系统中，系统的输出量能自动、快速而准确地复现输入量的变化规律。由液压伺服控制元件和液压执行元件组成的控制系统称为液压伺服控制系统。

液压伺服控制系统具有响应速度快、系统刚性大和控制精度高等优点，因而在国防工业(如武器系统自动化)和许多民用工业(如工业自动化)部门中得到广泛的应用。

(2) 电液伺服控制的工作原理。图 0.5 所示的是一个简单的液压伺服控制系统的原理图。液压泵 4 是系统的动力源，它以恒定的压力向系统供油，供油压力由溢流阀 3 调定。伺服阀 1 是控制元件，液压缸 2 是执行元件。伺服阀按节流原理控制进入液压缸的流量、压力和方向，使液压缸带动负载运动。伺服阀阀体与液压缸缸体刚性连接，从而构成机械反馈运动系统。

按图示给伺服阀阀芯一个阀芯位移(输入量)X_i，则窗口 a、b 便有一个相应的开口量 X_v ($=X_i$)，压力油经窗口 b 进入液压缸右腔，液压缸左腔油液经窗口 a 排出，缸体位移(输出量)X_p。与此同时阀体也右移，使阀的开口量减小，此时 $X_v = X_i - X_p$。直到 $X_p = X_i$，即 $X_v = 0$，阀的输出流量为零，缸体才会停止运动，处在一个新的平衡位置上，从而完成液压缸输出位移对阀略多于输入位移的跟随运动。如果阀芯反向运动，液压缸也反向跟随运动。在此系统中，缸体位移 X_p 之所以能够迅速准确地复现阀芯位移 X_i 的变化，是因为阀体与缸体连成一体构成了机械的负反馈控制。由于缸体的输出位移能够连续地反馈到阀体上并与阀芯的输入位移进行比较，若有偏差(阀的开口)，缸体就向减小偏差的方向运动，直到偏差消除为止，即“以偏差来消除偏差”。图 0.6 给出了用方块图表示的液压伺服控制系统的工作原理。

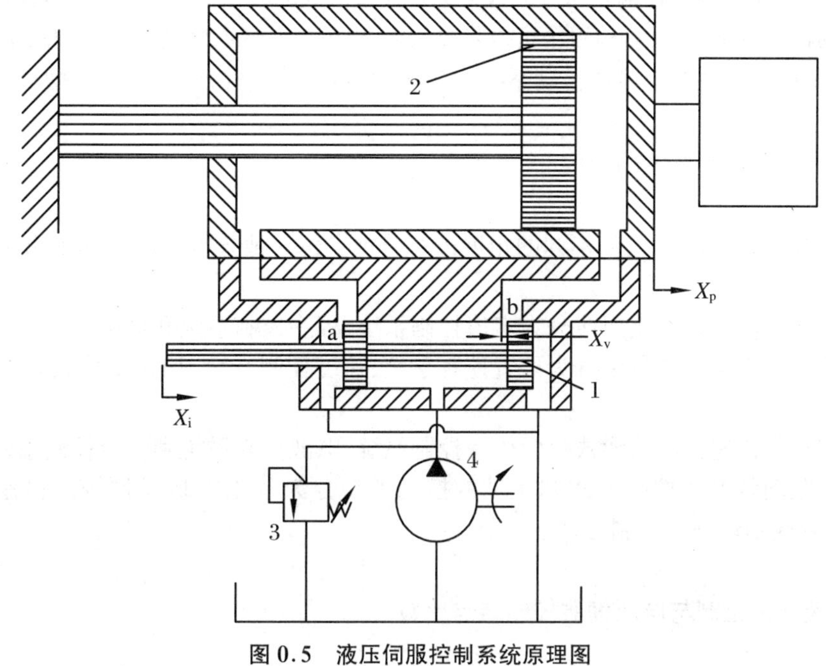

图 0.5　液压伺服控制系统原理图

1—伺服阀；2—液压缸；3—溢流阀；4—液压泵

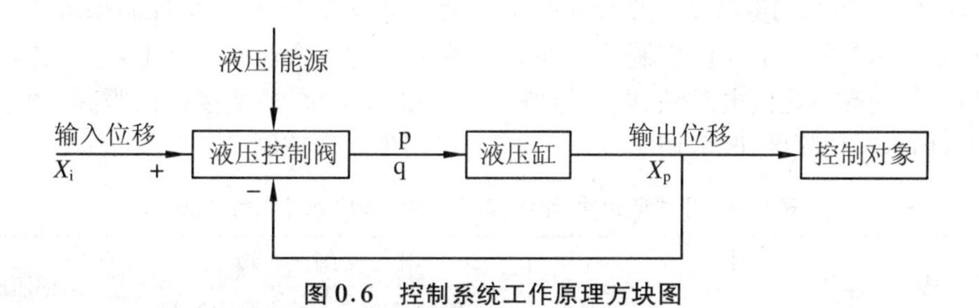

图 0.6　控制系统工作原理方块图

(3) 系统的组成。实际的液压伺服系统无论多么复杂，也都是由一些基本元件组成的。根据元件的功能，系统的组成可用图 0.7 表示，说明如下：

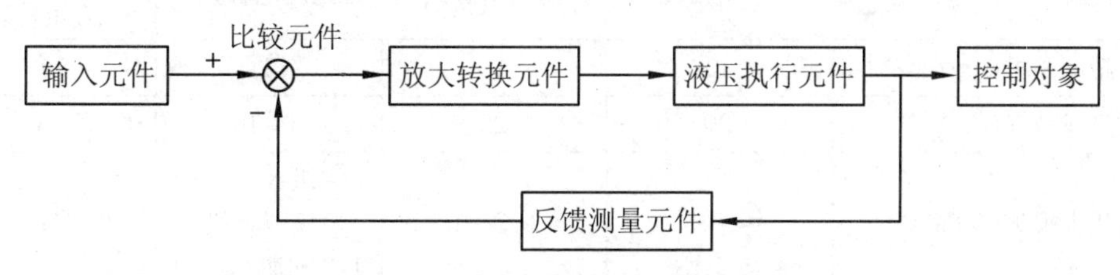

图 0.7　液压伺服控制系统的组成

① 输入元件。它给出输入信号(指令信号)加于系统的输入端。

② 反馈测量元件。测量系统的输出量，并转换成反馈信号。如上述缸体与阀体之间的机械连接装置。

③ 比较元件。将反馈信号与输入信号进行比较，给出偏差信号。反馈信号与输入信号应是相同的物理量，方便比较。比较元件有时不单独存在，而是与输入元件、反馈测量元件或放大转换元件组合成一个结构元件。如图 0.5 中伺服阀同时具有比较和放大两种功能。

④ 放大转换元件。将偏差信号放大并进行能量形式的转换。如放大器、伺服阀等。放大转换元件的输出级是液压的，前置级可以是机械的、电的、液压的、气动的或它们的组合形式。

⑤ 液压执行元件。与液压传动系统中的相同，包括液压缸、液压马达或摆动缸。

4. 电液伺服控制系统的分类

液压伺服控制系统可以从不同的角度进行分类。每一种分类方法都体现出系统一定的特点。

(1) 按输入信号的变化规律分为定值控制系统、程序控制系统和伺服控制系统。

(2) 按系统输出量的名称分为位置控制系统、速度控制系统、加速度控制系统和力控制系统等。

(3) 按信号传递介质的形式分为机液控制系统、电液控制系统和气液控制系统。

(4) 按驱动装置的控制方式和元件的控制类型分为节流控制(阀控式)和容积式控制(变量泵控制或变量马达控制)系统。

5. 电液比例控制与电液伺服控制特点比较

我们将已经学习过的传统的开关型控制与电液比例控制、电液伺服控制作一些相关的比较，见表0.1。传统的电液开关型控制技术不能满足高性能、高质量控制系统的要求。电液比例控制技术中的一般比例控制技术在完善控制阀设计原理的基础上，采用各种内外反馈、电校正，使耐高压比例电磁铁、电控器特性大为提高，稳态特性接近伺服阀，频率响应为5～30 Hz，但有零位死区，既可用于开环控制，也可用于闭环控制。

表0.1 开关型元件、比例控制元件和伺服元件特性比较

特性	开关阀	比例阀		伺服阀
		一般比例阀	伺服比例阀	
电子或继电控制	继电控制	电子控制	电子控制	电子控制
电-机械转换器	开关电磁铁	比例电磁铁	比例电磁铁	力马达或 力矩马达
加工精度要求(μm)	10	10	1	1
介质过滤精度(μm)	25	25	3～10	5
阀内压力损失(MPa)	<0.5	0.3～1	主级:0.3～1 单级或首级: 1/3油源总压力	7
控制功率(W)	15～40	10～25	10～25	0.05～5
频宽(Hz)	<10	5～30	30～70	20～200
滞环	-	3	0.1～0.5	0.1～0.5
重复精度	-	0.5%～1%	0.5%～1%	0.5%～1%
零位死区	有	有	无	无
温度漂移(20～60℃)	-	5%～8%	2%～3%	2%～3%

电液比例控制技术中的伺服比例阀是一种性能和价格介于伺服阀和普通比例阀之间的控制阀,它具有传统比例阀的特征,采用比例电磁铁作为电-机械转换器,同时它又采用伺服阀的加工工艺、零遮盖阀口,其阀芯与阀套之间的配合精度与伺服阀相当,无零位死区,频率响应比一般比例阀高,而可靠性高于一般伺服阀。适用于各种工业领域的闭环控制系统。它的另一特点是,当阀的电源失效,电磁铁失电时,由于弹簧的作用,使阀处于一个确定的位置,从而使其四个通口具有固定的通断形式,这是电液伺服阀所不及的。

电液伺服阀是电液伺服控制技术的关键元件,采用力马达或力矩马达作为电-机械转换器,前置级常采用喷嘴挡板、射流管和射流元件结构,功率级主要为滑阀结构。它是一种接受模拟电信号后,输出相应调制的流量和压力的液压控制阀。电液伺服阀具有动态响应快(达 200 Hz)、控制精度高、使用寿命长等优点,已广泛应用于航空、航天、舰船、冶金、化工等领域的电液伺服控制系统中。

上　篇

电液比例控制技术

第 1 章　比例电磁铁

1.1　电磁铁的吸力特性和负载特性

电磁铁(直线力马达)是一种依靠电磁系统产生电磁吸力,使衔铁对外做功的一种电动装置。其基本特性可表示为衔铁在运动中所受到的电磁力 F_m 与它的行程 y 之间的关系,即 $F_m = f(y)$,这个关系称为吸力特性。对于比例电磁铁,要求它具有水平的吸力特性,见图 1.1 中的曲线 2。对于力矩马达,其吸力特性用电磁转矩与衔铁转角的关系来表示。

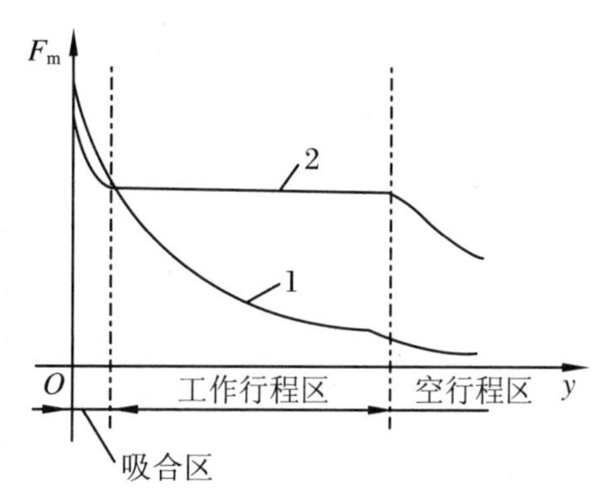

图 1.1　电磁铁的静态吸力特性

1—普通电磁铁;2—比例电磁铁

图 1.1 所示的为普通电磁铁与比例电磁铁的静态吸力特性。所谓静态吸力特性就是在稳态过程中得到的吸力特性。与之相对应的是动态特性,见图 1.2。在衔铁的实际运动过程中,只存在动态吸力特性,静态吸力特性只是衔铁无限缓慢移动时的一种特例。由于动态吸力特性与负载有关,以致同一电磁铁也会有不同的动态吸力特性。习惯上,把静态吸力特性作为电磁铁的吸力特性。在电磁铁的运动过程中,必然要克服机械负载和阻力而做功。对于普通的电磁铁,一般都要求电磁吸力大于负载反力,而对于比例电磁铁,衔铁则处于电磁吸力与负载反力平衡的状态。只有这样,电磁铁才能正常工作。

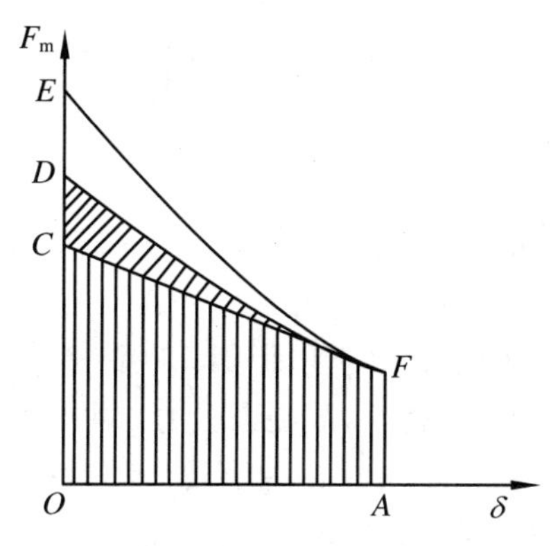

图 1.2　电磁铁的吸力特性和反力特性

为使电磁铁可靠工作,应使吸力特性与负载特性有良好的配合。常见的负载反力特性如图 1.3 所示。对于吸合型电磁铁,在吸合过程中,电磁吸力特性曲线应在负载反力曲线的上方。而在释放运动中,负载反力又必须大于剩磁产生的电磁力。但在吸合过程中,电磁吸力也不宜超过负载反力太多,否则,会导致吸合撞击。对于比例电磁铁,由于在工作过程中,电磁力总是与负载力相平衡,参与工作的吸力特性曲线有很多条,而负载多为弹簧负载,所以它工作时吸力特性与负载反力特性的配合情况如图 1.4 所示——负载弹簧的特性曲线与多条吸力特性曲线相交,对应不同的输入电流,电磁铁的吸力特性水平上下平移,而它与弹簧特性曲线的相交点便是对应电流下的工作点。从图中可以看出,当电流 I 改变时工作点也在改变,比例电磁铁正是利用这一特性来实现电-机械信号的比例转换的。

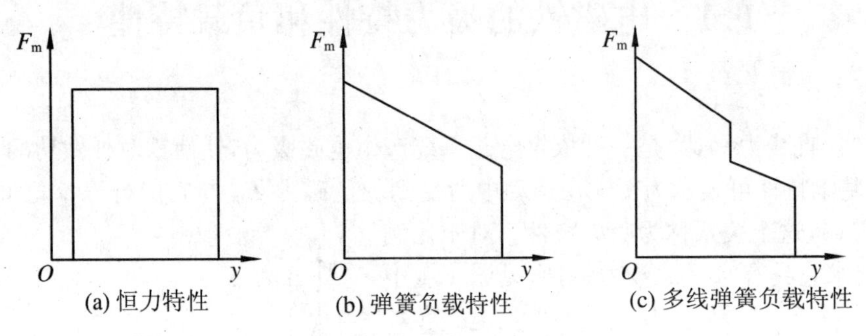

图 1.3 典型的负载反力特性

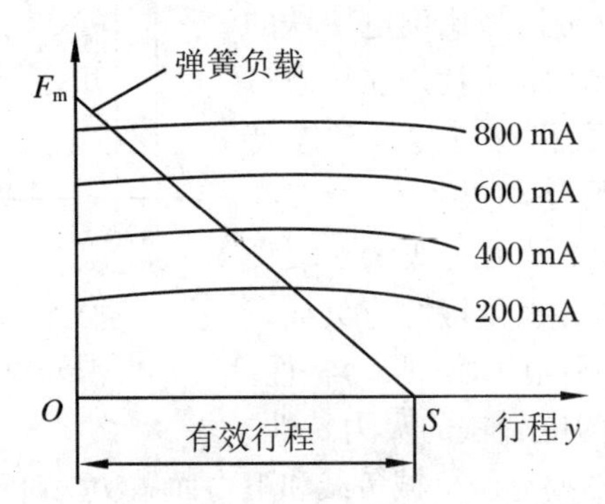

图 1.4 比例电磁铁的吸力特性与负载特性配合

1.2 比例电磁铁的吸力特性分析

比例电磁铁从外观上与通断型电磁铁很相似,都具有壳体、线圈和衔铁等零件,主要差别在于磁路的设计不同。螺管电磁铁分为闭式(甲壳式)和开式(无甲壳式)两种,两者相比,开式螺管电磁铁虽然具有较平坦的吸力特性,但因其磁路穿过空气隙的路径较长,相同结构尺寸下,它比闭式电磁铁产生的力小得多,故在以吸力为主要用途的液压电磁铁中没有获得应用。闭式螺管电磁铁的极靴与衔铁可有多种形式,吸力特性也因此产生较大的差异。在液压回路上常用到的电磁铁中常见的有如图 1.5、图 1.7 和图 1.8 所示的三种形式。图 1.5 所示的为普通开关型电磁铁,图 1.7 和图 1.8 所示的为比例电磁铁,为便于比较,首先介绍普通电磁铁。

1.2.1 平底止座结构的直流螺管电磁铁

平底止座结构的直流螺管电磁铁是常用的普通吸合型电磁铁，图 1.5 是普通开关型电磁铁的结构简图。当线圈通有直流电 I 时，线圈便在铁芯中产生磁场，并形成闭合的磁力线路，电磁铁中存在两个气隙，一个是工作气隙 2，另一个是非工作气隙 1，在电磁铁的吸合过程中，形成两个变化的磁通，即主磁通 Φ 和漏磁通 Φ_L。衔铁 6 所受到的吸力主要有两部分构成，主磁通产生的力称为端面力，而漏磁通产生的力称为螺管力，图示结构这两个力的方向是一致的。两个力的合力就构成了总的电磁吸力。

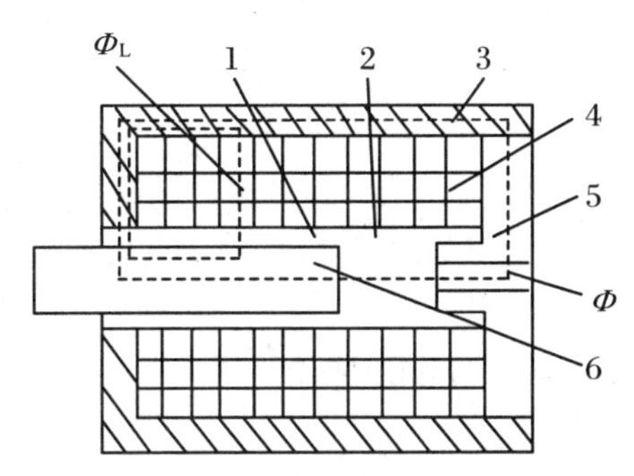

图 1.5 平底结构直流闭式螺管电磁铁

1—非工作气隙；2—工作气隙；3—外壳；4—激磁线圈；5—挡铁；6—衔铁

在图 1.5 所示的结构中，衔铁运动时，主气隙是不断减小的，因而主磁通逐渐增加，而漏磁通就不断减小，也即是螺管力与端面力之比不断变化，在 $\delta=0$ 处，漏磁通 Φ_L 与主磁通 Φ 相比，其值很小，螺管力趋于零。这种平底螺管电磁铁的吸力特性如图 1.6 中的曲线 1 所示，具有很陡的吸力特性。

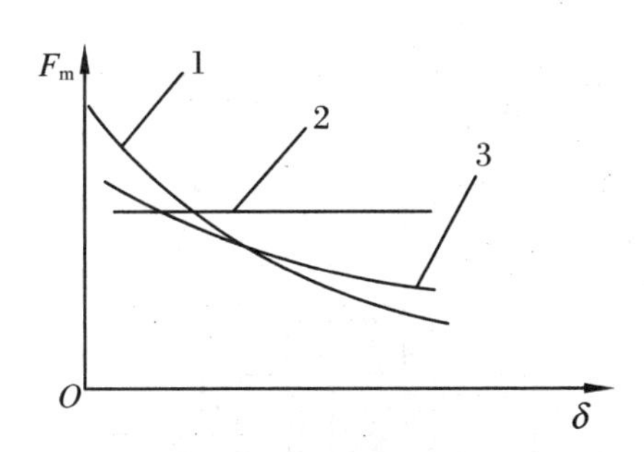

图 1.6 直流螺管式电磁铁的吸力特性

1—平底止座式；2—盆底止座式；3—锥底止座式

如前所述，比例电磁铁的基本要求之一是具有水平吸力特性，即要求它的电磁吸力与行程无关，只取决于电流 I 的大小。因此，图 1.5 所示的平底结构的螺管电磁铁不能满足这一要求。

1.2.2 锥底止座结构的直流闭式螺管比例电磁铁

如果把平底止座结构改为锥底止座结构，得到如图 1.7 所示的锥底止座结构的直流闭式螺管比例电磁铁。

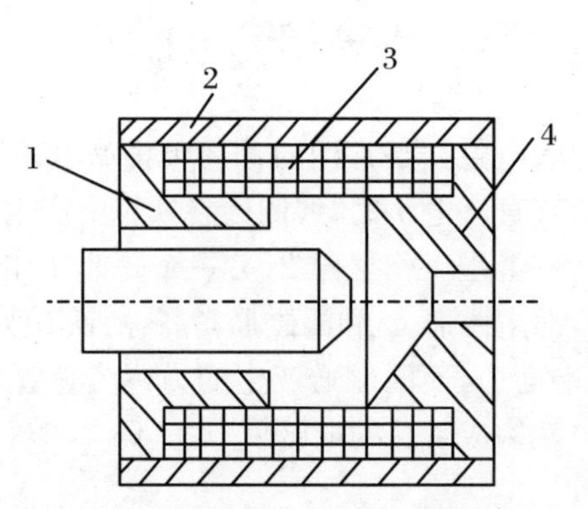

图 1.7　锥底止座结构的直流闭式螺管比例电磁铁

1—轭铁；2—外壳；3—线圈；4—锥底止座

在锥底止座的另一端加上轭铁 1，以减少漏磁通，可以得到近似的水平特性，其特性曲线如图 1.6 中的曲线 3 所示。它的工作范围较窄，仅适用于行程较小的电液比例压力阀。

1.2.3　盆底止座结构的比例电磁铁

盆底止座结构的比例电磁铁由于具有水平吸力特性，且工作可靠，结构紧凑，对油质污染不敏感，成本低廉，较大的功率重量比，动静特性良好，因而受到重视。图 1.8 是它的结构原理图。其磁路为外壳，上轭铁经气隙 δ 进入衔铁，之后分两路：一路 Φ_1 穿过工作气隙 δ_2 进入盆底面，另一路 Φ_2 经气隙 δ 进入盆底极靴的锥面，最后都进入外壳。因衔铁被上、下轭铁所包围，衔铁与磁轭之间的漏磁通仅产生径向力，磁轭与线圈间的漏磁通产生类似于“螺管力”的力，但这个力作用在磁轭上。因此，对于衔铁被导磁体包围的闭式螺管电磁铁，衔铁上基本没有螺管力存在，可以忽略。电磁吸力主要是由在盆底极靴处分流的磁通 Φ_1 和 Φ_2 产生的。其中，Φ_1 沿轴向穿过工作气隙进入盆底产生端面力 F_d，而 Φ_2 穿过盆底锥形周边，再通过端盖回到外壳，形成锥面力 F_Z。

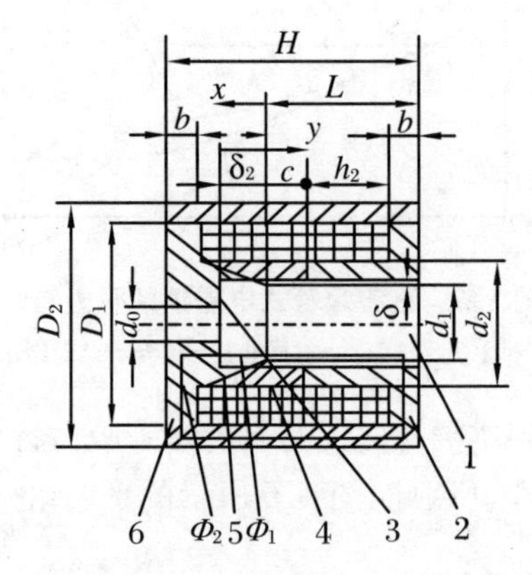

图 1.8　盆底止座结构的比例电磁铁的结构

1—衔铁；2—上轭铁；3—底面；4—隔磁环；5—锥面；6—盆底极靴(下轭铁)

综上所述，盆底结构螺管电磁铁的螺管力可以忽略，而表面力由作用于盆底的端面力 F_d 以及作用于锥面的锥面力 F_Z 构成，而水平吸力的产生是由于通过盆底面的磁通 Φ_1 和

锥面的磁通 Φ_2 的分配不同而获得的。

1.2.4 耐高压直流比例电磁铁

电-机械转换装置中，虽有几种型号可供选择，但从目前使用来看，最为广泛使用的是耐高压直流比例电磁铁，如图1.9(a)所示。它的主要优点是简单可靠，使用普通材料，工艺性好，输出的力和位移较大，可直接驱动小功率的单级阀。缺点是动、静性能较差，结构尺寸大，驱动功率也较大。在一般应用下，其优点远超出它的不足之处。特别是它能承受压力达35 MPa以上，给结构设计和使用带来方便。

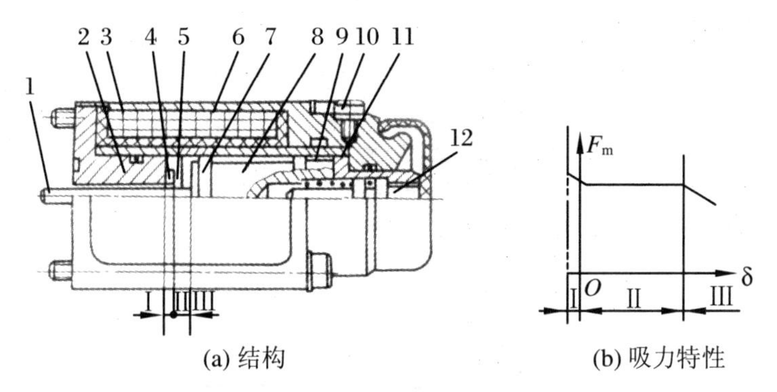

(a) 结构　　(b) 吸力特性

图1.9　耐高压直流比例电磁铁的结构及吸力特性

1—推杆；2—端盖(下轭铁)；3—外壳；4—隔磁环；5—工作气隙；6—线圈；7—地承环；8—衔铁；9—非工作气隙；10—放气螺钉；11—导套；12—调零螺钉

耐高压直流比例电磁铁采用的是盆底结构极靴的螺管电磁铁，它的结构如图1.9(a)所示。图1.9(b)是它的吸力特性示意图。其工作原理为：当线圈通入电流后即产生磁通，其通路为由衔铁经非工作气隙9、导套11、外壳进入前端盖2，然后分成两路，一路经盆底，另一路经导套前部，最后经工作气隙汇合于衔铁8，形成闭合磁路。其结构特点是衔铁被导套包围，导套由前后两段组成，中间由焊成一体的隔磁环隔开。导套与前端盖形成带锥形的盆底极靴，其形状和尺寸经过优化设计，电磁铁的稳态特性曲线的形状就由此决定。导套内孔与衔铁支承环有良好的配合，以减少摩擦滞环。衔铁前端装有推杆1，用以输出力和位移，后端有调零结构。因电磁铁为湿式，导套具有足够的内压强度。电磁铁上还装有放气螺钉。图1.9(b)所示的为盆底电磁铁的特性曲线，其中Ⅱ区为正常的工作范围，Ⅰ区为吸合区，实际结构中由隔磁环4把它消除。Ⅲ区中由于间隙过大，输出力下降很快，在空行程范围内。

1.3 比例电磁铁的控制形式

比例电磁铁根据是否带有内置的位移传感器而分为力控制型和行程控制型两种。常用比例电磁铁的技术参数见表1.1。

表 1.1　常用比例电磁铁的技术参数

电磁铁规格	输出力(N)	行程(mm)	额定电流(mA)	常态电阻(Ω)	直流电压(V)
035	55	2+2	680	24.6	24 或 12
045	75	3+3	810	21	
060	135	4+4	1 110	16.7	

图 1.10 和图 1.12 分别是这两种电磁铁的外观及与电气控制连接的示意图。由图可见,这两者使用的电控器是不相同的。力控制型使用的是不带实际值反馈的电控器。而行程控制型带有输入与实际值比较的电控器,能实现小闭环控制。

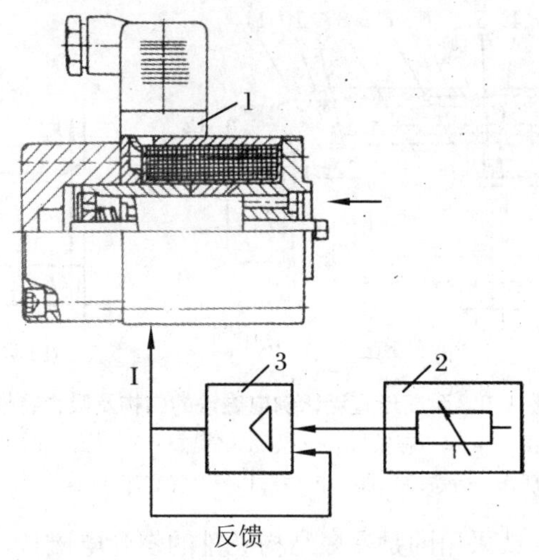

图 1.10　力控制型比例电磁铁及其电器控制

1—比例电磁铁;2—给定电位计;3—比例电控器

1.3.1　力控制型

力控制型的比例电磁铁,根据它与负载匹配的情况,还可以分为力输出与位置输出两种。两者的差别有两点:第一是使用目的不同,力输出型以输出电磁推力为主要目的,而位置输出型以输出一定的位移为主要目的;第二是负载弹簧刚度不同。由于它们结构上并无差别,故统称为力控制型。

带有放大器的比例电磁铁,实质上是一种电压-力的线性转换器。如果和弹簧负载共同工作,即可获得电压-力-位移的线性转换。在力控制型的电磁铁系统中,力是输出信号。这时电磁铁克服大刚度的弹簧力后(图 1.11 中的直线 1)作用在阀芯上,例如,比例溢流阀。电磁铁仅在一个相当小的工作行程内工作。由于负载弹簧刚度很大,因此有良好的动态特性。这种结构型号适用于控制先导阀芯。

当力控制型比例电磁铁用作位置控制时,衔铁作用在一根较软的弹簧上,可以得到较大的位移(图 1.11 中的直线 2)。这种结构形式适用于直接控制的电液比例方向阀、直动式比例节流阀或调速阀。这种力控制型电磁铁用在行程控制时的结构方案中,摩擦力、惯性力和液动力的干扰,将对比例阀的稳态特性和动态特性产生不良的影响。

一般力控制型比例电磁铁的最大输出电压为直流 24 V,电流为 800 mA,最大输出力为 65～80 N,有效行程在用作力输出控制时为 1.5 mm 左右,在用作位置输出控制时为 3～5 mm。

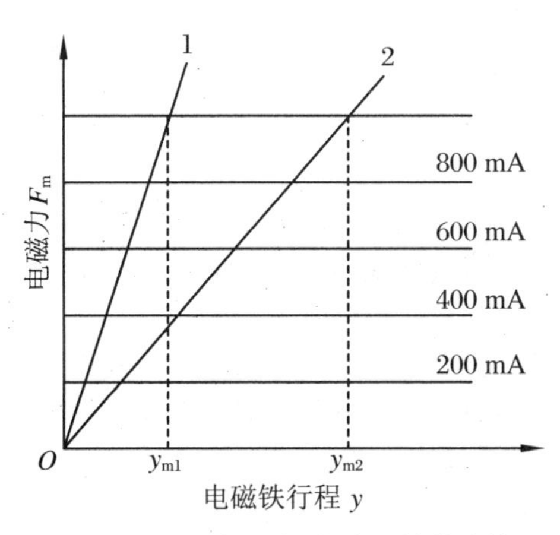

图 1.11　力控制型比例电磁铁的特性

1—硬弹簧负载;2—软弹簧负载

1.3.2　行程控制型

带有线性位置传感器的比例电磁铁称为行程控制型比例电磁铁(图 1.12)。这种位置传感器通常是一个差动变压器,它与铁芯直接相连接。工作时,差动变压器检测到阀芯位置的变化,并把它反馈给输入端与输出信号进行比较,构成闭合回路,使电磁铁的行程能够得到更准确地控制,改善了作为电压-力-位移线性转换器的行程控制型电磁铁特性的线性度和滞环。

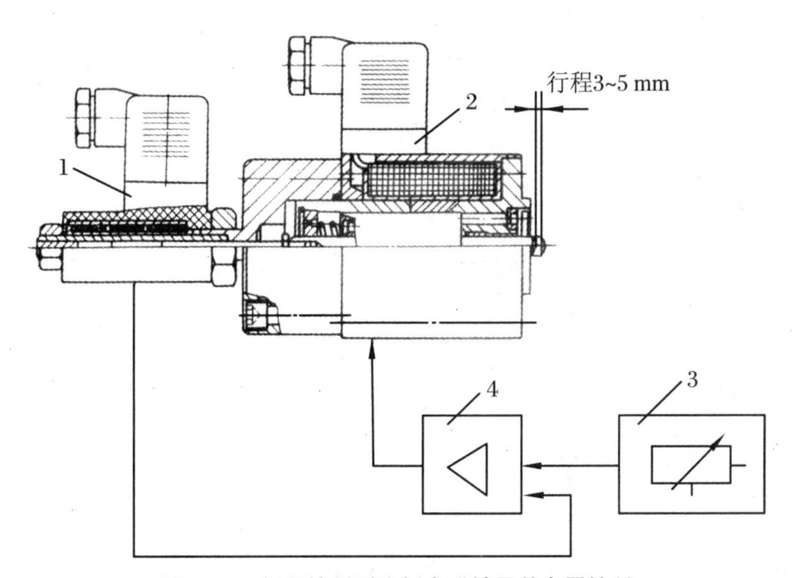

图 1.12　行程控制型比例电磁铁及其电器控制

1—位移传感器;2—比例电磁铁;3—给定电位计;4—比例放大器

例如，用于直动式比例方向阀的情况。当比例电磁铁接收到指令输入信号时，电磁铁就会产生力，并驱动阀芯移过一段距离。由于位移传感器与衔铁末端相连，它检测到阀芯的实际位置，并反馈给放大器。输入与反馈(实际)量在放大器中进行比较，比较后产生一个正确的信号补偿其他因素可能引起的误差，确保阀芯位置准确。

电磁铁都会有摩擦力，它也会引起滞环或使重复性差。采用行程控制比例电磁铁后，由于摩擦力在闭环内，因而可以有效地抑制滞环和提高重复精度。

1.4 比例电磁铁使用注意事项

(1) 与先导级配的电磁铁，其工作行程应限制在电磁铁的有效行程内(水平吸力区段)。

(2) 市场上销售的比例电磁铁多数为湿式比例电磁铁，也有干式比例电磁铁。不同厂家的湿式比例电磁铁中耐油压的程度也不尽相同，多数为耐 35 MPa 的静压，具体应查阅供货时的产品样本。

(3) 电磁铁衔铁易受污染，进入其中的油液需经内置粗滤，运行时应定期检查粗滤是否造成堵塞，以保证衔铁正常运动；沟通衔铁前后腔的阻尼通道若被污染物堵塞，电磁铁将无法正常工作。

(4) 比例电磁铁的衔铁总行程包括工作行程和空行程，表 1.1 中行程(3+3)表示：工作行程3 mm，空行程 3 mm，在双电磁铁的比例方向阀中，左右两个电磁铁的空行程都是必不可少的。

(5) 比例电磁铁一般备有放气螺钉。在液压系统开动之后到正式运行之前的低压状态下，给电磁铁放气，以排除电磁铁和阀中的空气。否则滞留在其中的空气会使比例阀不能可靠运行。

(6) 对带位移传感器的位置调节型比例电磁铁，其位置传感器的电感线圈与检测杆的相对位置由生产厂家调整好，其后不能随意变动。

(7) 颤振信号的幅值与频率，生产厂家调整好后，用户不能随意调整。

(8) 不同厂家的电磁铁，其连接形式与尺寸(含工作行程)不尽相同，一般不能互换。

1.5 设计比例电磁铁要考虑的结构问题

1. 黏滞摩擦和磁滞

运动件的黏滞摩擦和磁滞是组成电液比例阀滞环误差的两个主要因素。减小黏滞摩擦引起的滞环要从结构上想办法来解决。摩擦力在移动式力马达中总是存在的，应设法减小。通常用滚动摩擦副代替滑动摩擦副。但如果加工精度和工艺较好，且在有效的颤振运动时，也可以用滑动摩擦副。

要减小磁滞引起的滞环误差主要是要选择优良的磁性材料。磁滞大小取决于磁性材料的矫顽力，如用低碳钢或电工纯铁矫顽力是不大的，可用作铁芯。

2. 运动阻尼与排气装置

比例电磁铁通常是湿式的，即将液压阀的油引入电磁铁内腔，借助铁芯运动时造成的阻尼以保证比例阀具有足够的动态稳定性。为此铁芯与导套之间，特别是与上轭铁之间的间隙大小要加以限制（$\delta = 0.008 \sim 0.02$ mm）。而且在铁芯上应装有可调的阻尼螺钉，以满足各种动态特性的要求。同时，为了保证阻尼的实现和可靠的工作，电磁铁内腔中的空气要排除，为此应设置排气装置。

3. 工作点的调整

有时为了使阀门的机械工作零点与电器零点重合就需要对工作点进行调整。有时为了通用性，需要将一种比例电磁铁与几种阀门配用。这样，由于工作范围不同，工作点也需要调整。最简单的方法是使铁芯相对推杆移动以调整工作点，直至达到要求为止。也可以在结构上考虑更方便的调整装置。

第2章　比例控制阀

2.1　比例控制阀概述

比例控制阀发展的初始阶段,仅是将比例电磁铁代替普通液压阀的开关型电磁铁或调节手柄,工作频宽小(5～10 Hz),稳态滞环大,只能用于开环系统。20世纪70年代中期至20世纪80年代初,采用各种内反馈原理,耐高压、比例电磁铁和比例放大器技术日趋成熟。比例元件的工作频宽已达5～10 Hz,稳态滞环已降到3%左右。应用领域日渐扩大,不仅应用于开环控制,也被用于闭环控制。

以两院院士路甬祥为代表的科研人员在比例控制阀技术领域作出了重要贡献,例如,依据路甬祥教授的专利开发生产的比例调速阀已成功地运用在北京西客站102 m高的亭楼,首都机场四机库5 000 t屋,上海大剧院6000号球形屋架等特大跨度结构工程的同步升空项目上。比例方向阀也已成功地应用在宝钢2050热连轧机上,并且实现寿命实验514万次以上无故障,还有中小型水轮机自动调速。比例溢流阀加载液压系统成功地应用在汽车轮胎寿命试验机上,此外设计生产的全套液压比例系统已成功地运用在月产900万只全自动气球生产线上,还有铜厂的步进加热炉工程上。铁道部设计生产的高速火车轨枕比例加载张拉机和放张机液压系统,成功地取代了意大利进口设备,等等。

20世纪80年代后,比例控制阀设计采用了压力、流量、位移内反馈和电校正等手段,使阀的稳态精度、动态响应和稳定性都有了进一步提高。其控制性能与伺服阀更为接近,但中位仍有部分死区。

比例控制阀的优缺点有如下几个方面。电-机械转换器控制电流较大,几百毫安至1～2安培。放大器价格高,功率大,易烧坏管子。综合可靠性较低。比例控制阀的结构相对简单,加工精度要求较低,一般为10 u级。一般无阀套,其零位死区和滞环大,频响较低,比较适用于开环控制场合。

2.2　电液比例控制阀

电液比例控制阀由于能与电子控制装置组合在一起,可以十分方便地对各种输入、输出信号进行运算和处理,实现复杂的控制功能。同时它又具有抗污染、低成本以及响应较快等优点。在液压控制工程中得到越来越广泛的应用。

一些自动化程度较高的液压设备往往要求对参数实现多值或连续的远程控制。如果采用普通开关式或定值阀,会使系统过于复杂,或不可能实现,这时要采用比例控制阀或伺服阀。在比例控制系统中,比例控制阀既是电-液转换元件,同时也是功率放大元件。它对提高系统的性能有重要的作用,是比例控制系统的核心元件。为了正确地使用和设计电液比例控制阀,应对比例控制阀的类型和性能有深入地理解。

2.2.1 电液比例控制阀的类型

比例控制阀的种类繁多,性能各异,其具有多种不同的分类方法。最常见的分类方法是按其控制功能来分类的,可分为比例压力控制阀、比例流量控制阀、比例方向阀和比例复合阀。前两种为单参数控制阀,后两种为多参数控制阀。比例方向阀能同时控制流体运动的方向和流量,是一种两个参数控制阀。还有一种被称作比例压力流量阀的两个参数控制阀,能同时对压力和流量进行比例控制。有些复合阀能对单个执行器或多个执行器实现压力、流量和方向的同时控制。

按液压放大级的级数来分,比例控制阀又可分为直动式和先导式。直动式比例控制阀由电-机械转换元件直接推动液压功率级。由于受电-机械转换元件的输出力的限制,直动式比例控制阀能控制的功率有限,一般控制流量都在 15 L/min 以下。先导式比例控制阀由1个直动式比例控制阀与能输出较大功率的主阀级构成。前者称为先导阀或先导级,后者称主阀式功率放大级。根据功率输出的需要,它可以是二级或三级的比例控制阀。二级比例控制阀控制的流量通常在 500 L/min 以下。比例插装式阀可以控制的流量达 1600 L/min。

按比例阀控制的内含级间反馈参数或反馈物理量的形式来分,也可分为带反馈型和不带反馈型两类。不带反馈型是对开关式或定值控制型的传统阀上加以改进,用比例电磁铁代替手轮调整部分而形成的。带反馈型是借鉴伺服阀的各种反馈控制而发展起来的。它保留了伺服阀的控制部分,降低了液压部分对精度的要求,或对液压部分重新设计而成。因此,有时也被称作廉价伺服阀。

带反馈型又分为流量反馈、位移反馈和力反馈。也可以把上述量转换成相应的电量或其他量再进行级间反馈,又可构成多种形式的反馈型比例控制阀。例如,有流量-位移-力反馈、位移-电反馈、流量-电反馈等。凡带有电反馈的比例控制阀,控制它的电控器需要带能对反馈电信号进行放大和处理的附加电子电路。

比例控制阀按其主阀芯的形式来分,还可分为滑阀式和插装式。滑阀式是在传统的三类阀的基础上发展起来的。而插装式是在二通或三通插装元件的基础上,配以适当的比例先导控制级和级间反馈组合而成的。它具有动态能动性好、集成化程度高、流通量大等优点,是一种很有发展前途的比例元件。

尽管上面已集中列举了不同的分类方法,但并未完全把不同比例控制阀的性能、特征都详尽地展现出来。例如,还可以按控制信号的形式分为模拟信号控制式、脉宽调制信号控制式和数字信号控制式。特别是在机电一体化的形势下,很多新型的比例元件不断出现,为比例控制阀的家族增添了新成员。

2.2.2 电液比例控制阀的构成

尽管比例控制阀种类繁多,结构各异,但它的工作原理及结构均可用图 2.1 上被圈起来的框图来表示。图 2.1 所示为一个闭环控制的电液比例系统及比例控制阀框图。从图中可以看出比例控制阀在系统中所处的地位以及与电控器之间的关系。

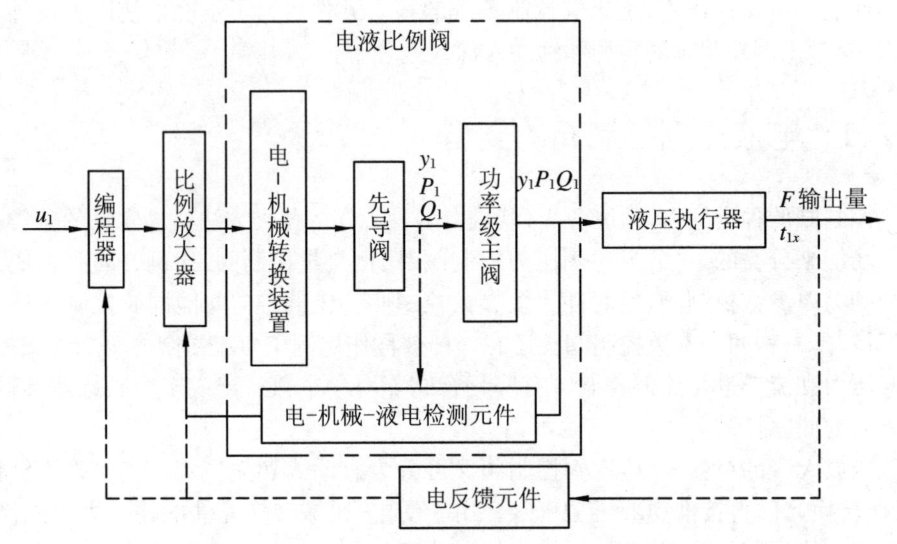

图 2.1　闭环的电液比例控制系统及比例控制阀框图

从电液比例控制阀的原理框架图中可以看出，它主要由以下几个部分组成：

(1) 电-机械转换元件。

(2) 液压先导级。

(3) 液压功率放大级。

(4) 检测反馈元件。

电-机械转换元件将小功率的电信号转换成阀芯(或喷嘴挡板)的运动，然后又通过阀芯的运动来控制流体的压力与流量，完成了电-机械-液的比例转换。如果要求输出功率并不大，此时阀的输出可以直接驱动执行器，这就是直动式比例控制阀。在流量比较大的场合，由于力(矩)马达输出的力(矩)较小，它无法直接驱动功率级主阀，这时就需要增加液压先导级，这就构成了多级比例控制阀。其中的第一级被称为先导控制级，简称先导级。先导级可以采用滑阀、锥阀、喷嘴挡板阀或者插装阀，而主阀常采用滑阀或插装阀。

为提高电液比例控制阀的性能，在其内部应具有相应的级间反馈回路。图 2.1 虚线箭头所示的为采用机械、液压及电气反馈的方案。有些比例控制阀，如闭环比例控制阀和整体式比例控制阀，把电控器或部分电子装置也集成在比例控制阀内，这样使用起来就更方便，性能也得到提高。

2.3　比例压力控制阀

液压系统的基本工作参数是压力和流量，电液比例压力控制阀对系统压力进行单参数控制，进而实现对系统输出力或转矩的比例控制。

表 2.1　比例压力阀的基本分类

<table>
<tr><td rowspan="7">电液比例压力阀</td><td colspan="3">电液比例压力阀</td><td rowspan="2">一般直接称直动式比例溢流阀为电液比例压力阀。因为它既可以作为先导式比例溢流阀，又可以作为先导式比例减压阀的先导级，并由它是否带电反馈决定先导式阀是否带电反馈，还能用于恒压泵等变量泵控制系统</td></tr>
<tr><td rowspan="2">电液比例溢流阀</td><td colspan="2">直动式比例溢流阀</td></tr>
<tr><td colspan="2">先导式比例溢流阀</td><td>多配置手调节器直动式压力阀作为安全阀。当比例阀输入电信号为零时，可起卸荷阀功能</td></tr>
<tr><td rowspan="4">电液比例减压阀</td><td rowspan="2">两通减压阀</td><td>直动式</td><td>不常见</td></tr>
<tr><td>先导式</td><td>新型结构的先导油引自减压阀的进口</td></tr>
<tr><td rowspan="2">三通减压阀</td><td>直动式</td><td>常以双联形式作为比例方向节流阀的先导级，并常以构件形式用于汽车自动变速箱的控制系统中</td></tr>
<tr><td>先导式</td><td>新型结构的先导油引自减压阀的进口</td></tr>
</table>

电液比例压力阀具体结构有 14 种之多。除先导式的压力阀、比例减压阀等常规产品外，还有三通比例减压阀。常用作比例阀的先导级，也作比例容积控制中的先导压力阀。

目前的比例压力阀当中，也可以带有不同类型的检测和反馈。从检测反馈的方式来看，可区分为可受控压力（对溢流阀是进口压力，对减压阀是出口压力）的直接检测和间接检测。在间接检测中，由于只能构成小闭环，对主阀芯的干扰量未能抑制，通常会有较大的调压偏差。下面只对一些典型产品加以介绍。

2.3.1　直动式比例溢流阀

直动式比例溢流阀的工作原理及结构见图 2.2。这是带位置电反馈的双弹簧结构的直动式比例溢流阀。它与手调式直动溢流阀的功能完全一样，其主要区别是用比例电磁铁取代了手动的弹簧力调节组件。

如图 2.2(a)所示，带位置电反馈的直动式溢流阀主要包括阀体 6，带位移传感器 1 的比例电磁铁 2、阀座 7、阀芯 5 及调压弹簧 4 等主要零件。当电信号输入时，电磁铁 2 产生相应的电磁力，通过弹簧座 3 加在调压弹簧 4 和阀芯上，并对弹簧预压缩。此预压缩量决定了溢流压力。而压缩量正比于输入电信号，所以溢流压力也正比于输入电信号，实现对压力的比例控制。

弹簧座的实际位置由差动变压器式位移传感器 1 检测，实际值被反馈到输入端与输入值进行比较，当出现错误差时就由电控器产生信号加以纠正。由图 2.2(b)所示的结构框图可见，利用这种原理，可排除电磁铁摩擦的影响，从而减小迟滞和提高重复精度。但由于阀芯在闭环之外，阀芯处的液动力、摩擦等因素会影响调压精度。显然这是一种属于间接检测的反馈方式 。从前面介绍的比例电磁铁结构中可知这种电磁铁属于行程控制的比例电磁铁。由于电控制器内电路特殊设计，通常当给定信号为零或差动变压器断线时，阀自动回到最低设定压力。

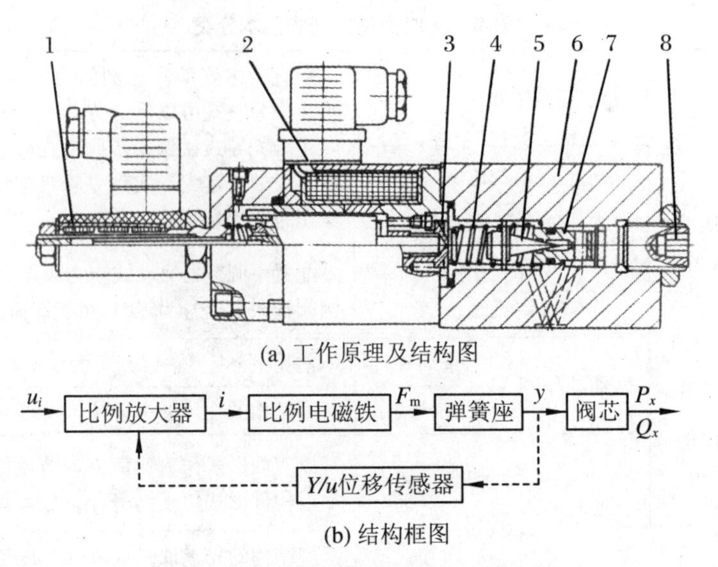

(a) 工作原理及结构图

(b) 结构框图

图 2.2　带位置电反馈的直动式溢流阀

1—位移传感器；2—比例电磁铁；3—弹簧座；4—调压弹簧；5—阀芯；6—阀体；7—阀座；8—调零螺钉

普通溢流阀可以根据不同刚度的调压弹簧来改变压力等级，而比例溢流阀却不能。由于比例电磁铁的推力是一定的，所以不同的压力等级要依靠改变阀座的孔径来获得。这就使得不同压力等级时期允许的最大溢流量也不相同。根据压力等级不同，最大溢流量为2～10 L/min。阀的最大设定压力就是阀的额定工作压力，而最低设定压力与溢流量有关(参见图2.5(b)和(c))。

这种直动式的溢流阀除在小流量的场合下作为调压元件单独使用外，更多的是作为先导式溢流阀或减压阀的先导阀用。

此外，位于阀底部的调零螺钉8，可在一定范围内调节溢流阀的工作零位。

2.3.2　先导式比例溢流阀

1. 结构及工作原理

图2.3所示的为一种先导式比例溢流阀的结构图。它上部为先导阀6，是一个直动式比例溢流阀，下部为主阀板11，中部带一个安全阀10，用于防止系统过载。

当比例电磁铁9通有输入信号电流时，它施加一个力直接作用于先导阀芯8上。先导压力油从内部先导油口(取下螺堵13)或从外部先导油口X处进入，经流道1和节流孔3后分成两股，一股经节流孔5作用在先导阀芯8上，另一股经节流孔4作用在主阀芯的上部。只要A油口的压力不足以使先导阀芯打开，主阀芯的上下腔的压力就保持相等，从而主阀芯就保持关闭状态。这是因为主阀芯上下有效面积相等，而上面有一个软弹簧向下施加一个力，使阀芯关闭。

当系统的压力超过比例电磁铁的设定值时，先导阀芯开启，使先导油经油口Y流回油箱。主阀芯上部的压力由于节流孔3的作用而下降，导致主阀开启，主油流经油口A流向油口B回油箱，实现溢流作用。

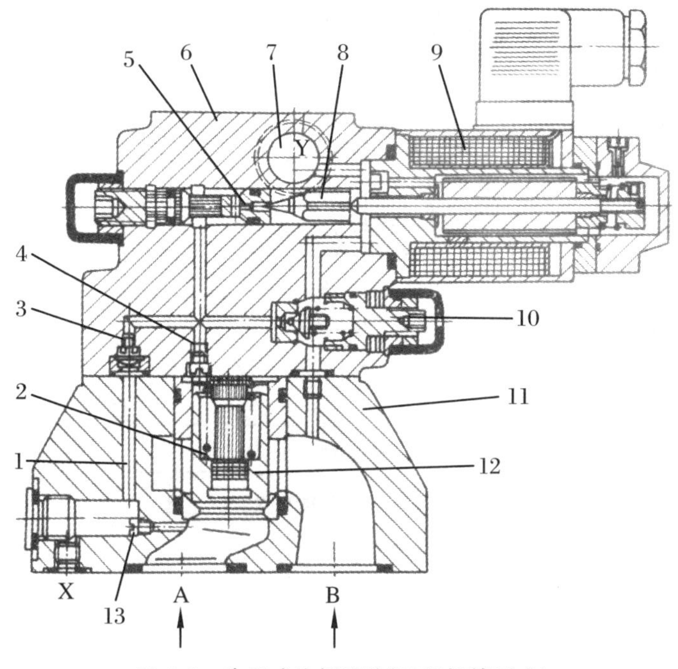

图 2.3 先导式比例溢流阀(间接检测式)

1—先导油流道;2—主阀弹簧;3、4、5—节流孔;6—先导阀;7—外泄口;8—先导阀芯;9—比例电磁铁;10—安全阀;11—主阀板;12—主阀芯;13—内部先导油口螺堵

A—进油口;B—出油口;X—外部先导油口;Y—外部先导泄油口

由于主阀是锥阀,它既小又轻,要求的行程也很小,所以这种阀的响应速度很快。阀套上有三个径向分布的油孔,当阀开启时使油流分散流走,大大减小噪音。节流孔 4 起动态压力反馈作用,提高阀芯的稳定性。

与传统的先导式溢流阀不同,比例溢流阀不同的压力等级的获得是靠改变先导阀的阀座孔径来实现的,这点与比例直动式溢流阀完全相同。较大的阀座孔径对应着较低的压力等级,小阀座孔径可获得较高的额定值。阀座的孔径通常由制造厂根据阀的压力等级在制造时确定。

为了提高比例电磁铁的灵敏度,要求先导级的回油经外泄口 Y 直接流回油箱。如果从先导级内部泄回油箱,背压有可能引起阀的误动作。

由于比例放大器的作用,现在可以做到调整压力渐增或渐减至设定值。也可以在运行期间对设定压力进行快速而且频繁的调整。通常调整时间为 50～100 ms,调整时间指响应来自放大器的信号,从一个设定值到另一个设定值的时间。在失电时,电磁力立即下降并消失,使液流从油口 A 流向油口 B 回油箱。

为了防止系统压力过高,该阀设有内置安全阀 10。它的作用也起一个先导阀的作用并与主阀一起构成一个传统的溢流阀。当由于出现过高的系统压力,或有较大的电流峰值时,它立即开启,使系统泄压。安全阀 10 的设定压力只要略高于可能出现的最高压力即可。

从图 2.4 所示的原理框图可以看出,阀座孔的面积 A 用来检测主阀芯上腔的压力 P_x,当 P_xA 的积大于电磁力 F_m 时,导阀开启,进而主阀开启,间接控制主压力 P_A。显然,P_x 属于中间变量,这种溢流阀的检测方法属于间接检测方式。从图中可见,主阀在小闭环之外,主阀中的各种干扰量(如摩擦、液动力等)的影响都得不到抑制,比例电磁铁也在闭环之外。所以其压力偏差和超调量都较大,常达15%以上。改进办法可以采用直接检测方法。这种新原理的比例溢流阀将在下一节中介绍。

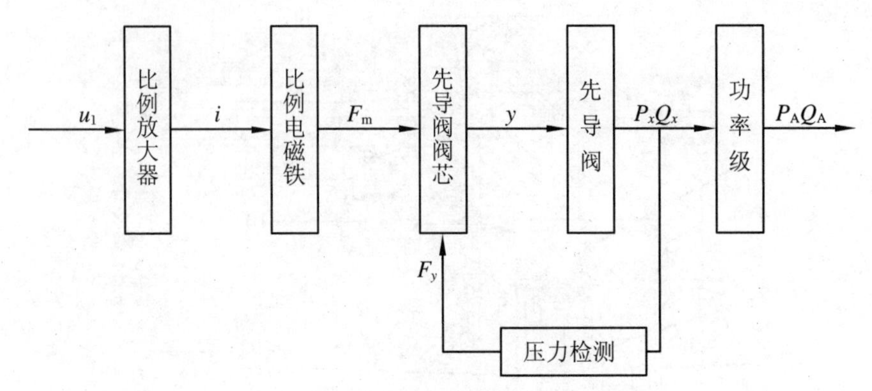

图2.4　先导式比例溢流阀原理框图

2. 主要性能参数

(1) 静态特性。比例溢流阀的静态特性主要由三条特性曲线来表示,见图2.5。图2.5(a)是一条为设定压力 P_A 与输入电流 I 之间的关系曲线,称为控制特性曲线。图2.5(b)是一条为溢流量与最低设定压力之间的关系曲线。图2.5(c)是一条溢流阀的前后压差与流量的关系曲线。从这些图中可以确定溢流阀的主要性能参数:最高及最低设定压力、滞环、线性度以及稳态调压偏差等压力特征。这些性能数据是设计的重要依据,一般它们可从产品说明书中查找到。例如,从2.5(a)中可以找到死区电流约为200 mA;当输入电流为600 mA时,设定压力约为23 MPa。为了消除死区,控制阀需要通入200 mA的先导电流。但另一方面,为了获得最低设定压力值,通入的先导电流不应大于100 mA。而阀的最低设定压力与过流量有关(图2.5(b))。而从 $P-Q$ 特性曲线中可以找出在不同的流量下的调压偏差 ΔP。

① 滞环。滞环是最大额定输入信号的一个百分数。即两条实际特性曲线之间的最大差值 ΔI_{max} 与额定控制电流 I_N 的百分比($\Delta I_{max}/I_N\times100\%$)。

② 线性度。线性度误差是实际流量曲线与理想化增益之间的最大差值。用额定电流的百分数表示。

(2) 动态特性。比例溢流阀的动态特性一般用阶跃响应曲线和频率响应曲线来表示(图2.6)。从阶跃响应曲线可以找到滞后时间 τ。响应时间 t_s 及超调量 σ(见图2.6(a))。频率特性曲线可以找出最高工作频率或频宽。

压力增益是负载压力对输入电流的变化率。或者说,假定流量为零和油口封闭时,输出压力随输入电流的变化率即为压力增益,单位为Pa/A。

图2.6(b)曲线中,0 dB→10 Hz这条曲线是溢流阀的幅频特性曲线。当幅值比下降到 −3 dB时,即输出压力幅值与输入电流变化幅值之比为0.707时,便认为输出已不能随输入的变化而变化。这时对应的频率称为该比例溢流阀的工作频宽,本例中约为5 Hz。

−16 dB→11 Hz这条曲线是溢流阀的相频特性曲线。相频特性反映输出量与输入量之间的相位差别,以角度所示。随着输入电流信号频率增加,输出压力与其相位差也在增大,即说明溢流阀的跟踪能力下降。

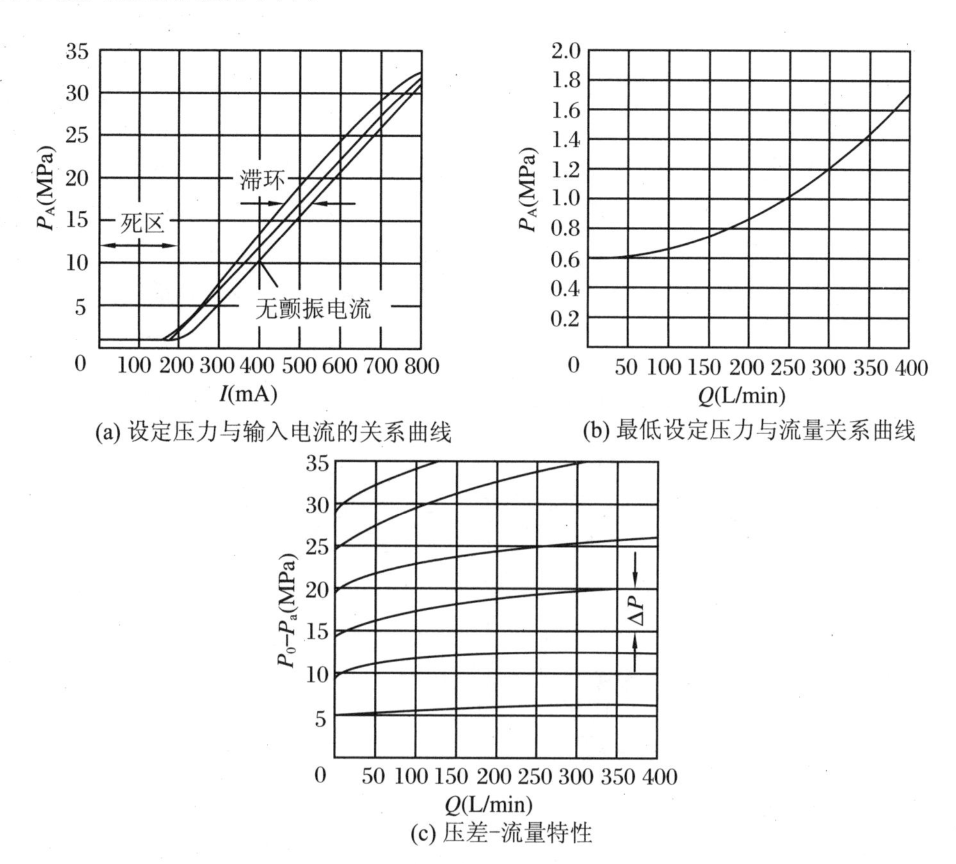

(a) 设定压力与输入电流的关系曲线　(b) 最低设定压力与流量关系曲线

(c) 压差-流量特性

图2.5　溢流阀的静态特性曲线

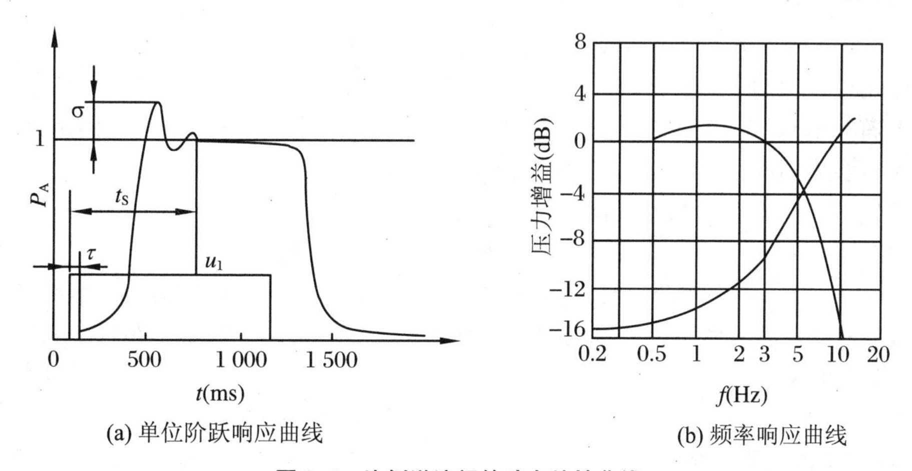

(a) 单位阶跃响应曲线　(b) 频率响应曲线

图2.6　比例溢流阀的动态特性曲线

2.3.3 直接检测式比例溢流阀

1. 工作原理

直接检测式比例溢流阀与间接检测式的最大区别是用受控压力 P_A(对溢流阀是进口压力,对减压阀是出口压力)的直接反馈,代替原来的间接控制压力 P_x 的反馈。使电磁力 F_m 直接与反馈力 a_0P_A 进行比较来决定先导阀阀芯的位移及开度。结构上的不同使先导阀从原来的锥阀变为差动滑阀。图 2.7 是直接检测式比例溢流阀的工作原理简图。

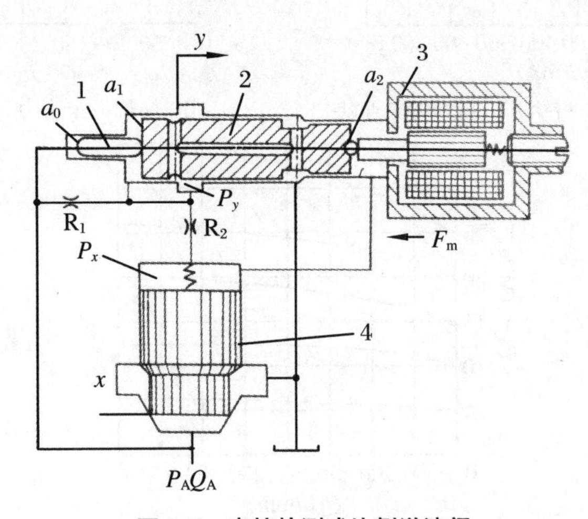

图 2.7 直接检测式比例溢流阀

1—推杆;2—先导阀阀芯;3—比例电磁铁;4—主阀阀芯

先列出先导阀芯的力平衡方程为

$$F_m = a_0(P_A - P_y) + a_1P_y - a_2P_x - F_y \pm F_f \tag{2.1}$$

式中,F_y 为液动力,F_f 为摩擦力。

其余符号的意义见图 2.7。设计时使 $a_0 = a_1 - a_2$,即推杆面积与先导阀两端面积之差相等。又因稳态时有 $P_x = P_y$,于是有

稳态时 $$F_m = a_0P_A - F_y \pm F_f \tag{2.2}$$

动态时 $$F_m = a_0P_A - a_2(P_x - P_y) - F_y \pm F_f \tag{2.3}$$

由上两式可见,略去液动力及摩擦力,稳态时先导阀芯右端的电磁力与左端推杆上的液压力 a_0P_A 直接比较,而 P_A 为受控压力,故为直接检测。这样消除了主阀级中液动力等因素对调压特性的影响,大大减小了对调压偏差的特有影响,而先导流量不大,影响很小。

2. 动态工作过程分析

比例阀的各种参数,都可能由于工作循环的需要或负载的变化而产生急剧的变化。此时,阀的功率级的位置将会对可能的阶跃输入信号或脉冲干扰作出响应而产生一个加速度和速度,由此而产生主阀流量 Q_x。如果缺乏动态阻尼作用,容易引起主阀和先导阀的振荡,使动态特性变坏。为了提高动态特性,这种直接检测式比例阀中加上了液阻 R_2,起动态压

力反馈的作用，其动态反馈过程如下。

当干扰力使主阀芯向上运动时将产生一个附加的控制流量 ΔQ_x，此附加的流量流过 R_2 将产生压降，使 $P_x \neq P_y$，滑阀两端压力不等，产生附加的动态调整力 $a_2(P_x - P_y)$。例如，若主阀芯要向下运动，则出现 $P_y > P_x$ 的情况。这时动态调整力使导阀芯右移少许，使导阀溢流量加大，从而使 P_y 迅速回落，直到重新达到 $P_x = P_y$ 为止。由上分析及式(2.3)可见，这是一种负反馈，且只有在动态下才会出现，所以它有利于系统迅速达到稳定，改善了系统动态特性和抗干扰能力。且由于滑阀端面对动态反馈液阻 R_2 上的压差有放大作用，调整液阻尺寸可方便地调整阀的性能指标。

最后指出的是，当改变阀的控制压力等级时，要靠改变反馈推杆的面积 a_0 来获得。因此，要获得高压力等级，a_0 就要很小，增加了制造的难度，导致工艺性较差。

2.3.4　先导式比例减压阀

1. 工作原理

先导式比例减压阀与先导式溢流阀的工作原理基本相同。它们的先导级完全一样，不同的只是主阀级。溢流阀采用常闭式滑阀，而减压阀采用常开式滑阀。

图 2.8 是先导式比例减压阀的工作原理简图。它的先导级是一个有力控制型比例电磁铁操纵的小型溢流阀，其主阀级也与手调式减压阀一样。事实上，限压阀 2 与主阀 3 就构成了一个先导手调减压阀。因此减压阀的调定压力值是由先导阀芯的位置来决定的，而最高压力由限压阀 2 调定。

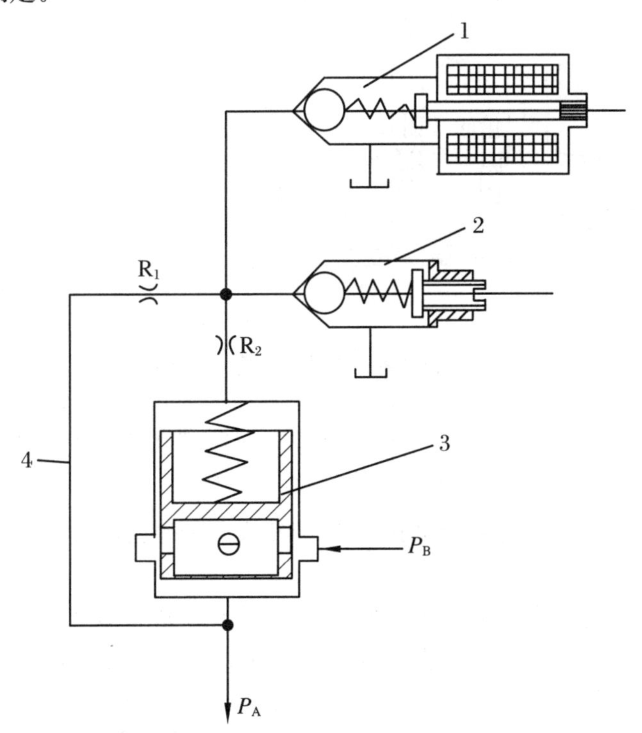

图 2.8　带限压阀的先导式比例减压阀工作原理图

1—比例溢流阀的先导级；2—限压阀；3—主阀；4—先导油流道

当阀接收到输入信号时，比例电磁铁产生的电磁力直接作用在先导阀上。只要电磁力使阀芯保持关闭，先导油就处于静止状态。先导油从出口压力油（二次压力）经通道4作用在主阀芯上下端面上。因主阀芯上下面积相等，所以主阀芯保持液压力平衡，一个很小的弹簧力保持主阀开启。当出口油的压力超过电磁力时，先导阀开启，先导油直接流回油箱。这导致在节流孔 R_1 处产生压力降，使主阀芯失去平衡而向上移动，这减少了油口A到油口B的通流面积（经过阀套和主阀芯上的径向孔），于是产生减压作用，在油口A处降为二次压力。主阀芯的调节作用，使油口A的压力保持在比例电磁铁的设定值上。

图2.9是带限压阀的先导式比例减压阀的一种实际结构。这种阀在先导级中加入一个手调溢流阀（图2.9之10）是为了确保二次压力的安全。与先导式溢流阀相同，先导压力油要单独经油口Y接回油箱，以避免误动作。如果需要，可以装上单向阀12，必要时油液从A口流向B口进行反向流动。

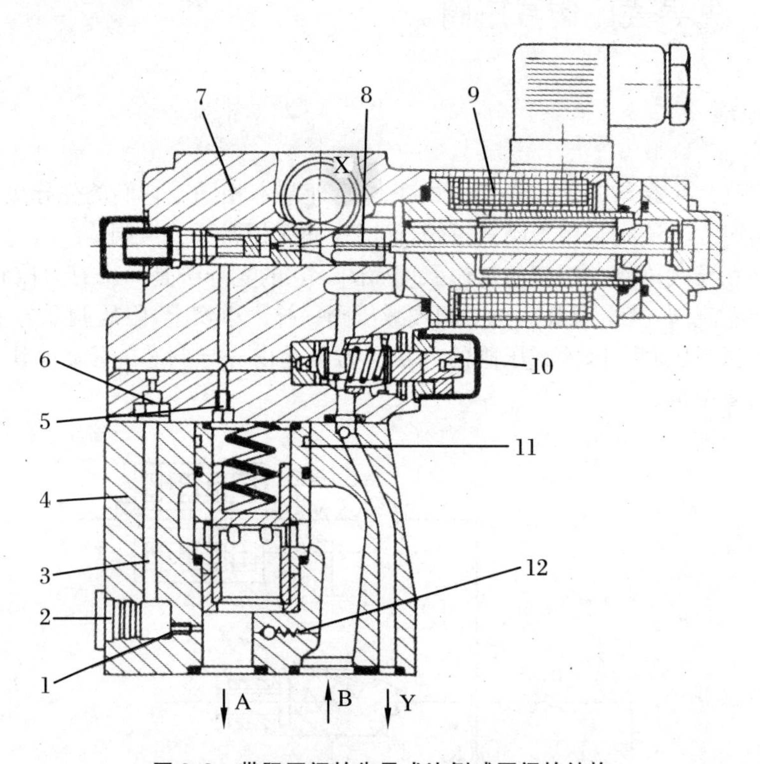

图2.9　带限压阀的先导式比例减压阀的结构

1—节流孔；2—压力表接口；3—先导油流道；4—主阀；5、6—节流孔；7—先导阀；8—先导阀芯；9—比例电磁铁；10—限压阀；11—主阀芯组件；12—单向阀

2. 带压力补偿流量控制器的比例减压阀（用于大流量的比例减压）

图2.9所示的比例减压阀的先导油取自二次压力油。由于减压阀工作时主阀口像一个作不断调整的节流孔一样。在大流量时，节流口下游的流动会更像湍流。这使得先导阀的溢流量会发生变化，影响到设定压力的稳定性。为了改善这一点，先导油可以取自初级压力油（即B口压力油），并且在先导级中加上一个压力补偿流量控制器，使通过先导级的流量近似为定值，从而限制先导级的工作点，使阀的设定值更加稳定和精确。

图 2.10 所示的为这种带压力补偿流量稳定器的减压阀。一次压力油从 B 口径通道 4 和流量稳定器进入先导阀和主阀芯上腔。当进口压力不足以打开由电磁力压紧的先导阀时，主阀芯在弹簧力作用下处于下位和全开的位置。主阀芯上的径向孔与阀套上的孔对齐，液流从 B 流向 A 不受限制。当先导压力超过电磁力时，先导阀开启，压力补偿流量控制器产生一个稳定的流量并从 Y 口流回油箱，从而建立了一个受调节的压力作用在主阀芯上。当 A 油口的压力超过弹簧力和先导压力的合力时，主阀芯上移，因节流减压作用而建立二次压力，并自动调节，保持阀芯受力平衡。

这种减压阀的过载保护设在主阀芯内，当二次压力过高时，打开过载保护，使油经先导阀流回油箱，从而防止压力过高。减压阀的主阀口有时会反向流动，可设置单向阀 11 来实现，相当于单向比例减压阀。

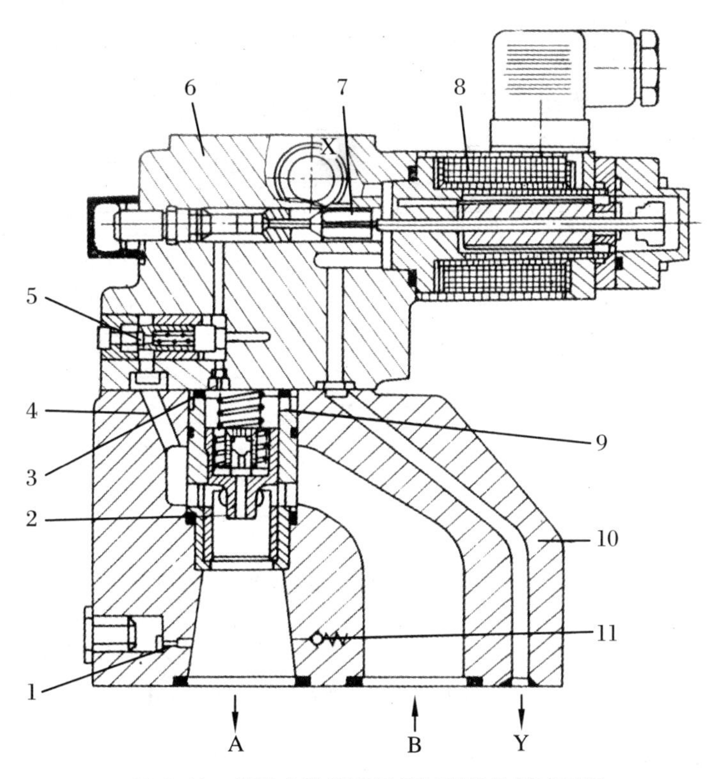

图 2.10　带压力补偿流量控制器的比例减压阀

1—节流孔；2—A 油口的过载保护阀；3—液阻；4—先导油道；5—压力补偿流量控制器；6—先导级；7—先导阀芯；8—比例电磁铁；9—主阀芯组件；10—主阀；11—单向阀

3. 静态特性曲线

比例先导式减压阀的静态特性曲线如图 2.11 所示。改变先导阀阀座孔径的尺寸，可以得到多种输出压力等级的曲线。改变主阀芯的尺寸及窗口的尺寸可以得到多种流量输出等级曲线。通常，表示减压阀静态特性曲线有四种，下面分别介绍(图 2.11(a)～(d))。

第一种，如图 2.11(a)为流量与输出压力关系曲线，它反映流量对输出压力的影响，反映了调压偏差值。由曲线可见，减压阀的稳压性能较溢流阀好。

第二种,如图2.11(b)为输入电流与输出压力关系曲线,它是一条重要的性能曲线。它表示了减压阀的迟滞、死区、线性度等特征。由图中可见,控制范围中约有200 mA的死区电流,为消除死区电流的影响,需要200 mA的先导电流。又由图可见,控制信号中叠加有颤振的电流时,其迟滞要比无颤振电流时小得多。

第三种,如图2.11(c)为最低设定压力与流量的关系曲线。由图中可见,系统的最低设定压力随着流量的增大而下降。为了得到最低的设定压力,先导电流不得大于100 mA。

第四种,如图2.11(d)为输入压力对输出压力的影响曲线。图中表示输入压力增加时,输出压力稍有下降。通常,可以忽略输入压力对输出压力的影响。

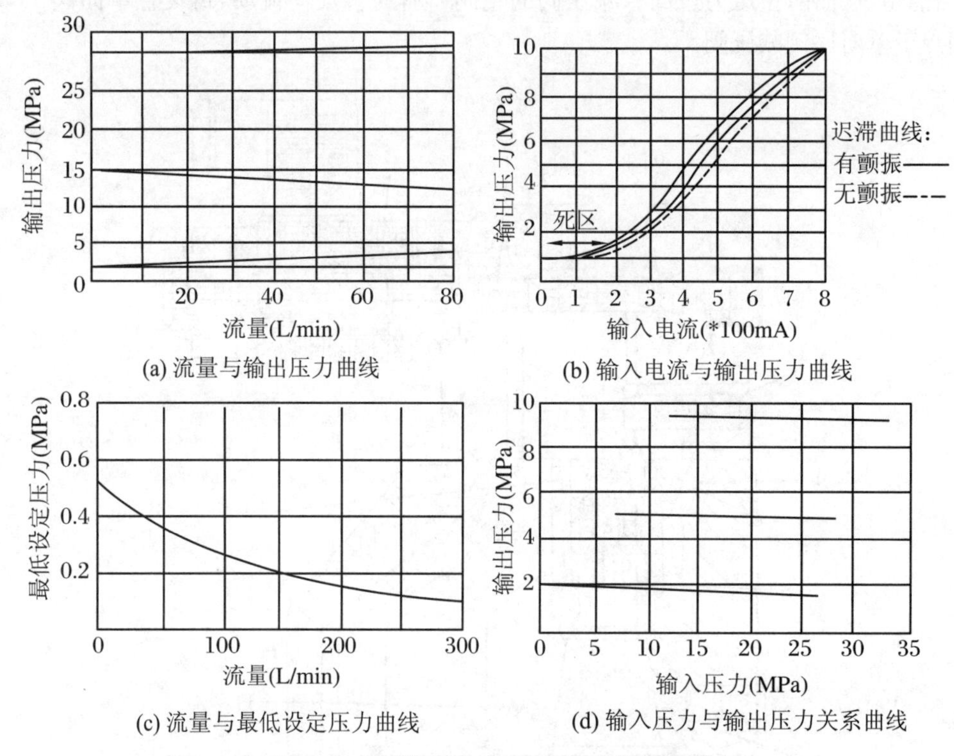

(a) 流量与输出压力曲线

(b) 输入电流与输出压力曲线

(c) 流量与最低设定压力曲线

(d) 输入压力与输出压力关系曲线

图2.11　比例先导式减压阀的静态特性曲线

类似于直接检测式的比例溢流阀,也可作成直接检测式的比例减压阀。其静态性能优于上面介绍的间接检测式的减压阀。

2.3.5　三通比例减压阀

1. 工作原理

上面介绍的减压阀由于只有两个主油口,因此被称为二通式减压阀。当用它控制压力上升时,其影响是足够快的。但当用它控制压力下降时,由于结构上的原因,二次压力油只能经细小的控制油路从先导阀处流回油箱,这使响应速度很慢。为了克服这个缺点,出现了三通减压阀。当压力下降时,压力油直接流回油箱,使降压响应速度与升压响应速度一样快。

图2.12所示为一个三通比例减压阀的工作原理简图。当无信号电流时，阀芯在对中弹簧力作用下处于中位，各油口互不相通。当比例电磁铁通电流时，相应的电磁力使阀芯右移，接通进油口P和A。油口A流出的油液流出去执行元件完成既定工作，并使压力升高。同时此压力经内部通道反馈到阀端，施加一个与电磁力相反的力作用于阀芯上。当油口A的压力足以平衡电磁力时，滑阀返回中位。这时油口A的压力P_A保持不变，并与电磁力成比例。如果P_A对阀芯施加的力超过电磁力，阀芯移到左边，A口接通油口T使压力下降，直至新的平衡重新建立。

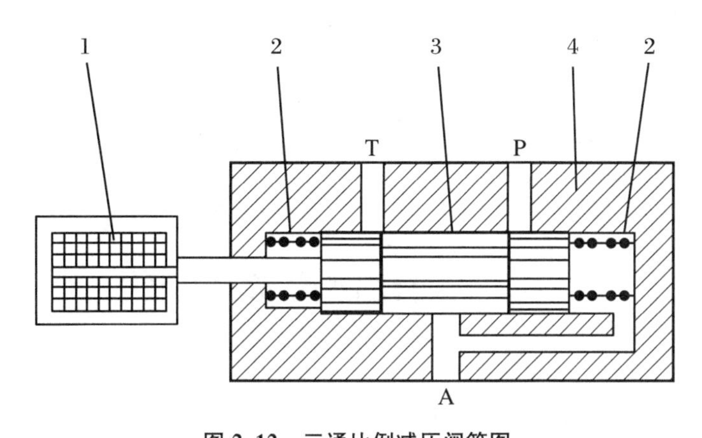

图2.12　三通比例减压阀简图

1—比例电磁铁；2—对中弹簧；3—阀芯；4—阀体

比例三通减压阀可以用来控制二次压力油的压力及方向，它成对组合使用时，主要用作比例方向阀的先导阀。

2. 双向三通比例减压阀

当三通比例减压阀用作比例方向阀的先导级时，由于急需对两个方向进行控制，要两个三通阀组合成一个双向三通比例减压阀。其工作原理与单向作用完全一样，区别是它有两个比例电磁铁，为构成反馈，它的阀芯由三件组成。

图2.13所示为一个双向作用三通比例减压阀。当两个电磁铁都未加信号电流时，控制阀芯在弹簧力作用下对中，P油口封闭，A/B油口回油箱，即具有Y型的中位机能。如果比例电磁铁6获得输入信号，电磁力直接作用在左测压柱塞1上，并使控制阀芯2右移。阀芯的移动使液压油从P口流向A口，使A口压力上升。同时，阀芯上的两个径向孔使油液从A口通过钻孔流入阀芯空腔内，把右测压柱塞3推至极右面，并压住比例电磁铁4的操纵杆。此外，还产生克服电磁力，沿关闭的方向推控制阀芯2，直到两个力达到平衡为止，这时就保持住A油口的压力恒定。当电磁力或油口A的压力变化时，测压柱塞感应到，并使主阀芯作相应的调整，使受控压力与电磁力相适应。

这种三通比例减压阀一般为6通径，最大溢流量为15 L/min，实际使用中可以装配成单作用或双作用式。在比例容积控制中，也常将这种三通比例减压阀作为先导控制元件使用。

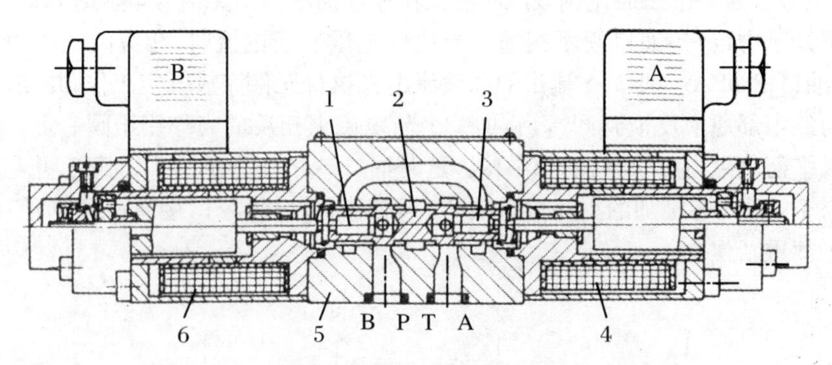

图 2.13 双向三通比例减压阀

1—左测压柱塞;2—控制阀芯;3—右测压柱塞;4、6—比例电磁铁;5—阀体

2.4 电液比例流量控制阀

比例流量控制阀的流量调节作用都在于改变节流口的开度的调节上。它与普通流量阀的主要区别是用某种电-机械转换器取代原来的手调机构,用来调节节流口的通流面积,并使输出流量与输入信号成正比。

按阀口的流量公式有

$$Q = C_d A(x) \sqrt{\frac{2}{\rho} \Delta P} \tag{2.4}$$

当紊流时流量系数 C_d 近似为常数。由上式可见,改变通流面积 $A(x)$ 可以改变流量。但节流口的前后压差 ΔP 的改变也会引起流量的变化,它是一个干扰量。

比例流量阀按其是否对压差 ΔP 进行压力补偿分为比例节流阀和比例调速阀。也有采用流量直接反馈型的新原理比例流量阀的。

比例方向阀由于具有对进口和出口流量同时节流的功能,因此,它本质上是个双路的比例节流阀。如果从外部加上压力补偿装置,就能使通过的流量与负载变化无关,具有调速阀的功能。

2.4.1 直动式比例节流阀

比例节流阀可分为直动式和先导式。直动式的只有一级液压放大,它的阀芯形式有转阀、滑阀和插装式。旋转节流式由伺服电机经减速后带动,移动节流式由比例电磁铁驱动。前者习惯上称为电动式,后者称为电磁式。先导式多为二级液压放大,也有三级的特大流量阀,其通径达 63 mm 以上。

直动式比例节流阀的构成是在传统节流阀的基础上,用电-机械转换装置代替手动节流机而构成的。为了提高调节精度,还可以加上位置检测装置。

单纯的直动式比例节流阀产品较少见。在早期产品中可见到伺服电动机经减速后驱动转阀的比例节流阀。由于比例方向阀具有节流功能,在实际使用中,常用二位四通比例方向阀来代替比例节流阀。比例方向阀有两条通路，因此，作比例节流阀使用时，根据通过流量的要求，可以只利用其中一个节流口，也可以同时使用两个节流口，其连接情况如图2.14所示。二位四通比例方向阀用作比例节流阀时，如果同时利用两个通道，其无信号状态必须是O型，即四个油口互相独立。如果只利用其中一个通道，其无信号状态可以有多种形式供选用。

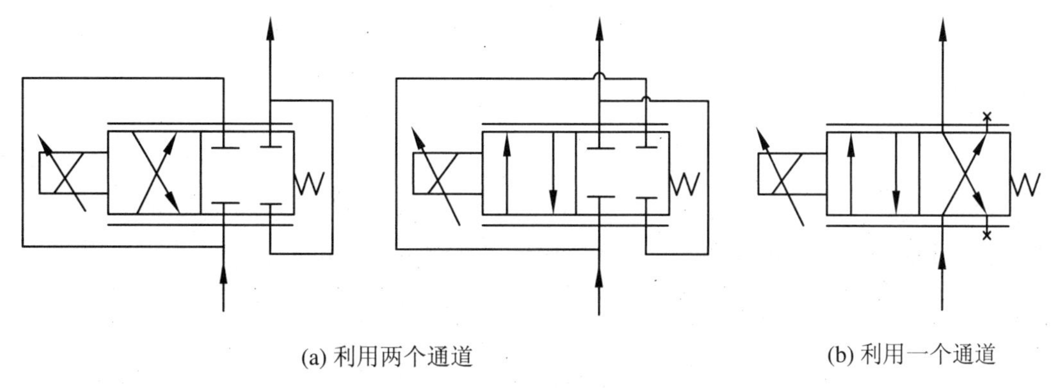

(a) 利用两个通道　　(b) 利用一个通道

图2.14 作比例节流阀时的四通比例阀的连接

2.4.2 定差减压型比例调速阀

在比例节流阀中，受控量只有节流口的面积。但经节流口的流量还与节流口的前后压差有关，为了补偿由于负载而引起的流量偏差，需要利用压力补偿控制原理来保持节流口前后压差恒定，从而实现对流量的单参数控制。

将直动式比例节流阀与具有压力补偿功能的定差减压阀组合在一起，就构成了直动式比例调速阀(图2.15)。因为它是在传统的调速阀的基础上加上比例电磁铁构成的，又称为传统型的比例调速阀，又因它只有两个主油口，又称为二通比例调速阀。

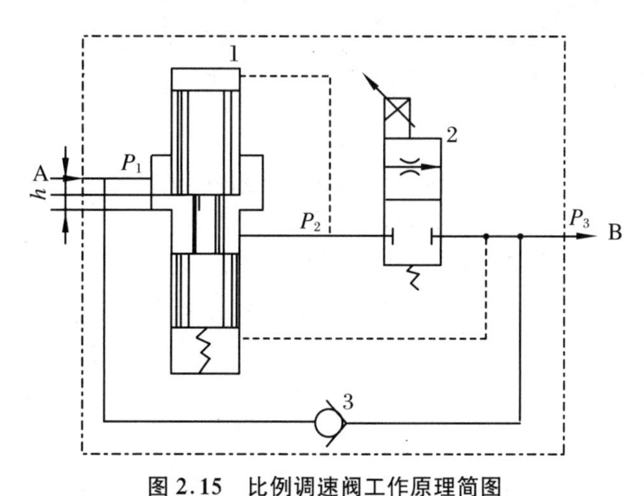

图2.15 比例调速阀工作原理简图

1—定差减压阀；2—比例节流阀；3—单向阀

在图2.15中，压力补偿的减压阀位于主节流口的上游，且与主节流口串联，它由一个软弹簧保持在开启位置上。当比例节流阀无输入信号时，也由一个软弹簧保持关闭。当比例电磁铁接收到输入信号后,产生电磁力直接作用在阀芯上,使阀芯向下压缩弹簧,打开阀口使液流从 A 口流向 B 口。阀的开度与控制电流对应,必要时可以加上一个位移传感器,提供位置反馈,可使开度控制更为准确。

压力补偿的获得是靠把节流口的前后压差反馈到减压阀芯的两端,经减压阀的调节作用,近似使节流口前后压差 ΔP 保持恒定。从图中可以看出

$$\Delta P = P_2 - P_3 \approx \frac{F_S}{A} \tag{2.5}$$

式中,F_S 为弹簧预压缩力,A 为减压阀芯截面积。

二通比例调速阀中,常常内置一个单向阀,使适应反向自由流动的需要,使流量从 B 油口流向 A 油口。图 2.16 所示为这种二通比例调速阀的结构图。行程限制器的作用是限制减压阀的最大开口量 h(图 2.15)。节流口的位置由输入信号给定,位置偏差由传感器检测,而偏差通过电控器来纠正,节流口 7 的压降由压力补偿阀保持恒定。

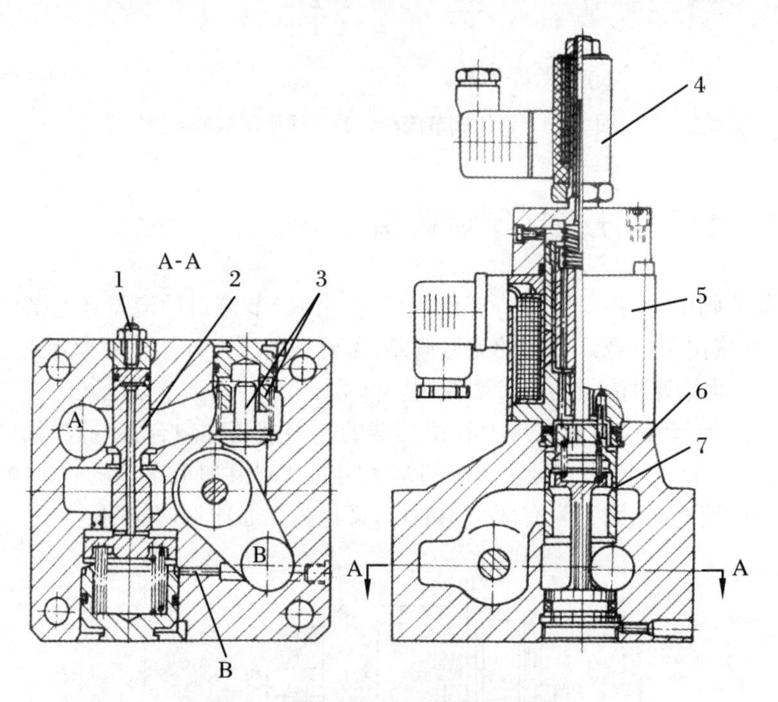

图 2.16 带位置反馈的比例调速阀

1—行程限制器;2—压力补偿器;3—单向阀;4—位移传感器;
5—比例电磁铁;6—阀体;7—控制节流口

这种比例调速阀的缺点是当节流口部分打开时有较大的启动流量超调。这是因为在启动前,在弹簧力的作用下减压口处于最大开度。当加上阶跃信号时,减压阀来不及作出反应,由于没有减压损失,使 $P_1 = P_2$,供油压全部加在节流口上,使通过的流量有很大的超调,导致前冲现象。

克服的方法是限制减压阀的最大开启量,避免节流口的部分打开,或者利用液压的方法将压力补偿器锁定,都能有效地克服启动时的跳动现象。

图 2.17(b)所示为一种压力补偿器与主节流阀直线布置的结构。该结构的优点是可以通过液压的办法,在启动前锁定压力补偿阀芯,避免启动冲击。该阀主要包括阀体 3,控制节

流口4，比例电磁铁5，单向阀6及压力补偿阀2。要求的流量由电位器设定。为了减小在节流口4部分打开时的启动冲击，采取了启动前把补偿阀芯2锁定等措施。油口A和压力补偿阀2之间的内部通路用螺塞1堵死，把压力油经P口和阻尼孔7引入压力补偿器。换向阀8的上游压力油进入补偿器后克服弹簧力，将压力补偿阀2锁定在关闭的位置上。当换向阀8右位接入油路时，即压力油从P切换到流向B油口时，压力补偿阀2的阀芯从关闭位置移动到调节位置。这样使供油压逐渐加在控制节流口上，避免了启动时的流量超调和前冲现象。图2.17(a)是这种阀的油路接线图。

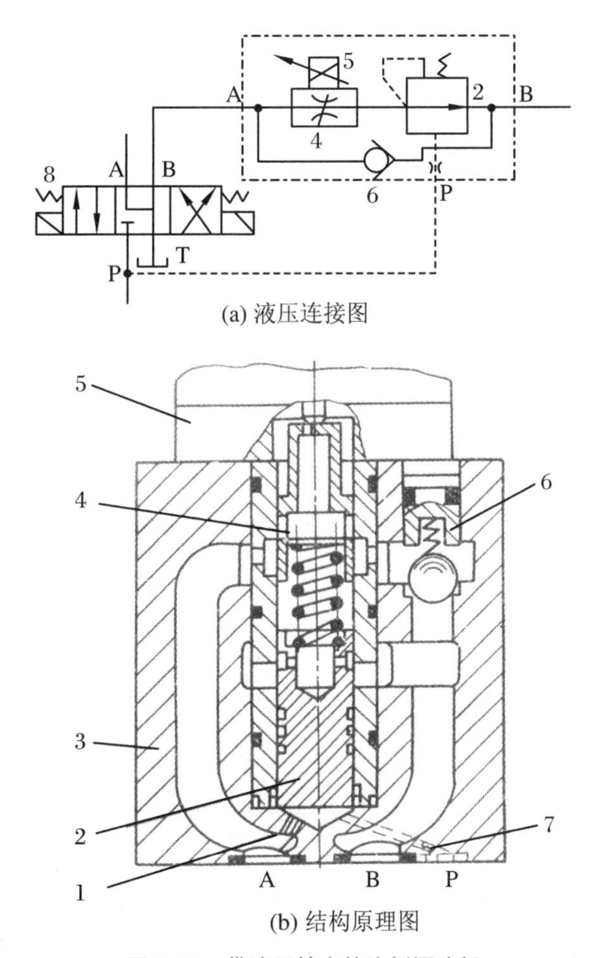

(a) 液压连接图

(b) 结构原理图

图2.17　带液压锁定的比例调速阀

1—螺塞；2—压力补偿阀芯；3—阀体；4—控制节流口；5—位置控制型比例电磁铁；6—单向阀；7—阻尼孔；8—换向阀

在输入电流值为零或者当位移传感器断电时，控制节流口关闭。节流口可按比例放大器的斜坡逐渐开大或关闭。

2.4.3　比例溢流节流阀

为了保持节流阀口前后压差恒定，除了采用定差减压阀的串联型压力补偿方法外，还可以采用一个定差溢流阀与节流阀并联的方法来实现。由于前一种结构只有两个主油口，后一种结构有三个主油口——P_1,P_2 和 T。所以,又分别被称为二通和三通比例调速阀。比例溢流型调速阀的工作原理如图 2.18 所示。对应每一输入电流,比例节流阀 2 有相应的开口量,进口压力油经节流口至负载,形成负载压力 P_2。负载压力 P_2 反馈到溢流阀的弹簧腔,目的是使溢流阀关闭。略去液动力及摩擦力,定差溢流阀的力平衡方程为

$$P_1A = P_2A + F_S \tag{2.6}$$

由上式可见,进口压力 P_1 始终处于在随负载压力 P_2 的变化而变化的过程中,近似地保持节流阀口前后压差 $P_1 - P_2$ 不变,这就是这种阀的稳流原理。

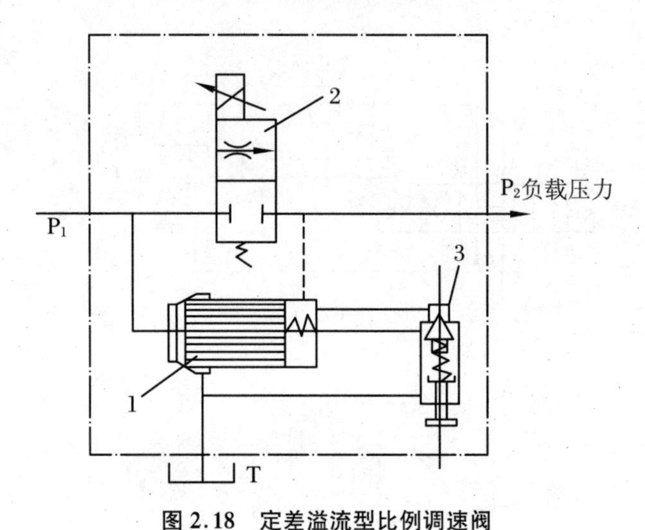

图 2.18 定差溢流型比例调速阀

1—定差溢流阀;2—比例节流阀;3—限压先导阀

限压先导阀 3 与定差溢流阀 1 构成普通先导溢流阀,用于防止系统过载。同时,这种阀所组成的系统供油压力是与负载压力相适应的,所以其系统效率比定差减压型比例调速阀的效率高。但由于其供油压力是变化的,只适用于单执行机构或同时只有一个执行器工作的进口调速回路。

2.4.4 先导式位置反馈型比例节流阀

由于受电-机械转换装置推力限制,直动式的比例流量阀只适用于较小通径的阀。当通径大于 10～16 mm 时,就要采用先导控制形式。它们的共同点是利用较小的比例电磁铁,驱动一个尺寸小的先导阀,再利用先导级的液压放大作用,实现对主节流阀的控制,适用于对高压大流量的液流控制。按级间反馈的形式不同,先导式比例节流阀可分为多种类型。目前,可能的反馈控制方式参见图 2.19 所示的比例节流阀框图。因电液比例节流阀的直接控制量是位移,间接控制量是主节流口的流量。由图可以看出,反馈也是针对这两个量来进行的,反馈的中间变量可以是力或电量等。图中虚线所示为可能的反馈方式。为了使主阀芯定位,先导式比例阀必须至少采用一种可能的反馈方式。本节主要介绍位置反馈型比例节流阀,下节介绍流量直接反馈型的比例流量阀。

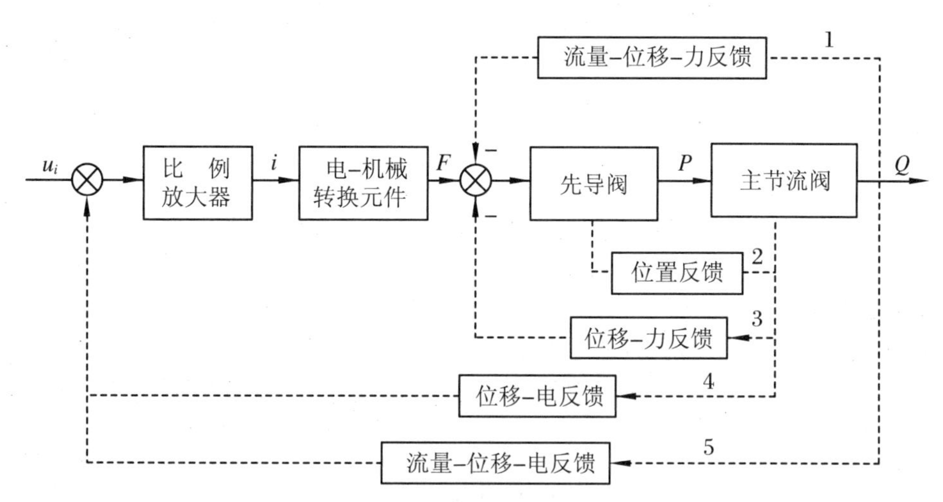

图 2.19　先导式比例节流阀原理框图

1. 直接位置反馈

这种阀的结构原理简图如图 2.20 所示。图中 4 为主阀，先导阀 2 是一个单边控制阀。当比例电磁铁 1 接收到输入控制电流时，电磁力作用于先导阀的左端面，并与右边的复位弹簧力平衡。对应每一输入电流，先导阀有一阀位移 y。先导阀的控制边是一个可变液阻，R_1 为固定液阻，两者构成液压半桥，用来对主阀差动面积 A 上的液压力进行控制。主阀芯实际为一差动活塞，它的左端作用着供油压力，右端小面积上也有供油压力和弹簧力作用。环形面积 A 为控制面积。当先导阀打开时，先导液压油经固定阻尼孔 R_1 和导阀开口流向 B 腔，使作用在差动面积 A 上的压力下降。可见，主阀芯与先导阀芯构成位置随动，即构成位置负反馈。但从随动理论可知，这是一个有差系统，即主阀芯与先导阀芯的位移存在一个误差。

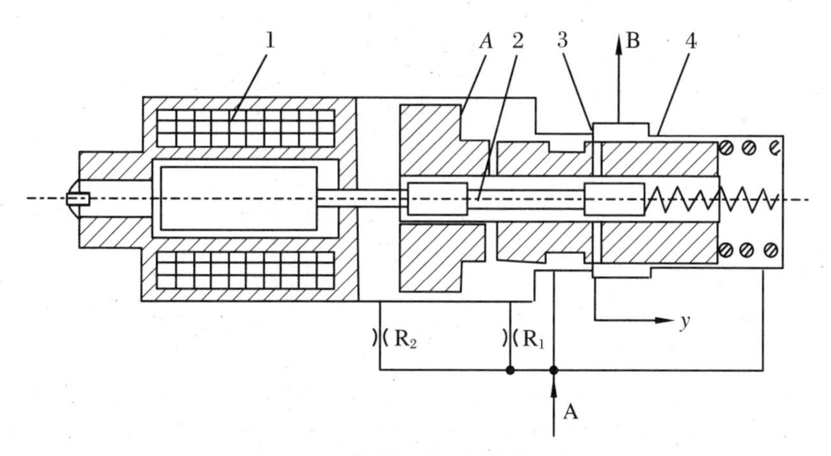

图 2.20　位置反馈型比例控制阀

1—比例电磁铁；2—先导阀；3—主节流口；4—主阀

这种阀的最大开度受比例电磁铁的行程限制。R_1 是用来产生压降所必需的，R_2 是动态反馈液阻，增加主阀运动阻尼。先导阀芯的复位弹簧刚度与比例电磁铁的静态特性有关。主阀芯复位弹簧刚度则影响阀的谐振频率和最低工作压差。

从图 2.19 的原理框图中可见，位置反馈所构成的闭环仅局限于先导阀和主阀之间。因此，对反馈回路以外的干扰没有抑制能力，但对主阀芯上的液动力影响有明显的减弱。

2. 位移-力反馈型

位移-力反馈型比例节流阀的先导阀与主阀之间的定位是通过反馈弹簧来实现的。它的工作原理见图 2.21。当比例电磁铁在控制电流下，产生相应推力，使先导阀克服弹簧力下移，打开可变节流口。由于固定节流孔 R_1 的作用，使主阀上腔压力 P_x 下降。在压差 $P_A - P_x$ 的作用下，主阀芯上移，并打开或增大主节流口。与此同时，主阀芯的位移经反馈弹簧转化为反馈力作用在先导阀芯下部，与电磁力相比较，两者相等时达到平衡状态。R_2 的作用是产生动态压力反馈。

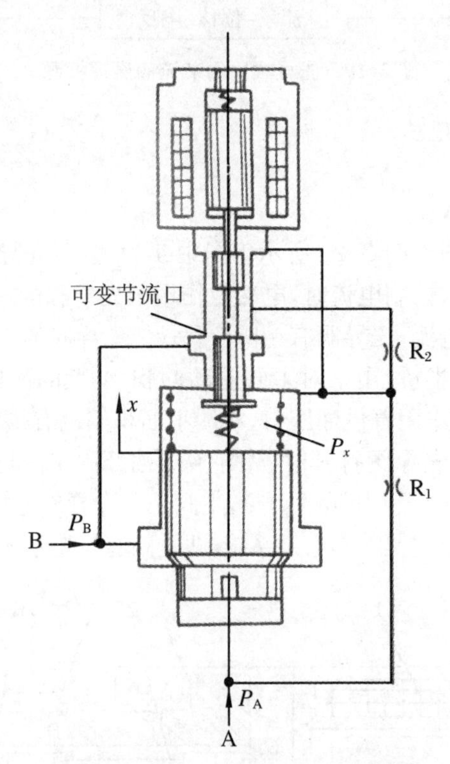

图 2.21　位置-力反馈型比例节流阀

由于主阀芯的定位是靠主阀芯位移 x 与反馈弹簧刚度 k 的积与电磁推力平衡来确定。同样的比例电磁铁下，改变 k 就可以改变主阀的行程。因此，主阀位移量不受比例电磁铁的行程限制，阀的开度可以设计得较大。

参见图 2.19 中位移-力反馈闭环支路，以及对该阀的信号流图分析表明，主阀芯的干扰都受到位移 - 力反馈闭环的抑制而减少。但作用于先导阀上的干摩擦、液动力的影响仍然存在，未受到抑制，需要在工艺结构上想办法才能减小其影响。

3. 位移-电反馈型

位移-电反馈型比例节流阀由带位置检测的插装式主节流阀与比例先导阀组成。先导阀是一个三通电液比例减压阀，它插装在主节流阀的控制盖板上，其结构如图2.22所示。图中主节流阀芯8的上部装有压缩弹簧和检测杆，弹簧的顶部装有一轴套卡在弹簧上，轴套的颈部与检测杆之间有较大的间隙，以便于让三通减压阀的出口压力油经此处流入并到达主节流阀芯上部，即与弹簧的结合面上。A为进油口，B为出油口。先导油口X与A进油口连接，向先导阀供油。先导泄油口Y应以最低压力引回油箱。当外部输入信号送入电控器时，将它与来自位置传感器的反馈信号比较可得出差值。此差值电流驱动先导阀芯运动，控制主阀芯上部弹簧腔的压力，从而改变主阀芯的位置。位移传感器的检测杆1(可在传感器内上下移动)与主节流阀芯8相连，因而主阀芯的位置被检测到并被以电信号的形式反馈到电控器，以使阀的开度保持在指定的开启量上。由图2.19可见，位移-电反馈等构成的闭环回路组成了从主阀到放大器的大闭环，环内的各种干扰，除了负载变化以外，都可以得到抑制。

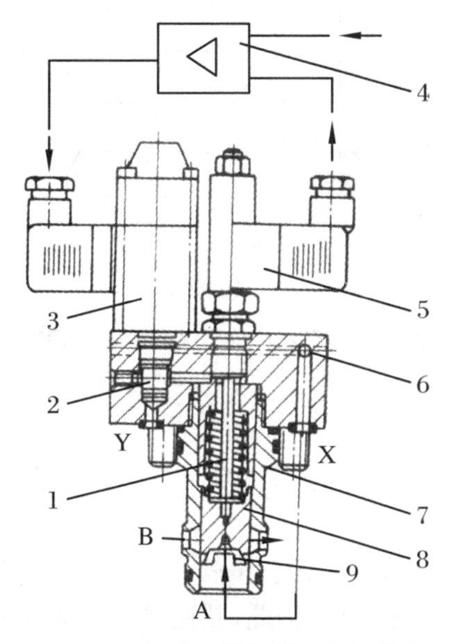

图2.22　位移-电反馈插装式比例节流阀

1—位移检测杆；2—比例三通减压先导阀；3—比例电磁铁；4—电控器；5—位移传感器；6—控制盖板；7—阀套；8—阀芯；9—主节流口

这种阀按阀口的开口设计有两种流量特性，即输入值和输出值之间实现正比关系的线性型以及按平方关系设计的递增型，供使用时选择。图2.23所示为这两种流量特性与输入电压的关系。

比例节流阀通常都可以采用外加压力补偿的方法，构成不受负载变化影响的具有恒流特性的调速阀。对于电反馈型的比例节流阀，由于信号处理方便，可以通过多种校正方式来获得更好的动态特性。例如，采用非线性的校正方法来获得流量特性。士力乐公司提出了一种用电信号控制的办法来改善普通比例节流阀的软流量特性(流量随负载增大而下降)，这种方法可称为压差面积补偿法，即压差增大时，用减小流通面积来补偿，反之亦然。这种方法利用两只压力传感器，随时检测阀口的压差变化，利用对电信号的处理，产生对比例电磁铁的控制信号，使主阀芯节流口作出相应的面积变化，以此来补偿由压差的变化引起的流量变化，从而使流量免受前后压差的影响。这种方法的缺点是电气控制比较复杂，且要两只压力传感器，零点飘移等干扰会影响流量的稳定性。

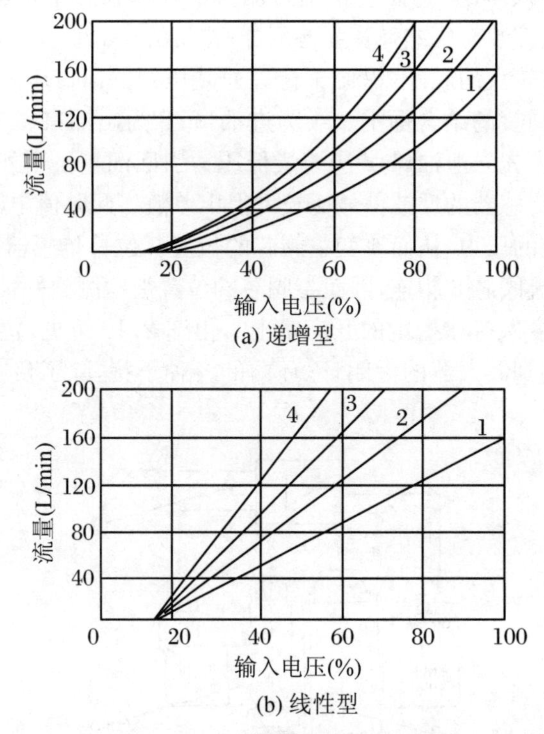

图 2.23　电液比例节流阀的流量特性

1—$\Delta P = 1$ MPa；2—$\Delta P = 2$ MPa；3—$\Delta P = 3$ MPa；4—$\Delta P = 5$ MPa

2.4.5　先导式流量反馈型电液比例流量阀

无论是压力补偿型的比例调速阀，还是主阀位置反馈的比例节流阀都没有对真正的控制对象——输出流量进行检测和反馈。因此，其控制策略是属于间接控制。

因流量是流量控制阀的真正输出量，进行流量的各种代换量的反馈（图 2.19 之 1 和 5）是最直接的控制手段。事实上，这是一种与传统型调速阀原理完全不同的调速阀，它充分利用了液阻网络和反馈控制原理，改善了阀的性能，开发出了一系列新原理的比例液压器件。这种流量反馈型比例阀比位置反馈型或传统压力补偿型比例阀有更好的静态和动态特性。但因流量的检测远比位移的检测来得困难。要增加一个流量传感器，所以流量反馈型比例流量阀在结构上较为复杂。

流量传感器的位移可以转换成机械量或电量来反馈，因此它又有多种形式，下面只介绍其中两种。

1. 流量-位移-力反馈型

图 2.24(a)所示为这种阀的原理图，图 2.24(b)所示为其结构图。它实际是一个先导式的两级阀。当比例电磁铁有控制信号时，先导阀开启形成可控液阻，它与固定液阻 R_1 构成先导液压半桥，对主节流级的弹簧腔压力 P_2 进行控制。先导阀开启后，先导流量经 R_1、R_2、先导阀和流量传感器至负载，流经 R_1 的液流产生压降使 P_2 下降，在 $P_1 - P_2$ 作用下主阀

开启。流经主阀的流量经流量传感器检测后，也流向负载。适当地设计流量传感器的开口形式，可使流量线性地转换成阀芯的位移量 Z，并通过反馈弹簧转换成力作用在先导阀的左端（力的方向向右），该力有使先导阀关小的趋势，当它与电磁力平衡时导阀芯便稳定下来。可见流量与流量传感器2的位移量 Z 成正比，Z 也与电磁力成正比，于是受控流量与输入电流成正比例。

系统的自我修正调整作用可简述如下。如果负载压力波动，例如 P_5 下降，使流量传感器右腔压力下降且有使阀芯失去平衡有开大的趋势，从而使弹簧的反馈力增大。这导致先导阀开口量减小及 P_2 增加，从而使主节流口关小，P_4 随之减小，于是使流量传感器重新关小，恢复到原来设定的位置上。由上面分析可见，由于负载的变化引起流量的变化不是依靠压力差，而是依靠主节流口的通流面积变化来补偿的。这点正是新原理流量阀与传统的压力补偿型流量阀的不同之处。如果供油压力变化，调整过程与上面分析类似。

图2.24(a)中，R_3 是动态压力反馈液阻，用于提高阀的动态性能。R_2 为温度补偿液阻。此外，流量检测器能把流量线性地转换成阀芯位移，这也是提高控制精度的关键。通常采用特殊的阀口造型来使特性线性化。

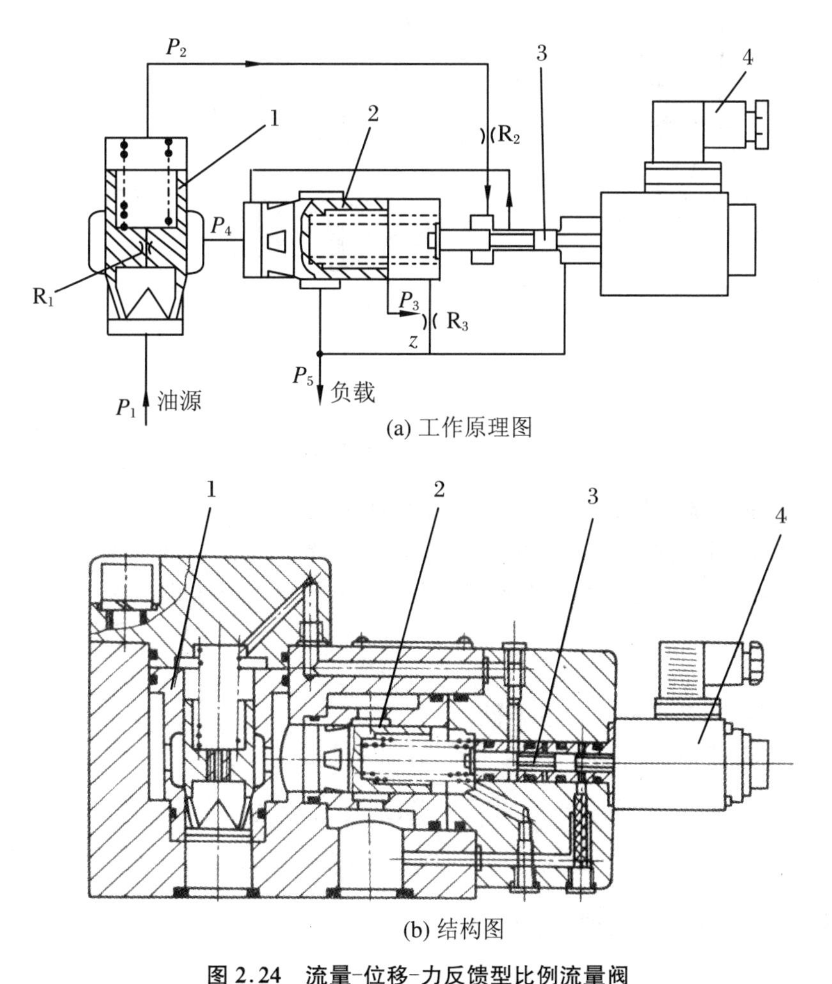

图2.24　流量-位移-力反馈型比例流量阀

1—主节流量阀；2—流量传感器；3—先导阀；4—比例电磁铁

由图2.19的反馈路径1可见，由流量-位移-力反馈组成的闭环回路并没有把比例电磁铁和放大器包括在闭环内。因此，影响这种流量阀的控制精度的因素主要为比例电磁铁和先导级的摩擦力。在输入信号中叠加颤振信号的方法，可以抑制这些干扰量。

2. 流量-位移-电反馈型

由图 2.19 的反馈路径 5 可见，如果能实现流量-电反馈，就能把输出信号与输入信号直接相比较，构成所谓的全程电反馈，把放大器和比例电磁铁也包括在大闭环内。这显然是一个更为完善的控制方案。

构成流量控制阀的全程电反馈控制的关键是要有流量传感器。一个可行的方案是把上节介绍的流量传感器与位移传感器结合在一起，可实现把液压流量，通过中间变量位移转换成相应的电量。图 2.25 是两种流量传感器的结构原理图。

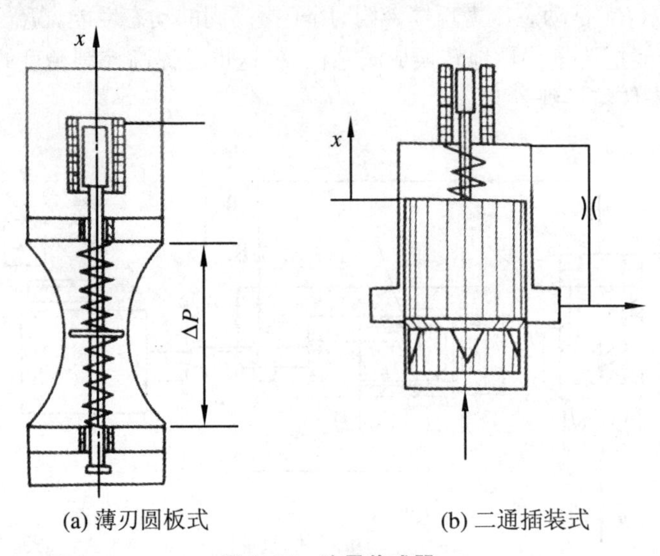

图 2.25　流量传感器

对于薄刃圆板式流量传感器，其工作原理是利用孔壁曲面的变化来补偿棱边节流口的非线性。一个锐边圆盘支撑在平衡弹簧上，与曲面孔壁配合形成面积可变的环形节流口。流量不同时压差也发生变化。根据力平衡可求得压差与圆盘位移的关系：

$$\Delta P = \frac{k_s x}{\pi R^2}$$

式中，k_s 为弹簧刚度，R 为锐边圆盘半径。

因此，通过传感器的流量为

$$Q = C_d 2\pi R b(x) \sqrt{\frac{2k_s x}{\rho \pi R^2}} = K b(x) \sqrt{x} \tag{2.5}$$

式中，K 为常数。

要使流量 Q 与位移 x 呈线性关系，必须满足

$$b(x) = K_1 \sqrt{x} \tag{2.6}$$

于是，由上两式得

$$Q = K K_1 \sqrt{x} \sqrt{x} = K_2 x \tag{2.7}$$

式中，K_1、K_2 为常数。

只要满足式(2.6)的任何曲线回转面，都可以使流量线性地转换成位移。这种流量传感器结构复杂，制造工艺困难，且动态响应慢。因此，只能用于小压差、流量波动不大的场合。

二通插装式流量传感器可在一定程度上克服上述缺点。图2.25(b)为它的结构原理。根据薄壁流量公式，传感器的流量与压差关系为

$$Q = C_d A(x)\sqrt{\frac{2}{\rho}\Delta P}$$

式中，$A(x)$为传感器位移 x 下的通流面积。

由上式可见，为了获得流量与位移的线性关系式，也需要对阀口作特殊的设计。目前已按此原理发展了性能良好的流量传感器。原则上，只要把流量传感器与比例节流阀串联，就可以构成流量-位移-电反馈型的比例流量阀。图2.26是这种流量-电反馈的可能方案。电反馈除了有构成大闭环的优点外，它还可以采用不同的电气补偿技术来提高其动、静态特性。有些资料中介绍了一种利用流量传感器与位移-力反馈型比例节流阀串联而构成的流量-电反馈型流量阀，并介绍了这种阀具有很好的稳态精度，其精度主要取决于反馈器件的特性。

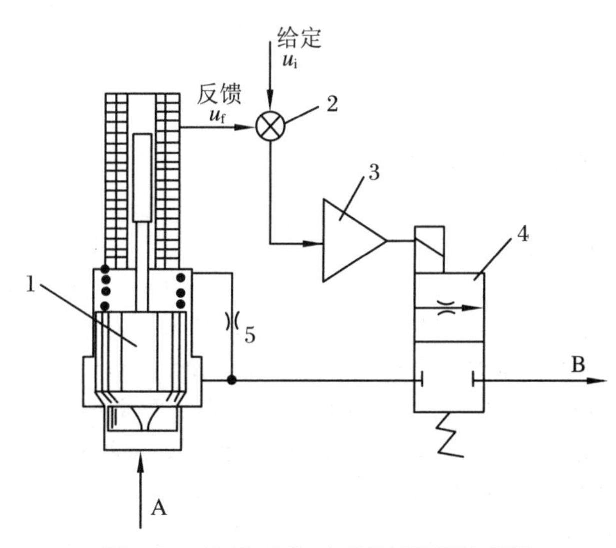

图2.26 流量-位移-电反馈型比例流量阀

1—流量传感器；2—比较元件；3—比例放大器；4—电液比例节流阀；5—阻尼孔

2.5 电液比例方向阀

电液比例方向阀是一种具有液流方向控制功能和流量控制功能的复合阀。在压差恒定的条件下，通过它的流量与输入电信号成比例，而流动的方向取决于比例电磁铁是否受到激励。常见的有二位四通和三位四通滑阀式。利用插装式元件组成比例方向阀需要较多的元件，制造和控制都较为复杂。

2.5.1 比例方向阀的结构特点及控制特点

1. 比例方向阀的结构特点

由于电液比例方向阀是在开关型换向阀和电液伺服阀的基础上发展起来的，它们之间异同点如下：

(1) 比例方向阀阀芯与阀套的径向间隙约为 3～4 μm，与普通换向阀相当，而伺服阀的配合间隙约为 0.5 μm 左右。因此，抗污染能力比伺服阀强得多。

(2) 为了减少中位泄漏，比例阀的阀芯通常具有一定的搭接量，搭接量一般为额定控制电流的 10%～15%。这使比例阀有较大的死区，虽然死区达 10%以上，但可在电子放大器中进行补偿，使死区最大限度地减小。

(3) 比例方向阀的阀芯形状是经过特别加工和修整的，以适应同时对进、出口实行准确的节流。一般方向阀阀芯台肩是直角形的，而比例方向阀的阀芯则开有多至 8 个的节流槽，节流槽口的几何形状为三角形、矩形、圆形或它们的组合。这些节流口有时称为控制槽，在圆周上均匀分布，且左右对称或成某一比例，通常比例系数为 1/2。用来适应控制对称执行器或非对称执行器的需要。

2. 比例方向阀的阀芯运动控制特点

一般的方向阀开启过程总是先通过死区，然后全开，直至本质上消除节流作用为止。而比例方向阀通过死区后进入节流阶段，且节流槽的轴向长度永远大于阀芯行程。这样做可以使控制口总具有节流功能。而伺服阀阀芯与阀套的配合通常无死区，零位附近是伺服系统(特别是位置伺服系统)的主要工作点。因此，伺服阀的工作行程较小。从上面阀芯运动控制分析中可知：比例方向阀的阀口压降比伺服阀约低一个数量级，约为 0.25～0.8 MPa，但比普通电液换向阀压降(0.1～0.3 MPa)要高。比例电磁铁的控制功率约为伺服阀的 10 倍以上，比电液换向阀的控制功率略高或相当。

现代电液比例方向阀中引入了各种内部反馈控制且采用零搭接。因此，在滞环、重复精度、分辨率及线性等方面的性能与电液伺服阀几乎相当，但在动态响应方面还是比性能高的伺服阀稍差。

3. 比例方向阀的中位机能及应用场合

三位四通比例方向阀也像电液换向阀那样，具有不同的中位机能，以适应控制系统中的特别要求。各种中位机能的获得，是通过保持换向阀套的沉割槽和阀芯的台肩长度不变，只改变节流口的轴向长度来实现的。如图 2.27 所示为几种控制槽与阀套配合的情况。通过不同的配合可以得到不同的阀机能。图中上部为职能符号，下部为结构简图。

图 2.27(a)所示为左右对称的 O 型中闭阀芯与阀套配合的情况。如前所述，为了减少小泄漏和简化制造工艺，阀芯与阀套约有 10%～15%的搭接量。在圆周上对称开有若干个三角槽，在两个方向上节流面积相等。节流槽的数量根据应用需要而定。这种阀主要用于对称执行

器。从P到A或从P到B的压降基本一样,能为对称的液压缸或油马达提供良好的控制。

图2.27(b)所示为对称的P型中位节流阀芯。在中位时,它能使P到A和B油口提供节流路径,T油孔堵死。中位的节流是靠阀芯台肩上的矩形节流槽与阀套形成一个不大的开口量而获得的,允许约3%的额定流量。这种阀主要用于控制液压马达,在中位时向马达提供必要的补油。因为液压马达在突然停止时会出现泄漏或抽空现象。提供补油后,马达的停止和启动都会变得更平稳。

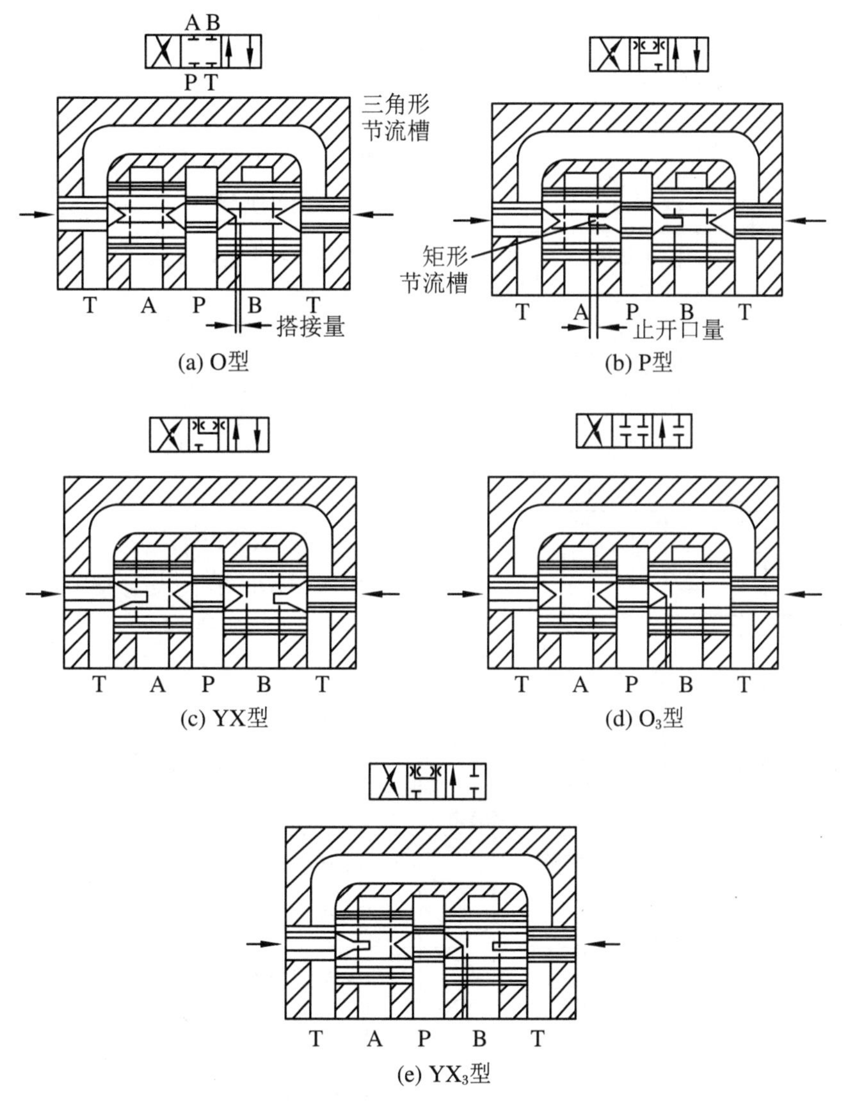

图2.27　阀芯形状与阀的机能

图2.27(c)为对称的YX型中位节流型阀芯。这种阀芯处于中位时P油口封闭,A和B与T油口经节流孔相通。中位时,矩形节流槽的开口量可通过的流量也是约为额定流量的3%。这种阀主要用于面积比接近1∶1的单出杆活塞缸。它可以消除中位时由于阀芯的泄漏而引起的活塞缓慢外伸现象,也可以防止有杆腔的液压力放大作用。在单出杆缸用于超越负载的场合,或某些平衡回路、液控单向阀回路的场合,有时就必须采用这种阀芯的形式。

图2.27(d)为O_3中闭型阀,这种类型的阀阀芯右侧台肩的外侧没有节流开口。

因此，左移时B油口与T油口互不相通。

图2.27(e)为YX_3型中位节流型阀芯，中位时P油口封闭，A和B与T油口节流相通有一矩形槽横跨在B与T油口上，阀芯左移时B与T油口互不相通。这两种阀芯主要用于差动连接回路。

此外，还有多种有实用价值的中位机能。表2.2给出了对称阀芯及不对称阀芯的中位机能、流通状态及应用场合，可供设计时选择使用。

表2.2　三位四通比例方向阀的机能及流动状态

职能符号	机能代号	流通状态	应用
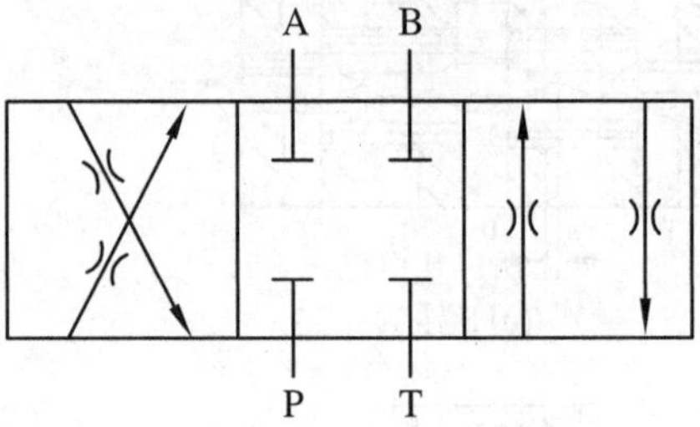 A B P T	O	$P\to B=Q; A\to T=Q$ $P\to A=Q; B\to T=Q$	对称执行器，面积比接近1∶1的单出杆液压缸
	O_1	$P\to B=\frac{Q}{2}; A\to T=Q$ $P\to A=Q; B\to T=\frac{Q}{2}$	面积比接近2∶1的单出杆液压缸
	O_2	$P\to B=Q; A\to T=\frac{Q}{2}$ $P\to A=\frac{Q}{2}; B\to T=Q$	
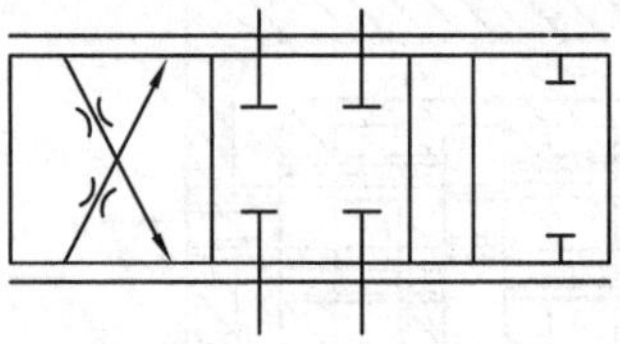	O_3	$P\to B=Q; A\to T=Q$ $P\to A=Q; B\to T=O$	差动连接的单出杆液压缸
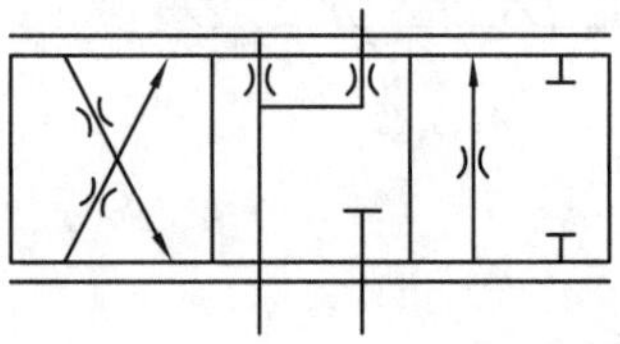	PX[①]	$P\to B=Q; A\to T=Q$ $P\to A=Q; B\to T=O$	对称执行器
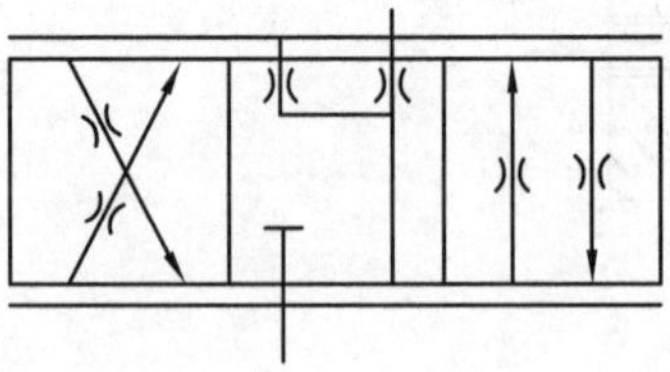	YX	$P\to B=Q; A\to T=Q$ $P\to A=Q; B\to T=Q$	对称执行器，面积比接近1∶1的单出杆液压缸
	YX_1	$P\to B=\frac{Q}{2}; A\to T=Q$ $P\to A=Q; B\to T=\frac{Q}{2}$	面积比接近2∶1的单出杆液压缸
	YX_2	$P\to B=Q; A\to T=\frac{Q}{2}$ $P\to A=\frac{Q}{2}; B\to T=Q$	
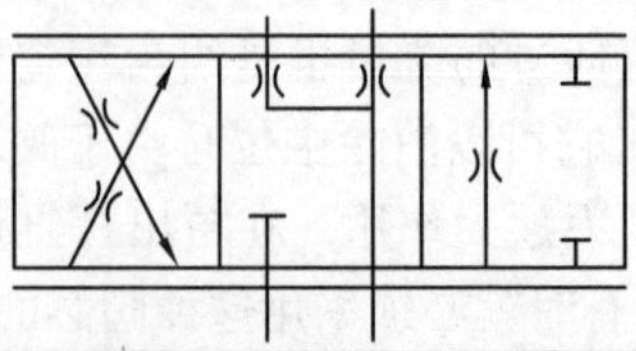	YX_3	$P\to B=Q; A\to T=Q$ $P\to A=Q; B\to T=O$	差动连接的单出杆液压缸

① ×表示中位节流型

从本质上说，由于电液比例方向阀的阀芯可以定位在任一位置上，即位置是无级可调的。它就再不局限于阀位3了。其实，它可以做成四位或五位四通的形式。例如，一个四位位置的阀中有四个功能位置，如图2.28所示。设两电磁铁电流为零时，中位是位置2，电磁铁a的指令信号从零增加至控制电流的40%时，定位在位置3上，100%控制电流时，定位在位置4上。而当电磁铁b的指令信号从0至100%增长时，阀芯逐渐定位在阀位1的位置上。可见，合理地利用比例阀的多工作位置的特点，并与适当的电控器配合使用，仅用一个比例方向阀就可以实现加速、减速、平衡、差动、快速及慢速等多种功能，可大大简化液压控制系统。

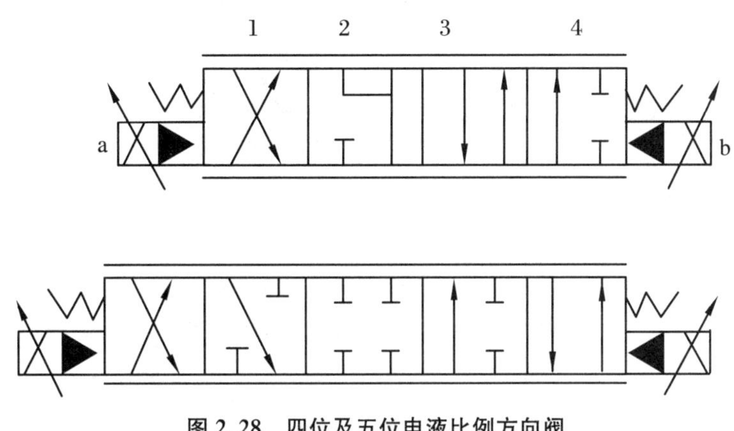

图2.28　四位及五位电液比例方向阀

4. 不对称阀芯

由于比例方向阀能对进口和出口同时进行节流控制，当用于控制不同的执行机构时，会出现一些新问题。例如，对称的阀芯，即左右两边节流面积相同的阀芯，应用于控制对称执行器（双出杆液压缸和液压马达）时，不会产生大的问题。但当应用于单出杆液压缸等非对称执行器时，情况就不一样了。

设差动液压缸的两侧有效面积比为2∶1。如果进口和出口两侧的节流面积相等时，所得的阀压力便降为1∶4。参看图2.29。因为

$$\frac{Q_1}{Q_2} = \frac{A_1 v}{A_2 v} = \frac{2}{1} = \frac{\sqrt{\Delta P_1}}{\sqrt{\Delta P_2}} \tag{2.8}$$

$$Q_1 = C_d A_{(x)} \sqrt{\frac{2}{\rho} \Delta P_1}$$

$$Q_2 = C_d A_{(x)} \sqrt{\frac{2}{\rho} \Delta P_2}$$

由上式得

$$\Delta P_1 = 4 \Delta P_2 \tag{2.9}$$

式中各符号的意义如图2.29所示。

由上式可见，当有杆腔的工作背压大于供油压的1/4时，就会因为系统无法对进油腔提供足够的压差而出现抽空现象。因此，产生气穴使系统控制性能大大变坏，甚至不能工作。

适当地设计不对称开口阀芯，可以满足不同流量的要求。各种现有产品中多有不对称阀芯供选择(面积比为2∶1或其他比例)，来适应不同面积比的液压缸的控制要求。

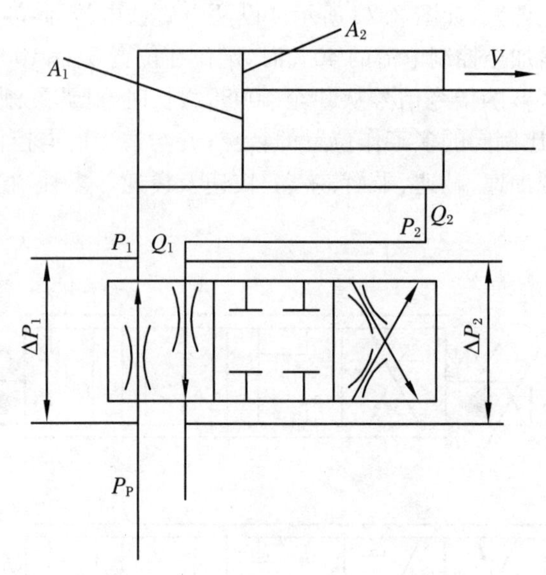

图 2.29 对称阀芯控制非对称执行器

2.5.2 比例方向阀的特性曲线

比例方向阀的特性是由三组特性曲线来表示，这些特性曲线是使用和设计比例方向阀控制回路的重要依据。这些曲线包括有额定压差下输入信号电流与输出流量关系曲线，该曲线反映比例阀的静态特性；另外两组曲线反映阀的动态特性，这两组曲线就是阶跃响应曲线和频率响应曲线。下面分别讨论这些曲线与性能之间的联系。

1. 流量控制曲线

为了充分利用比例方向阀的控制能力，要求在额定压差下，进、出比例方向阀的流量要得到连续的节流。为了提高它的分辨率就要尽量利用它的最大行程。每一通径的比例方向阀都有几种名义流量可供选择，各种名义流量的获得是靠增加或减小阀芯上的节流槽的数目来获得的。而通过阀的实际流量与横跨阀的总压力差有关。总压力差是指比例方向阀两个节流口压降之总和。通常名义流量是指对应总压力差为1 MPa(也有采用0.8 MPa)的那条流量曲线。

对每一名义流量的比例方向阀，都可给出一组流量曲线，用来表明它在该压降下的最大控制能力。

图2.30所示的特性曲线表示名义流量为30 L/min的比例方向阀在不同的压差下流量与控制电流之间的关系。例如，考虑这种情况，要求阀的开度必须从关闭直到尽可能100%开启，而通过的最大流量为25 L/min。从控制电流为100%的直线及流量为25 L/min的直线可知，这时通过阀的压降应为曲线1所对应的压降。这意味着从阀入口P到执行器油口A的压降为0.5 MPa，而另外0.5 MPa压降落在从执行器油口B到回油口T之间。这时已

接近利用了滑阀的全行程。

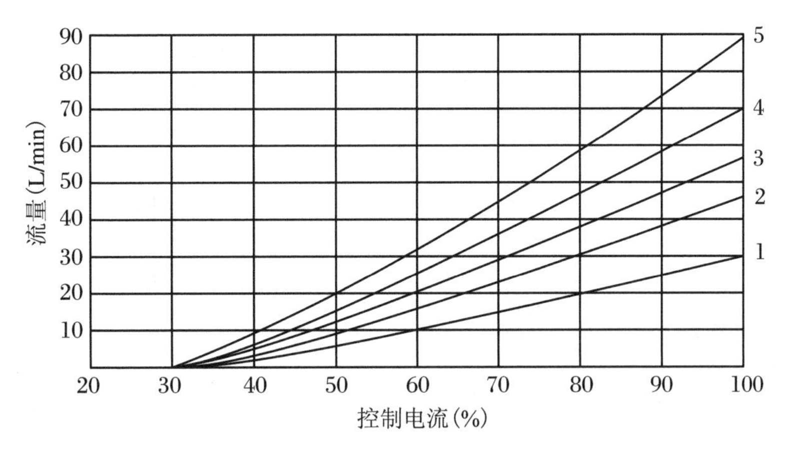

图 2.30　控制电流-流量特性曲线

(30 L/min 的名义流量在 1 MPa 的压降下)

1—$\Delta P = 1$ MPa;2—$\Delta P = 2$ MPa;3—$\Delta P = 3$ MPa;4—$\Delta P = 4$ MPa;5—$\Delta P = 5$ MPa

如果最大只需通过 15 L/min 的流量,现仍使用上例中的比例阀,且还在 1 MPa 的总压差下,只需 70%的控制电流就能通过 15 L/min 的流量。这说明电流超过 70%以后已经不影响流量的变化,或者说不能充分利用 70%以后阀芯的行程,即行程的末端几乎没有控制能力。这表明为了全行程控制需要选用较小规格的比例阀。

采用比例方向阀的目的是为了提供对流量或速度的控制,而曲线表明要控制就必须要节流,而节流就必定有压降落在阀口上。

2. 阶跃响应曲线

对某一具体的液压回路,要估计它的最高工作频率(往复运动)和负载状态,有时需要考虑比例阀本身固有的转换时间(阶跃响应时间)的限制。虽然系统的自然频率是主要的限制因素,但熟悉和了解响应特性是非常有用的,特别是过程控制器或计算机用于控制某一工作循环时更应清楚地知道阶跃响应时间。因为预知该阀的可靠的响应特性后,可以利用计算机提前触发某一功能,即在该功能需要出现之前转换阀芯,用这样的方法可以消除比例阀的死区以及改善工作循环。

图 2.31 所示为理想阶跃信号,即瞬时变化的阶跃信号输入到比例放大器,阀芯从一个位置转换到另一个位置的最快响应情况。其中图 2.31(a)左部表示行程指令从 0 到 100%时阀芯行程的变化。右部表示行程指令从 100%到 0 时的变化。图 2.31(b)和(c)相类似,但信号变化的起点和幅值不相同。图中 x 轴是阀芯从一个位置移到另一个位置所需的时间,这一时间将会影响到输出响应的相位滞后。指令周期发生变化时,相位滞后也会发生变化。

图 2.31(a)表明,该阀从全闭到全开时指令信号必须持续 80 ms,而当控制信号移去后,使阀口全闭则要花 60 ms 的时间。换言之,该阀完成一个周期的运动需要的最短时间是 140 ms。这意味着每秒钟能完成的周期数(阀芯的频率)为

$$\frac{1}{140} \cdot 1000 = 7.15 \text{ Hz}$$

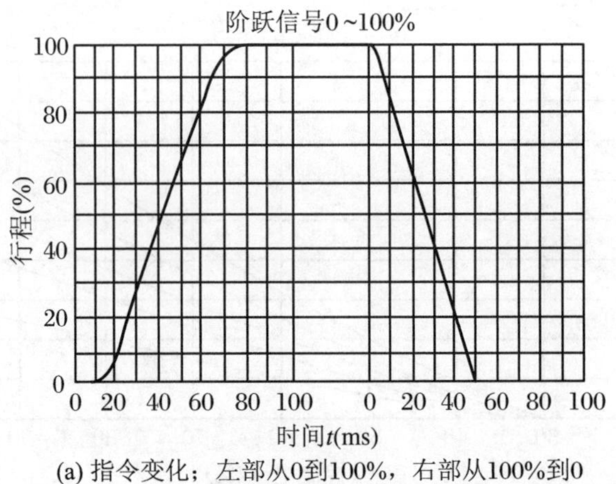

(a) 指令变化；左部从0到100%，右部从100%到0

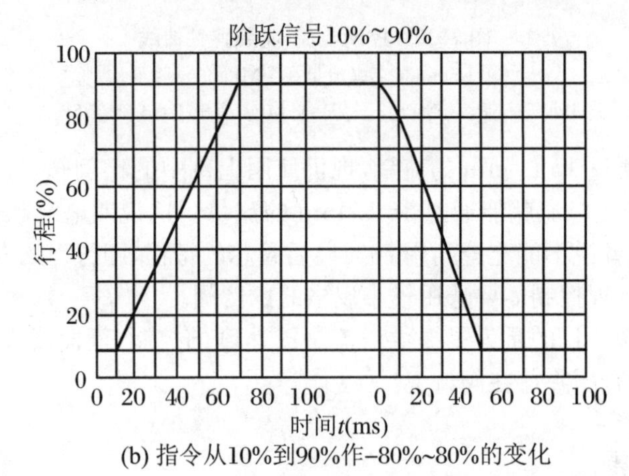

(b) 指令从10%到90%作-80%~80%的变化

阶跃信号25%~75%

(c) 指令从25%作-50%~50%的变化

图 2.31　阀芯的阶跃响应曲线

因此，要求阀芯有 100%的开启量时的最高转换频率为 7.15 Hz。当快于这个频率时，阀芯便无法跟随指令信号作完全地响应。例如，指令信号变化频率为 10 Hz，虽然幅值为 0 到 100%的指令信号要求阀芯全部开启，但尚未完全响应之前便收到要它重新关闭的指令。

3. 频率响应曲线

图2.32所示为一组比例方向阀的典型的频率响应特性曲线。其中曲线1和2是振幅响应与频率的关系，曲线1是输入信号的幅值为50%，且作－25%～25%变化时的频率响应，而曲线2是输入为50%，且作－50%～50%变化时的响应曲线。该曲线清晰地表明，随着输入信号的加速，阀芯的运动幅值下降。当幅值比下降到－3 dB时，即输出幅值与输入幅值之比为0.707时，便认为输出已不能跟随输入而变化。这时对应的频率称为系统的工作频宽，本例约为8 Hz。

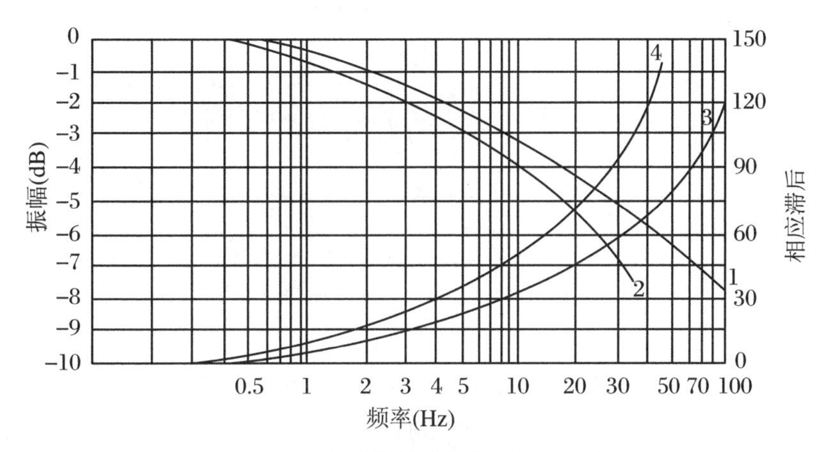

图2.32　比例阀的频率响应特性曲线

1、2—幅频特性曲线；3、4—相频特性曲线

典型的相频特性曲线如图中曲线3和4所示，对应的信号变化如前面所述。相频特性反映输出量与输入量之间的相位差别，以角度表示。随着信号频率增加相位差增大，即阀的滞后加大，说明跟踪能力下降。比较曲线3和4可知，在相同的输入频率下，输入幅值越大，输出的相位滞后就越大。换句话说，在相同的输入频率下，要求阀芯的运动量增加时，相位滞后就要加大。

2.5.3　常见的比例方向阀

1. 直动式比例方向阀

直动式比例方向阀由比例电磁铁直接推动阀芯左右移动来工作，其中二位四通和三位四通两种最为常见。前者只有一只比例电磁铁，由复位弹簧定位。后者有两只比例电磁铁，由两个对中弹簧定位。复位弹簧或对中弹簧同时也是电磁力-位移转换元件。由于电磁力的限制，直动式比例方向阀只能用在流量较低(50 L/min以下)的场合。比例方向阀也可分为带阀芯位置反馈型和不带阀芯位置反馈型两种。

(1) 不带阀芯位置反馈型

不带阀芯位置反馈型直动式比例方向阀的基本结构与前面介绍的三通比例减压阀(图2.13)十分相似，仅阀芯内部结构不同。图2.13所示的三通减压阀是采用三件组合式阀芯，而比例方向阀采用的是开有节流槽的整体式阀芯。当任一电磁铁通电后，电磁力直接作用在阀芯上，并与对中弹簧力平衡而定位在与信号成正比的位置上，对于三位阀，两个电磁铁同时通电是禁止出现的情况，而电磁铁同时失电时，在对中弹簧的作用下阀芯处于中位，当左部的电磁铁收到信号时，信号使阀芯右移，其位移量比例输入信号。这时允许油液从P孔流向B孔和A孔流向T孔(图2.33)。如果节流口前后压差保持不变，则通过的流量仅与输入信号有关。如果另一侧的比例电磁铁通电，油孔导通的情况正好交换导通。

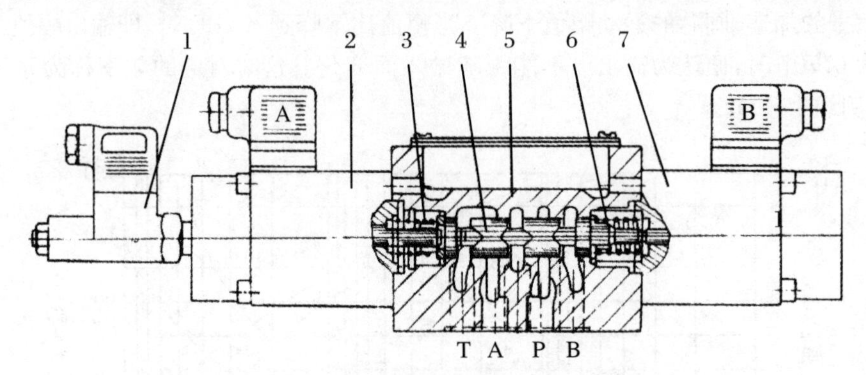

图2.33　带阀芯位置反馈的直动式比例方向阀

1—位移传感器；2、7—力控制型比例电磁铁；3、6—对中复位弹簧；4—阀芯；5—阀体

(2) 带阀芯位置反馈型

带阀芯位置反馈型直动式比例方向阀与不带阀芯位置反馈型直动式比例方向阀的差别仅在于使用的比例电磁铁不完全相同。不带阀芯位置反馈型直动式比例方向阀使用的是力控制型比例电磁铁，而带阀芯位置反馈的其中有一个使用的是行程控制比例电磁铁，如图2.33所示。位移传感器1是一个直线型的差动变压器，它的动铁心与电磁铁的衔铁机械固连，能在阀芯的两个移动方向上移动约±3 mm。其工作过程如下：当电磁铁受激励时，阀芯移动相应的距离，同时也带动了位移传感器的铁心离开平衡位置；于是，传感器感应出一个位置信号，并反馈到比例放大器；输入信号与实际值(反馈信号)比较，并产生一个差值控制信号，纠正任何实际输出值对给定值的偏差，最后得到准确的位置。由于有阀芯位置反馈，它的控制精度较无位置反馈的要高。为了确保安全，用于这种阀的比例放大器应有内置的安全措施，以使一旦断开反馈时，阀芯自动返回中位。

由于该阀也是一种直动式控制阀，因此，只能用于中等流量及以下的场合。在超过此流量的场合，由于过大的液动力将使阀无法开启或不能完全开启。虽然，位置传感器给出反馈信号，力图使阀开得更大，但因电磁铁已耗尽所有的电磁力，所以阀芯将无法开启到给定的位置上。

2. 先导式比例方向阀

先导式比例方向阀主要用于大流量(50 L/min以上)的场合。较常用的是二级式，也有三级式，三级式的阀主要用于特大流量的场合。先导级通常是一个小型的直动式三通比例减压阀或其他类型的压力控制阀，例如喷嘴挡板阀。它的工作原理是电信号经先导级转换放大后，变成液压功率驱动主阀级工作。液压推力等于控制压力与阀芯端面面积的乘积，它足以克服主阀芯上液动力的干扰。这就是为什么先导控制的比例方向阀能处理较大流量的原因。

先导式的比例方向阀有两类。一类是从伺服阀的基础上简化发展起来的，它与伺服阀相类似，级间可能有各种各样的反馈联系，动态和静态性能都较好。这类阀有时又称为廉价伺服器，但它的制造工艺较复杂，要求高，通用性差，比较不常见。另一类是从电液换向阀的基础上发展起来的，这类阀没有级间的反馈联系，优点是装配精度和制造要求较低，通用性好，调节方便，是常见的比例方向阀。下面只对这一类阀加以介绍。

前面讨论过双向比例三通减压阀，它的主要用途是作为比例方向阀的先导阀。它与一个液动式比例方向阀叠加在一起就构成一个先导式电液比例方向阀(图 2.34)。无信号状态时，主阀芯 11 由一偏置的对中弹簧 1 保持在中位上。也有些阀是用两个对称布置在阀芯两端的压力弹簧对中的。

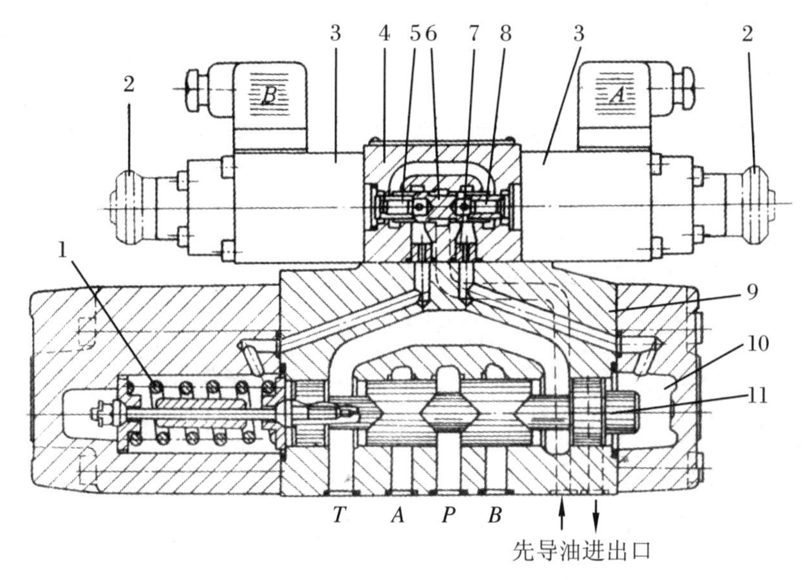

图 2.34 先导式电液比例方向阀

1—对中弹簧；2—手动按钮；3—左或右比例电磁铁；4—先导阀阀体；5—测压柱塞；6—先导控制阀芯；7—节流孔；8—测压柱塞；9—主阀体；10—主阀芯控制腔；11—主阀芯

显然，用一个偏置弹簧对中的优点是避免了两个弹簧对中时，由于弹簧参数不尽相同或因发生变化而引起阀芯偏离中位的可能性。当主阀控制腔 10 有压力时，阀芯左移压缩弹簧，相反，弹簧腔有压力时，阀芯右移把弹簧拉紧在阀体上。

只有当阀两端的主阀控制腔中的压力升高到足以推动阀芯移动到节流位置时，方向阀才开启。移动的方向取决于哪一只电磁铁受到激励，移动距离则取决于激励信号，即输入电流的大小。设电磁铁 B 接收到控制信号，于是导阀芯 6 右移，使腔 10 压力升高。同时，主阀便向左移动，直到移动至设定位置为止。在开启过程中，节流槽逐渐增大，使控制流量从 P 到 A 和从 B 到 T 是渐增的。

调整输入信号的水平，可使主阀芯定位在不同的预定位置上。阀芯上的三角形节流槽会形成不同的节流面积。因此，预调阀的输入信号水平，就可以按需要设定执行器的速度。

借助于放大器的帮助，可以使阀芯的运动受时间控制，实现机构的平滑启动和停止。例如，设信号从 0 增加到 100%或从 100%下降至 0，阀芯的响应时间可以通过放大器在 0～5 s 内调节。

综上所述，比例方向阀的控制特点如下：

(1) 比例方向阀提供两个方向上同时节流。

(2) 阀芯的最终设定位置由输入信号的水平确定。

(3) 阀芯移动的响应速度直接与执行机构的加速度或减速度成比例。它可以借助比例放大器中的斜坡信号发生电路来调整确定。

3. 整体式比例方向阀

这种阀从结构上和控制特性上与普通比例阀相同。不同的特性是把电子控制部分也集成在主阀或先导阀内部。在出厂前已作仔细调整,使用前只需要参考使用说明,在接线端上接适当的电源电压,再作适当的工作设定便可投入工作。图 2.35 就是一种带放大器的整体式比例方向阀,除了它把电子控制器也集成在阀内以外,其液压原理与前面所述的直动式或先导式比例方向阀并无两样。它的先导阀是一个直动式比例方向阀,主阀为双弹簧对中的液动阀。先导阀和主阀均带位置反馈,使阀芯的位置在较大的液动力干扰下仍能保持准确的位置。

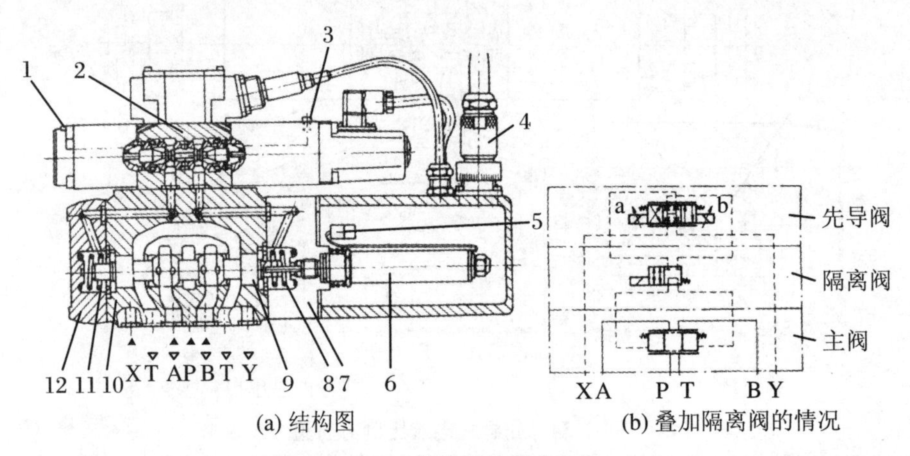

(a) 结构图 (b) 叠加隔离阀的情况

图 2.35 整体式比例方向阀

1、3—放气螺钉;2—先导阀;4—出线口;5—电控器;6—位置传感器;7—右端盖;8、11—对中弹簧;9—主阀芯;10—主阀体;12—左端盖

这种阀使用上可把一个隔离方向阀叠加在先导阀和主阀之间作为安全阀使用,如图 2.35(b)所示。先导阀 2 断电时,主阀将保持在中位,不受先导阀的控制,起安全保护的作用。

2.6 电液比例复合阀

从广义上讲,把两种以上不同的液压功能复合在一个整体上所构成的液压元件可称为复合阀。当其中至少有一种功能可以实现电液比例控制时,这样的阀称作电液比例复合阀。因此,比例复合阀具有多种控制功能。

从上面的定义看,最简单的比例复合阀是比例方向阀,它复合了方向与流量控制两种功能。如果进一步把比例方向阀与定差溢流阀或定差减压阀组合就构成了传统的比例复合阀,且参与复合的比例方向阀的联数可以不只一联。

2.6.1　压力补偿型比例复合阀

把一个以上的比例方向阀与定差减压阀串联(图 2.36(a))就成为定差减压型比例复合阀。从原理图中可以看出,它具有双向比例调速功能和换向功能。美国 V1CKERS 公司生产的 KG 阀就是这一种阀(也叫 P－Q 块)。

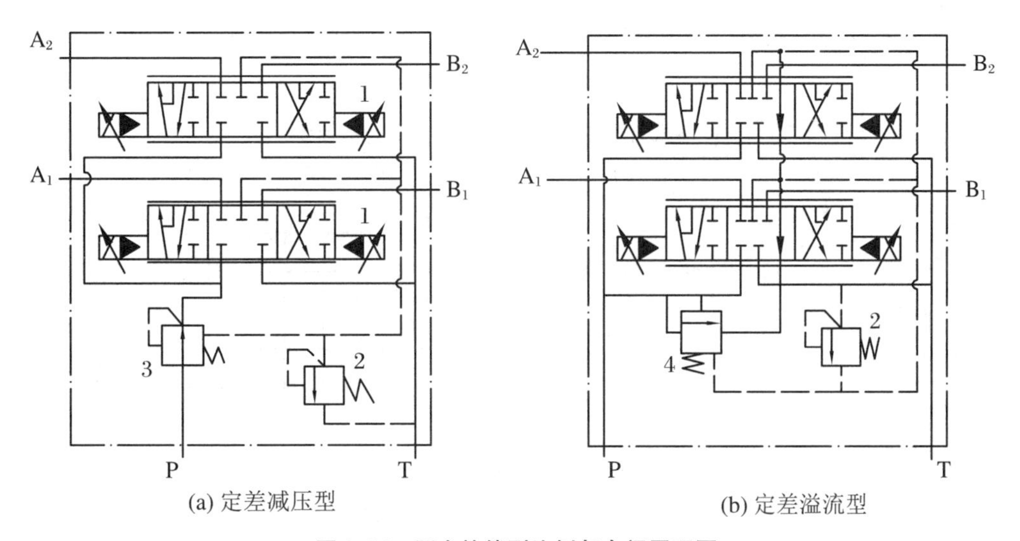

(a) 定差减压型　　(b) 定差溢流型

图 2.36　压力补偿型比例复合阀原理图

1—比例方向阀;2—安全阀;3—定差减压阀;4—定差溢流阀

比例方向阀与定差溢流阀并联(图 2.36(b))就构成定差溢流型比例复合阀。例如,日本大京公司生产的 KL 型阀及德国霍科德公司生产的 NW 阀都是这种类型的复合阀。从原理图上看,它除了具有减压型复合阀的功能外,还有使压力跟随负载变化的作用。因此,这类阀使用时系统不需要用溢流阀,而减压型的则要用溢流阀来稳定系统的进油压力。如果把图 2.36(b)所示的复合阀用于驱动两个液压执行器,可以看出,当两个主阀都处于中位时,溢流阀的遥控口经主阀连通油箱,系统处于卸荷状态。当某一主阀工作时,定差溢流阀又能使阀口前后压差基本恒定,从而使活塞速度不受负载变化的影响。显然,这种阀不能使两个执行器同时工作,除非它们的负载完全一样。

比例复合阀是多个液压元件的集成回路,具有结构紧凑,使用维护简单等特点,可用于对执行器的速度控制、位置控制连续有规律的调节场合。

2.6.2　电液比例压力-流量复合阀(P－Q 阀)

电液比例压力-流量复合阀有时被称为比例功率调节阀。它是由先导式比例溢流阀与比例节流阀组成的一个复合阀。比例溢流阀的主阀同时在复合阀中兼作三通压力补偿器,为比例节流阀进行压力补偿,从而获得较稳定的流量。阀的详细符号如图 2.37(a)所示。由图可见,比例节流阀 1 的前后压差由三通压力补偿器 2 保持恒定。因而,通过节流阀的流量仅取决于节流阀的开口面积,亦即通入比例电磁铁的信号电流。三通压力补偿器同时又是先导式比例溢流阀的主阀芯级。当负载压力达到溢流阀 3 的调定压力时,阀芯开启,保持进

口压力 P_p 不变。有些 P－Q 阀带有限压阀以确保系统安全，带有限压阀的 P－Q 阀的符号如图 2.37(b)所示。阀的工作特性曲线如图 2.37(c)所示，可见无论是流量调节偏差还是压力调节偏差都较小。这种阀被广泛用于注塑机液压系统，作为主要的调速、调压元件。

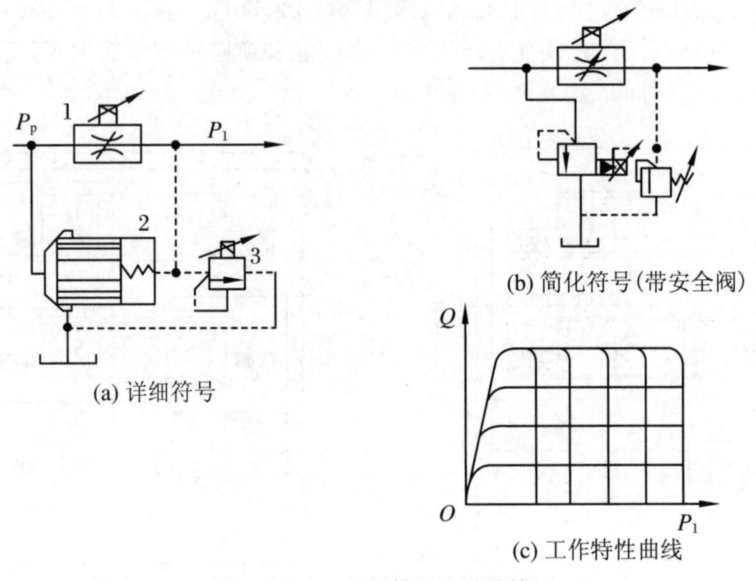

图 2.37　P－Q 阀的原理及特性图

1—比例节流阀；2—三通压力补偿器；3—溢流阀

上一节中，曾介绍了由直动式比例溢流阀、压力补偿器、三位四通比例方向阀以及油路块组成的复合阀，或称 P－Q 块。它与 P－Q 阀的共同点是均可进行压力与流量的调节控制，差异点是前者还可以进行对一路以上的执行器进行方向控制。无论是 P－Q 块或 P－Q 阀均是利用压力补偿原理对节流阀或方向阀流口进行压力补偿的，使它们变为精度高的流量调节器。图 2.38 所示为 P－Q 阀的结构图。由于比例节流阀带位置传感器，使节流口的面积可以得到更准确地控制。使用 P－Q 阀的系统可以在工作循环的不同阶段，对不同的多个液压执行器进行调速和调压，使系统得到大大的简化，同时控制性能也得到提高。

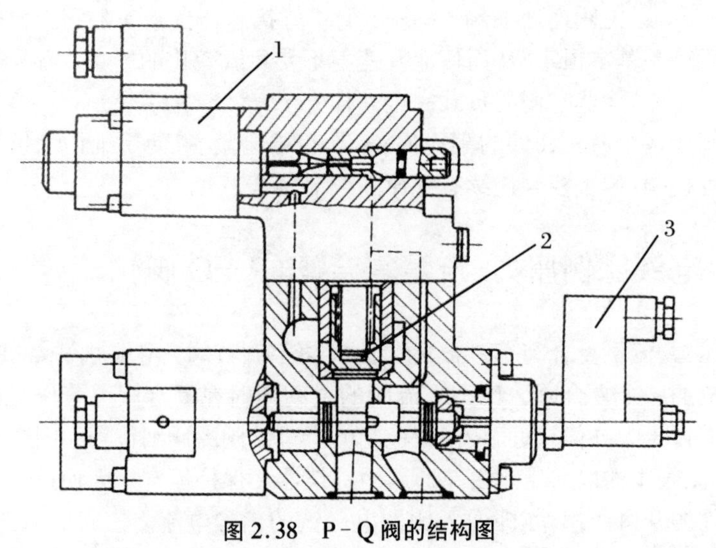

图 2.38　P－Q 阀的结构图

1—直动式比例溢流阀；2—三通压力补偿器；3—比例节流阀(带位移传感器)

2.7 闭环比例阀

闭环比例阀也称比例伺服阀或伺服比例阀,它是传统比例阀持续发展的产物,是1995年前后出现的一种新型阀,其特点是阀的电-机械转换器采用比例电磁铁,功率级阀芯采用伺服阀的结构和加工工艺。它与一般比例阀的最大区别是采用了控制中位零搭接阀口的结构,因而无中位死区,而这点是高精度闭环控制元件的先决条件。阀芯和阀套之间的配合精度与伺服阀相当,其价格和性能介于伺服阀和普通比例方向阀之间,其动、静态性能几乎毫不逊色于伺服阀,在某些方面甚至超过伺服阀。同时,由于比例伺服阀对油液清洁度要求低于电液伺服阀,故适合各种工业开环、闭环控制系统。此外,它通常有四个阀位,除了正常工作的三个阀位外,还有一个机械(自然)零位。过去在高精度的控制领域,通常只会用到伺服阀,现在闭环比例方向阀也是一种可供选择的方案。闭环比例阀必须要采用行程控制的比例电磁铁来驱动,而测量电子装置,如振荡器、调节器等都与位置传感器一起集成在阀的内部,它可分为直动式和先导式或二位三通、三位四通和四位四通等。比例阀、闭环比例方向阀与伺服阀的主要性能比较见表2.3。

表2.3 几种连接操纵阀的比较

		滞环	频宽(Hz)	中位搭接量	主要应用
比例阀	不带位置传感器	3%～7%	10～50	5%～20%	开环控制
	带位置传感器	0.3%～1%	10～70	5%～20%	开环控制
闭环比例方向阀(带位置传感器)		0.2%～0.5%	50～150	0	闭环控制
伺服阀		0.1%～0.5%	100～200	0	闭环控制

2.7.1 直动式四位四通闭环比例阀

直动式四位四通闭环比例阀的结构图如图2.39所示,可独立使用或作为先导阀使用。

1. 结构特点及工作原理

(1) 它有四个工作位置,由一个行程控制型的比例电磁铁来控制。最左面的一个位置是机械零位,与普通阀的自然中位相似。进入正常工作之前,由一偏置电流使阀芯快跳到控制中位上,这时阀芯与阀套采用零搭接,因而无控制死区。工作期间,阀芯在右面的三个工作位置上移动。比例电磁铁失电时,由复位弹簧使阀芯定位在机械零位(紧急停止时的故障保护位置)。

(2) 控制电磁铁产生的力直接作用于阀芯和复位弹簧上,用一个行程控制型的比例电磁铁对它的位置进行无级调节。

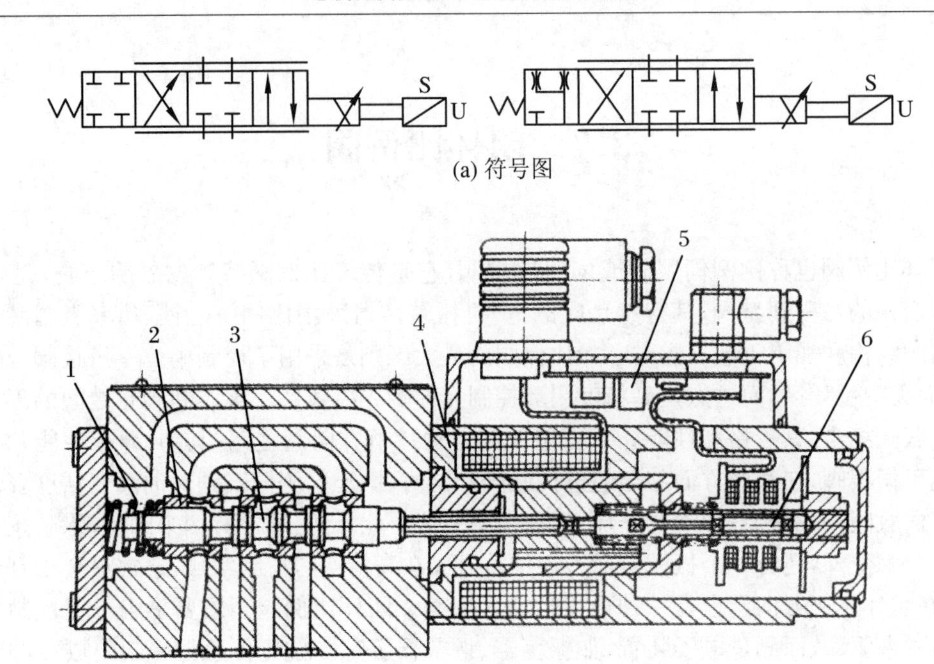

(a) 符号图

(b) 结构图

图 2.39 直动式四位四通闭环比例阀

1—复位弹簧；2—阀套；3—控制阀芯；4—比例电磁铁；5—阀内电子装置；6—位置传感器

(3) 耐高压的位置传感器与位置测量电子装置一起集成在电磁铁的壳体内。

(4) 控制中位采用零搭接，耐磨的钢制阀套保证零搭接的持久精度。

2. 闭环比例阀的流量特性和使用限制

(1) 流量特性。其流量特性如图 2.40 所示。图中可见，特性曲线穿过零点，这是采用零搭接阀芯的缘故。曲线的线性度也很好，这是由于节流槽的几何形状以及较高的压力降的结果。比例方向阀的额定值是在 $\Delta P = 0.8$ MPa 或 1 MPa 的条件下的流量值，而闭环比例阀和伺服阀的额定流量值是在每个节流槽 $\Delta P = 3.5$ MPa 的条件下测量到的。

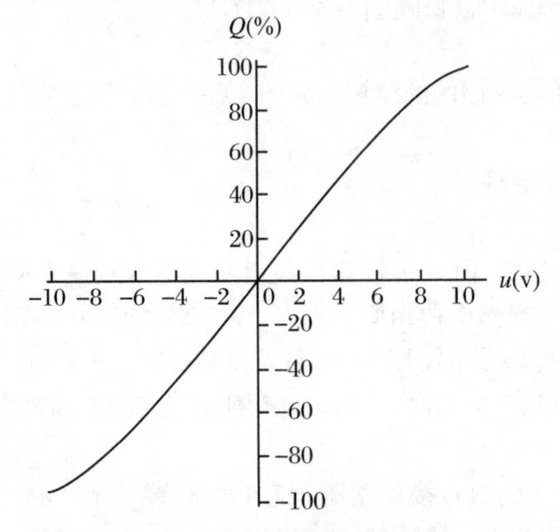

图 2.40 闭环比例阀的流量特性

(2) 液动力对使用的影响。液动力限制了直动式闭环比例方向阀的最大过流能力，但先导式闭环比例方向阀因它有很大的定位力，不受此限制。

2.7.2 先导式闭环比例方向阀

先导式闭环比例方向阀(图2.41)是由一个直动式的比例阀与一个零开口的液动阀叠加而成的。其结构原理是：该阀的先导阀工作原理与前面介绍的直动式闭环比例方向阀完全一样，不同的只是，由于先导阀处于机械零位(自然零位)时，要求主阀必须复位，所以先导阀在三个工作位置之间运动，而主阀芯即作跟随运动。先导阀的供油和排油都可以在内部或外部。只要把1处和2处堵塞起来，就能实现内、外先导供油的转换。另外，这种阀的主阀芯有防转动结构，这样可以提高重复控制精度。

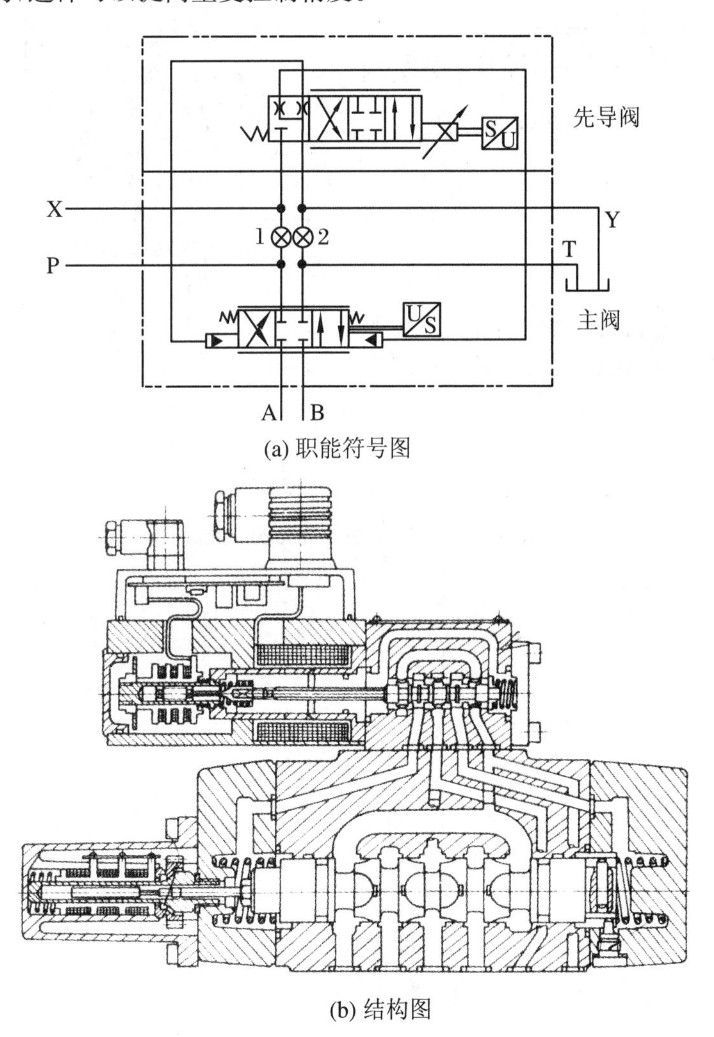

(a) 职能符号图

(b) 结构图

图2.41　先导式闭环比例方向阀

2.7.3 二位三通闭环比例节流阀

二位三通闭环比例节流阀是一种先导式的比例节流阀。其主阀级是一插装式二位三通阀，由一直动式闭环比例方向阀进行先导控制。并由一耐压的位置传感器检控主阀芯的位置，主阀级与先导级也是采用叠加式结构，其结构及控制原理图如图 2.42 所示。

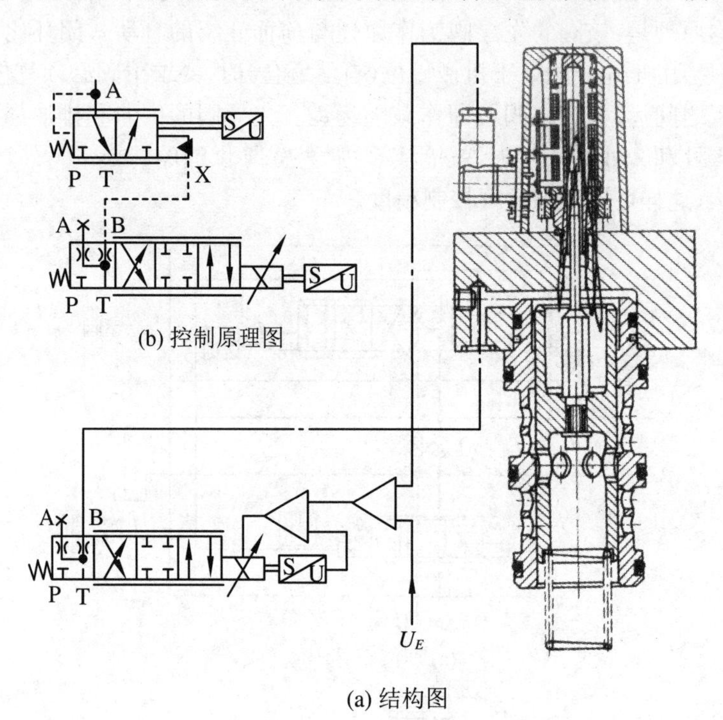

(b) 控制原理图

(a) 结构图

图 2.42 二位三通闭环比例节流阀

第3章　电液比例控制基本回路

在液压传动系统中，由若干个液压元件构成，且能完成某一特定功能的液压回路结构被称为液压基本回路。一个液压基本回路，若含有电液比例元件则被称为电液比例控制基本回路；若有比例控制基本回路或元件，则可称之为电液比例控制系统。比例控制系统中可能会有一些普通意义上的液压基本回路，它们并不包含比例元件，而另一些基本回路必然包含了比例元件，这就是比例控制基本回路。

液压基本回路是由液压元件按一定的规律组合而成，完成同一个工作目的，可以由不同的基本回路组合去完成。即使是完成同一个工作任务的回路，由于选择不同的元件，或者其组合方式不同，组成的回路的性能也可能大不相同。因此，了解和熟悉各种比例控制基本回路，包括普通基本回路，是正确使用和设计电液比例技术的基本条件。只有深入理解这些回路的基本特性，才能充分发挥和利用电液比例技术的优点，避免和克服它的缺点，从而产生应有的经济效益。

3.1　电液比例压力控制回路

电液比例压力控制回路是任何一台电液比例控制液压设备必不可少的基本回路。它的基本功能有两个：一是在正常工况下向系统提供合适的压力，以满足液压执行器对力或力矩方面的要求；二是在异常工况下能提供压力保护，即系统卸荷或在安全压力下溢流。合适的压力是指在任何工况下都能既满足需要但又不过量。这对普通压力阀来说是难以办到的，而由比例阀来完成就容易得多。普通压力阀只能控制好几个点上的压力，例如升压、降压、卸荷等，且这些变化的点通常都是以阶跃变化来实现的，这会造成压力冲击或运动不平稳。相反，电液比例压力控制可以实现无级调压。换言之，几乎可以实现任意形状的压力-时间(行程)曲线，使升压、降压过程平稳且迅速。比例压力控制提高了系统的性能，同时又使系统大大简化，其缺点是电气控制技术较复杂，成本也较高。

3.1.1　比例调压回路

1. 比例溢流式调压回路

(1) 采用直动式比例溢流阀

在比例调压回路中，采用比例溢流阀来进行调压是最常见的。由于可以通过改变输入比例电磁铁的电流，在额定值内任意设定系统压力，可适用于多级调压系统。

图3.1所示为采用直动式比例溢流阀的调压回路。为了保证安全，比例溢流阀调压回路通常都要加入限压的安全阀。图3.1(a)所示为直动式比例溢流阀加安全阀方案，适用于流量小的情况。大流量时采用图3.1(b)所示的方案，它由普通先导溢流阀加一个小型直动式比例溢流阀构成。在这种回路中，直动式比例溢流阀用作远程调压，主溢流阀除用作溢流外还作为系统的安全阀使用。

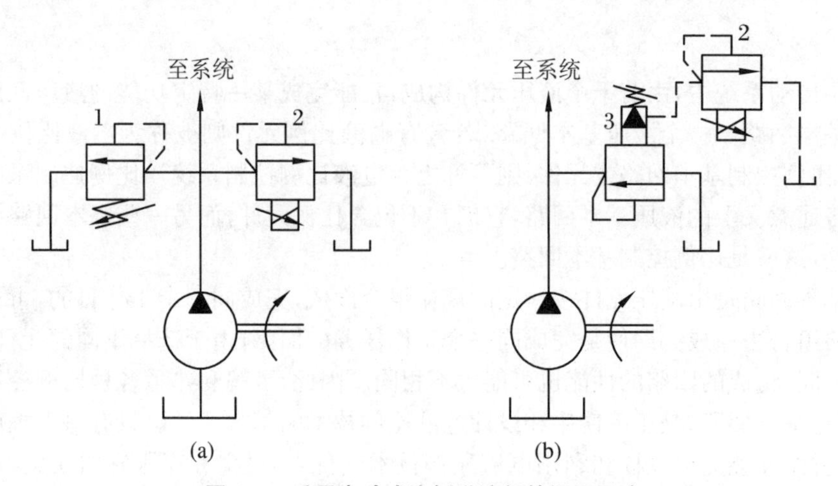

图3.1 采用直动式比例溢流阀的调压回路

1—安全阀；2—直动式比例溢流阀；3—先导式溢流阀

(2) 采用先导式比例溢流阀

图3.2所示的两种方案中采用了先导式比例溢流阀，与图3.1(b)的方案具有相同的功能。比例溢流阀在电流为零时，可以使系统卸荷。但为预防过大的故障电流输入而引起过高的压力对系统造成伤害，设置安全阀是必要的。

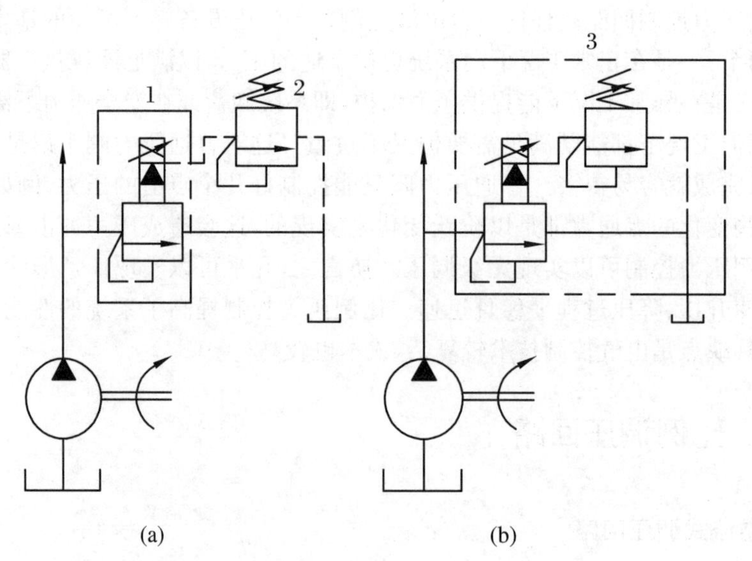

图3.2 采用先导式比例溢流阀的调压回路

1—比例溢流阀；2—普通溢流阀；3—比例＋普通整体结构

由上面的基本回路可见，采用先导式比例压力阀对回路调压有两种方式。一种是利用小型直动式比例压力阀对普通压力阀进行控制。这种方式是将比例阀作为先导级，与先导式溢流阀、减压阀或顺序阀的遥控口通过管道相连接。这种方式的优点是，只要采用一个小型的直动式比例溢流阀就可以对系统或支路上的压力作比例控制或者远程控制。但是由于增加了连接管道，使控制容积增加且受主阀的性能限制，因此，控制性能一般不如后者。另一种方案是采用专门设计和制造的先导式比例压力阀，虽然其主阀结构基本相同，由于设计时经仔细考虑，性能参数得到优化，控制性能得到提高。所以，在控制性能要求较高的场合适宜采用后者的方案。

2. 比例容积式调压回路

比例容积式调压回路是指采用比例压力调节变量泵来对回路进行压力控制的回路。

在使用比例压力调节型变量泵的供油系统中，在对回路进行调压时，可避免使用外接比例溢流阀，但它的调压仍然是利用内置其中的小型比例溢流阀来进行的。故其控制方法与上面的方法是相同的，但其调压原理有别于溢流阀调压。

电液比例压力调节型变量泵是一种带负载压力反馈的变量泵，它的原理类似于限压式变量叶片泵。负载压力变化时，它就作为向泵本身反馈的信号，当泵的出口压力低于设定压力时，像定量泵一样工作输出最大流量。当泵的压力等于设定压力时，按照变量泵工作，输出压力变大，则输出流量就变小，泵的输出流量随工作压力的微小变化的会有较大变化。当系统负载压力大于设定压力时，泵的输出流量迅速减小到0（此时，流量只维持泵的内外泄漏），但仍维持泵的出口压力（等于设定压力）。

采用比例压力调节型变量泵的调压基本回路如图3.3(a)所示。它是一种恒压变量泵，其特性曲线如图3.3(c)所示。它是一种带负载压力反馈的变量泵，其特点是利用负载压力变化的信息作为泵本身变量的控制信号。泵的出口压力代表了负载大小的信息。当它低于设定压力时，像定量泵一样工作，输出最大流量。当工作压力等于设定压力时，按变量泵工作，这时输出的流量随工作压力的微小变化下降很快。任何工作压力的微小变化都将引起泵较大的流量变化，从而对压力提供了一种反向变化的补偿。当系统负载压力大于设定压力时，泵的输出流量迅速减小到仅能维持各处的内外泄漏，且维持设定压力不变。

可见，这种变量泵具有流量适应的特点，在泵作流量适应调节时，工作压力变动很小，基本保持不变，泵的最大供油能力由其最大排量决定，而泵的出口压力由比例电磁铁的控制电流来设定。因这种泵完全消除了流量过剩，而输出压力又可根据工况随时重新设定，因而有很好的节能效果。这种泵是流量适应的，它无需设置溢流阀，但应加入安全阀来确保安全。

在负载压力未达到设定压力时泵以最大流量供油，这时供油压力随负载变化。在工作压力达到设定压力时，泵工作在特性曲线的垂直段，这时供油压力与负载无关，流量适应负载要求。因此，系统的设定压力即为变量泵的截流压力，它由进入比例溢流阀的控制电流的大小来设定。

比例压力变量泵，由于设定压力即截流压力，且在截流压力时的流量仅维持泄漏的需要，所以截流时功耗很小，适用于带保压工序的各种流体机械。比例压力变量泵适用于速度变化较简单的场合。

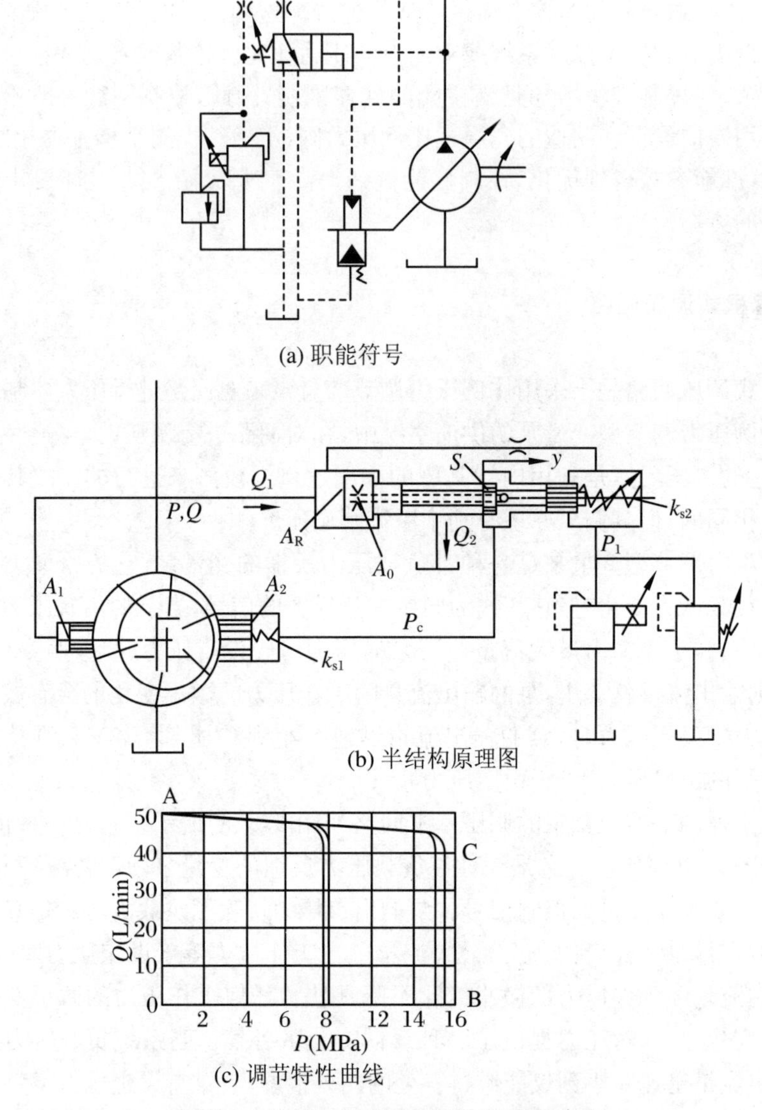

(a) 职能符号

(b) 半结构原理图

(c) 调节特性曲线

图 3.3　比例压力调节变量叶片泵原理图

由上面的分析可见,采用比例压力变量泵的调压原理可以被称作容积调压原理。它与溢流调压原理不同,溢流调压是在压力过高时排走多余的流量,避免流量在控制容腔内的继续积累而引起压力升高,容积调压则在压力过高时,利用压力升高信息作为流量多余的反映控制着输出流量的减小,使输出压力稳定在控制水平上。在控制段内(图 3.3(c)之 CB 段),当压力降低时,变量泵又能增加流量,力图维持调压水平。在非控制段内(图 3.3(c)之 AC 段)泵输出全部流量仍不足以达到调定压力,说明此时负载较小,而泵的工作压力适应负载的需要。这与溢流调压系统中,压力未达到设定压力而溢流阀未开启时的情况是一样的。

电液比例调压回路的主要应用有多级压力控制、系统卸荷、力控制系统。

3.1.2 比例减压回路

在单泵供油的液压系统中，当某个支路所需的工作压力低于溢流阀的设定值时，或要求支路有可调的稳定低压力时，就要采用减压阀组成减压回路。比例减压阀可在不影响主油路的情况下对某一支路实现多级低压或复杂的低压波形曲线。波形越复杂，经济效益越显著。

图3.4所示为采用比例减压阀的基本回路。图3.4(c)所示为采用单向减压阀的基本回路。液压泵同时向缸Ⅰ和Ⅱ供油，缸Ⅱ下行时通过单向减压阀可获得低于系统压力的多种低压值，而回程时缸Ⅱ上腔的回油经单向回油箱，不受减压阀阻碍。

二通减压阀在控制压力上升时是足够快的。但是，用它控制压力下降时，由于结构上使二次压力油回油需经细小的通道，所以很慢。采用三通减压阀可以克服这个缺点，在二次压力过高时，它可以经三通减压阀的另一主通道直接回油箱。三通比例减压阀控制压力上升或下降的时间基本相同，可用于活塞双向运动时保持恒压控制，如图3.4(b)所示。

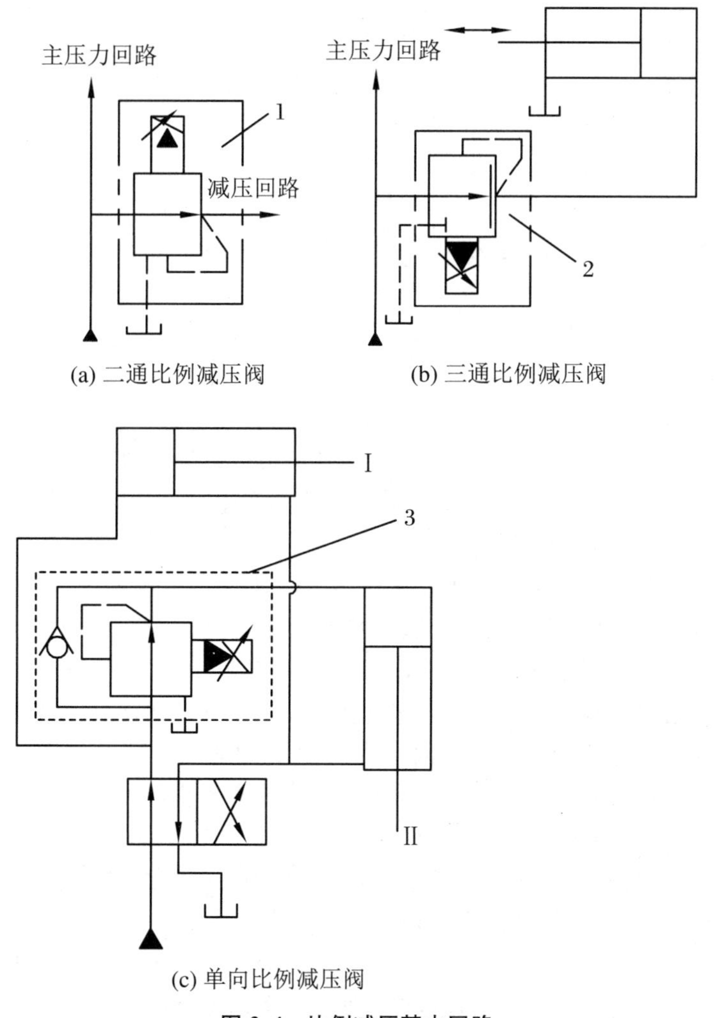

(a) 二通比例减压阀　(b) 三通比例减压阀

(c) 单向比例减压阀

图3.4 比例减压基本回路

1—二通比例减压阀；2—三通比例减压阀；3—单向比例减压阀

3.2 电液比例速度控制回路

要对液压执行器实行速度控制，即调速可以采用两种方法：一是改变进入执行器的流量，二是改变执行器的排量。对于液压缸则需要改变它的有效工作面积。

电液比例速度调节，根据上述原理有三种常用的方式。

(1) 比例节流调速。采用定量泵供油，以比例节流阀、比例调速阀、比例方向阀等作为节流元件，通过改变进入执行器的流量来调速。根据节流元件在回路中的位置又分为四种形式，即进口节流、出口节流、旁路节流和联合节流(进口出口同时节流)。其优点是结构简单，控制精度高，但由于节流损失引起发热等，它只适用于功率较小的场合。

(2) 比例容积调速。采用比例排量调节变量泵与定量执行器，或定量泵与比例排量调节马达等的组合来实现，通过改变泵或马达的排量实现调速，优点是效率高，但控制精度不如节流调速。适用于大功率系统。

(3) 比例容积节流调速。采用比例流量调节型变量泵，通过改变泵内置的比例节流阀的开口面积和压力补偿使泵的供油量自动地与负载的要求相适应。控制精度与节流调速相当，大功率情况下，节流损失不容忽视。

3.2.1 比例节流调速及其压力补偿

利用一只比例节流阀或比例调速阀可以对单个执行器进行多速控制或对多个执行器分别进行速度控制。在后者中，一般每次只对其中一个执行器进行控制。它也可以有进口、出口或旁路节流之分，连接方法也与相应的回路完全相同。

比例节流阀只有与溢流阀联合使用，即保持比例节流口的进口压力在恒定的条件下，才能实现对流量的准确控制。图 3.5 所示为进口节流阀调速回路。它利用一只比例节流阀对两个执行器的前进、后退速度分别进行控制。

这一例子中，如果每个液压缸在前进、后退两个方向上各需要两种工作速度。用普通节流元件来实现时需要 8 只节流阀或调速阀。此外，还需要增加若干只用于选择工作速度的电磁阀，现在只用一只比例元件即可实现，且还可增加其他功能。比例调速适用于在工作循环中速度需要经常转换的场合，特别是对速度转换和停止有特别要求的场合。

图 3.5(a)中，比例节流阀装在主油路上，在最大开口量时应能顺利通过泵的全部流量，否则，系统就不能发挥泵的最大供油能力。因是简式节流调速，负载的运动速度会受负载的大小影响。可以改用比例调速阀，或利用溢流阀的遥控口，改成图 3.5(b)所示的连接，使其获得压力补偿。要获得较好的压力补偿效果，阻尼孔 R 的直径需要仔细选择，通常不大于 0.8 mm，否则执行器的运动会出现不稳定的爬行现象。

由于比例方向阀兼有比例节流功能，图 3.6 所示的二位四通比例方向阀常用作比例节流阀。使用时可以只利用其中一个通道，也可使用两个通道，这时过流能力加倍。为了使流量不受供油压力波动及负载变化的影响，可用定差减压阀来保持进出口压力差基本恒定。图 3.6 所示为二位四通方向阀用作节流控制的情况，其中图 3.6(a)只使用一个通道的连接，

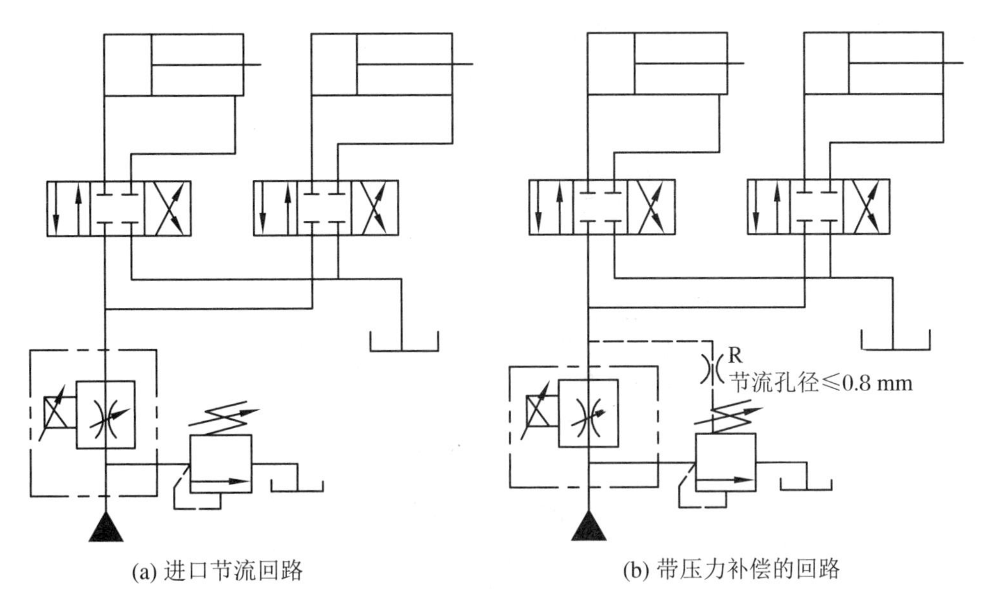

(a) 进口节流回路　　(b) 带压力补偿的回路

图 3.5　比例节流阀调速回路

且带压力补偿,图 3.6(b)为两个通道都使用时的连接,但不带压力补偿。

三位四通比例方向阀用来调速及其压力补偿回路将在 3.4 节和 3.5 节中介绍。

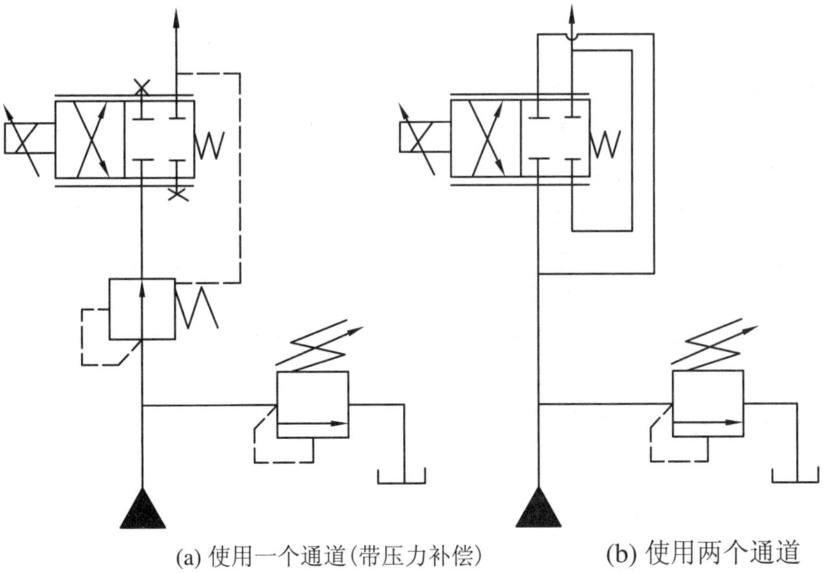

(a) 使用一个通道(带压力补偿)　　(b) 使用两个通道

图 3.6　二位四通方向阀用作比例节流阀

3.2.2　比例容积调速回路

1. 比例排量调节型变量泵的调速回路

比例排量泵调速回路属于容积调速回路,其应用基本回路如图 3.7 所示。它是通过改变柱塞泵1的排量来改变进入液压执行器的流量,从而达到大功率和频繁改变速度的应用。

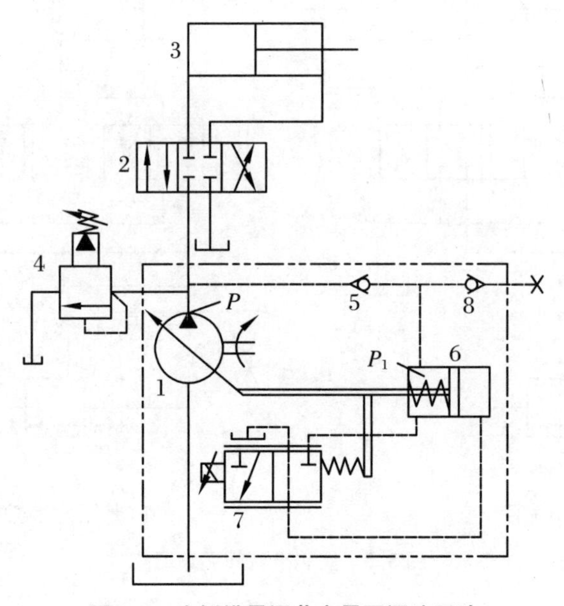

图3.7　比例排量调节变量泵调速回路

1—变量柱塞泵;2—三位四通换向阀;3—液压缸;
4、7—比例换向阀;5、8—单向阀;6—控制油缸

比例换向阀7在某一给定控制电流下工作,变量柱塞泵1像定量泵一样工作,变量活塞不会回到零流量位置处,即不存在节流压力,所以回路中应设置通过流量足够大的安全阀4。

比例排量泵调速时,供油压力与负载相适应,即工作压力随负载而变化。比例排量变量泵的输出流量,虽然有正比于输入信号的功能,但由于负载变化所引起的泄漏,液容的影响无法得到自动补偿。因此,排量调节控制不能保证流量的稳定性,即泵和系统的泄漏量的变化会影响到调速的精度,使调速精度不高。但是,可以在负载变化时,通过改变输入控制信号大小的办法来补偿。例如,当负载由大变小时,速度将会增加。这时可使控制电流相应地减小,因而使输出流量减小,这样便使因负载变化而引起的速度变化得到补偿。

2. 比例流量调节型变量泵的调速回路

在介绍比例流量调节型变量泵的调速回路之前先介绍稳流量调节控制原理,以便于更好地理解调速回路。

图3.8是比例流量调节型变量泵的调速回路,它属于容积节流型的调速回路。由于有内部的负载压力补偿,比例流量调节型变量泵是一种稳流量型的自动变量泵。它的输出流量与负载无关,且正比于输入电信号,是一种稳流量泵,具有很高的稳流精度。应用本泵可以方便地用电信号控制系统各工况所需流量,并同时做到泵压力与负载压力相适应,也称为负荷感应控制。图3.8(a)为职能符号,图3.8(b)为半结构原理图,对液压马达实行单向调速。由于该泵不会回到零流量处,系统必须设置足够大的溢流阀,使在不需要流量时能以合理的压力排走所有的流量。

如图3.8(b)所示,在设定的安全压力范围内,泵的全部流量通过由电气设定的节流孔

3。对于任一设定开口量，压降的平方根与通过的流量成正比。因此，该压降是泵流量的一个度量信息，该压降由泵控制装置保持恒定。控制阀芯5两端受到比例节流孔3的进出口压力，出口压力与阀芯右端弹簧腔相通。弹簧6通常调定在某一压缩量下，这一弹簧力决定了通过比例节流孔的压降。这一压降应使控制阀在控制口S处有0.05 mm左右的开口量，使保持小量溢流。通过调整这一压差，对任何输入的电信号，都可获得准确的流量控制。

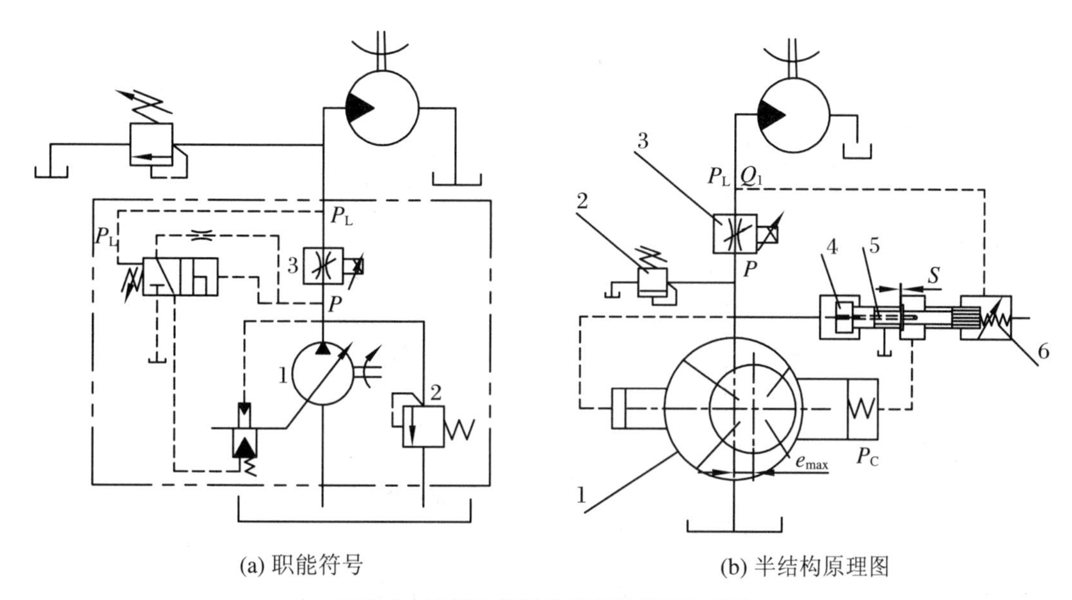

(a) 职能符号　　(b) 半结构原理图

图3.8　比例流量调节型变量泵调速回路

1—变量叶片泵；2—溢流阀；3—比例节流阀；4—固定阻尼孔；5—控制阀芯；6—弹簧

控制阀芯在正常工作时，在约0.1 mm的行程内不断调整位置，力图保持平衡。当比例节流口关小或负载力 P_L 下降时，入口压力 P 便有大于出口压力 P_L 与弹簧力之和的趋势，控制阀芯5就会有向右移动，使溢流量增大的倾向，其结果是变量叶片泵的大柱塞腔部分(即右侧)卸压，使泵的偏心距减小，即泵的出口流量减小，直至调节控制阀芯5回复到原来的位置。保持节流孔压差不变。相反，如果节流孔开大或负载压力 P_L 增加，入口压力不足以使阀芯保持平衡，控制阀芯5左移使变量泵的大柱塞腔增压，泵流量加大，直至比例节流孔上的压降使控制阀芯重新平衡。

由于通过控制阀口S处的溢流量必须先通过固定阻尼孔4。而阻尼孔4很小，通过它的流量的微小变化，就能引起大柱塞腔控制压力 P_C 较大的变化。因此，这种泵是流量敏感型的。

由以上分析可见，通过比例节流孔的流量仅与节流孔的面积 A 和压差 ΔP 有关，即 $Q=KA\sqrt{\Delta P}$，压差 ΔP 可通过调节弹簧6来调定，工作中自动保持恒定。所以，通过比例节流孔的流量不受泵的容积效率、转速波动及负载变化的影响，控制流量的精度很高。

事实上，控制阀5是一个微小流量的定差溢流阀，它与比例节流阀3组成了定差溢流型调速阀。而通过阻尼孔4的微小溢流量的变化，将引起较大的 ΔP_C 变化，给变量泵提供必要的压力补偿作用。下面介绍比例流量调节型变量泵的调速回路。

图3.9是一种带有压力调节功能的比例流量调速回路，也属于容积节流型调速回路。比例流量调节型变量泵以流量为控制对象，在泵作压力适应变化时，自动补偿流量的变化，

维持稳流量的性质。但由于它的稳流量性质是靠容积节流实现的,大流量时,其节流损失不容忽视。

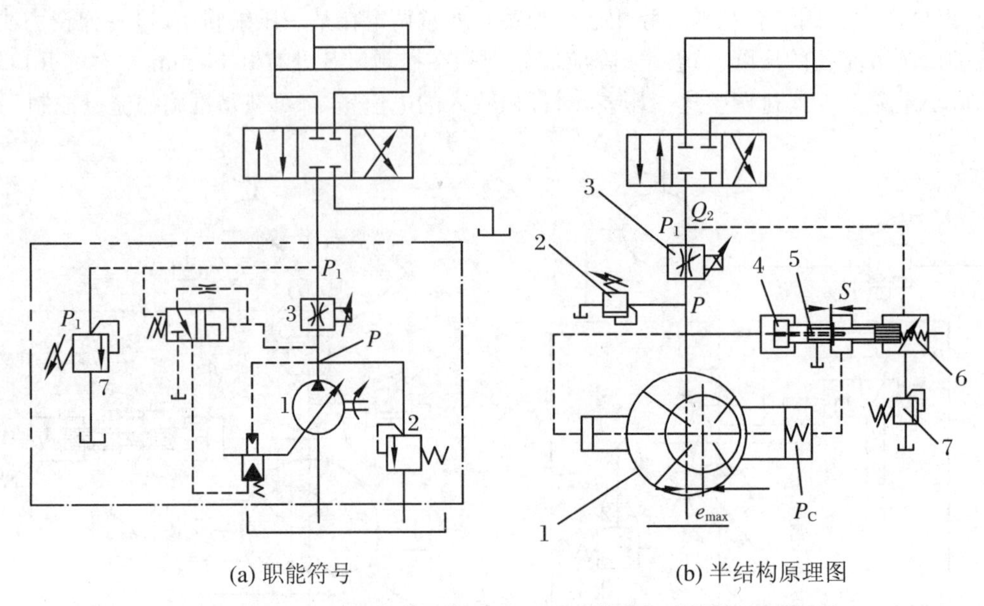

(a) 职能符号　　(b) 半结构原理图

图 3.9　比例流量调节容积节流调速回路(带压力调节的双向调速)

1—变量叶片泵;2—安全阀;3—比例节流阀;4—固定阻尼孔;5—控制阀芯;6—弹簧;7—压力调节阀

它的调速原理是:负载压力 P_1↑时→控制阀芯 5 的弹簧腔压力↑→调节阀芯左移→调节阀芯的开口量 s 减小→调节阀芯的溢流量↓→调节阀芯的左端大腔压力 P↑,这样保持比例节流阀两端压差不变。

若比例节流阀开口开大(即比例阀节流口两端的 ΔP↓,亦即比例节流阀的出口压力变大)→调节阀芯的弹簧腔压力↑→调节阀芯左移→调节阀芯的开口量 S 减小→调节阀芯的溢流量↓→调节阀芯的左端大腔压力 P↑,这样保持比例节流阀进出口两端 ΔP 不变,直到调节阀芯回复到原来的平衡位置。

负载压力 P_1 下降→调节阀芯的弹簧腔压力↓→调节阀芯右移→调节阀芯的开口量 s 增大→调节阀芯的溢流量↑→调节阀芯的左端大腔压力 P↓,这样保持比例节流阀两端压差不变,直到调节阀芯回复到原来的平衡位置。

若比例节流阀开口关小(即比例阀节流口的 ΔP↑,亦即比例节流阀的出口压力变小)→调节阀芯的弹簧腔压力↓→调节阀芯右移→调节阀芯的开口量 s 增大→调节阀芯的溢流量↑→调节阀芯的左端大腔压力 P↓,这样保持比例节流阀两端压差 ΔP 不变,直到调节阀芯回复到原来的平衡位置。

从以上知,负载压力 P_1 升高或下降时,泵的出口压力 P 就会跟着升高或降低,从而使比例节流阀的进出口两端压差保持不变,即比例节流阀的输出流量不因负载变化而受到影响。本泵可以通过改变比例节流阀的电流来控制系统各工况所需流量,并同时做到泵压力与负载压力相适应,负载变小,泵的压力随即变小。

由于通过控制口 S 处的溢流量必须先通过固定阻尼孔 4,通过它的微小流量变化,就能引起大柱塞腔控制压力 P_C 较大的变化,因此这种泵是流量敏感型的。

从以上的调节过程可知,泵的出口压力与负载相适应,所以称为功率适应型变量系统。

通过手动压力调节阀7图3.9(a)可以调定泵的截流压力。当压力达到调定值时,泵可自动减小输出流量,维持输出压力近似不变,直至截流。但有时为了避免变量活塞的频繁移动,上述的溢流阀仍是必要的。由于这种泵有节流损失,因而这种系统会有一定程度的发热,限制了它在大功率范围的使用。

3.3　比例压力-速度控制回路

压力和流量是两个最基本的液压参数,它们的乘积就是液压功率。在前面介绍的几种比例泵调速回路中,都只有一个参数是可以任意设定的,另一个参数需要手调设定,或是自动适应。自动适应控制虽然有它的优点,但并非总是最佳选择。例如比例压力变量泵有流量适应能力,但它在作流量适应时,其代价是供油压力要额外提高,或者比例流量泵在作压力适应时,要损失一定流量。所以从能耗控制的观点来看,它们并非最优。

比例压力和流量调节型变量泵控制回路被称为复合比例变量泵控制回路,它具能充分利用电液比例技术的优点,其控制灵活,调节方便,在大功率系统中节能十分明显。只要分别给定输入信号就能实现压力和流量的调节,特别是与电子装置的配合,能灵活地满足各种功率的调节或特定的流量-压力曲线调节。复合比例变量泵控制回路的复合控制功能是通过信号处理来实现的。例如,实现恒定功率时并不需要改变控制弹簧的刚度或杠杆式反馈机构。这样两个基本参数的控制信号并非完全独立,有时要利用一个算出另一个或限制另一个的取值范围。

电液比例压力和流量调节型变量泵大致可分为压力补偿型和电反馈型两种。压力补偿型是以容积节流为基础的,它由一个变量泵加上比例节流阀构成,并由一个特殊的定压溢流阀(称为恒流控制阀)和一个特殊的定差溢流阀(称为恒压控制阀)对变量机构进行控制,实现压力和流量的比例控制。

电反馈型变量泵可以取消比例节流阀,是纯粹的容积调速,它利用流量和压力传感器对被控制量的压力和流量进行检测和反馈,构成闭环控制系统,因而有更好的控制精度和节能效果。

把上两节中介绍的比例调压和比例调速回路按需要组合起来,可以构成多种能够同时对系统的压力和速度进行比例控制的回路。在比例控制技术中,还有多种专用于达到此目的的比例P-Q复合控制元件。在一些应用中,用它们构成电液比例系统时,可使系统更简洁,性能也会得到提高。属于这类系统中常见的有比例溢流节流控制的P-Q阀供油系统和容积节流控制的比例P-Q变量泵供油系统。

3.3.1　比例压力-流量复合阀供油回路

采用比例压力-流量复合阀与定量泵构成供油回路,利用电气遥控调压调速,使系统变得非常简单,且控制性能也相当好。这种回路的液压原理如图3.10所示。它在中档经济的注塑机中获得较广泛的应用。P-Q复合阀在系统主回路中,利用方向阀的选择,即可对多个执行器进行压力控制,又可进行多级流量控制。目前大部分注塑机新品种开发或传统产品升级均采用比例 P－Q 阀以及可编程控制器(PLC)技术。

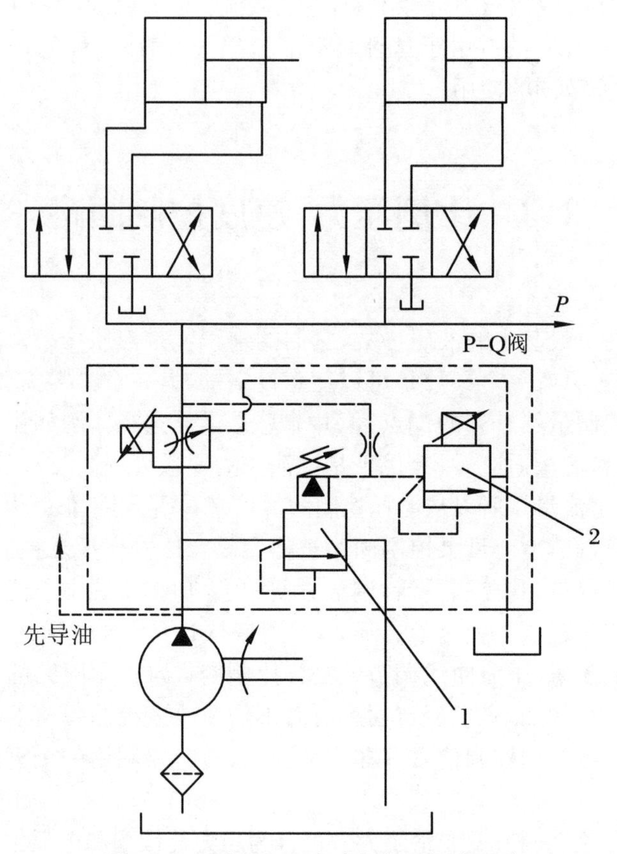

图 3.10 比例 P－Q 复合阀调压调速回路

使用这种系统时，主溢流阀 1 中的先导阀应按系统的最高工作压力来调整，以便在必要时提供压力保护。而各种阶段的压力则由远程控制功能的先导比例溢流阀 2 的控制电流确定。先导油应引至各个需要先导控制的地方。本例中的 P－Q 复合阀是利用定差溢流阀来做压力补偿的。实际应用中也开发了定差减压型的 P－Q 复合阀(块)。控制流量的精度后者较优。但从节能效果来看，因定差溢流型的系统具有压力适应功能，所以供油过程中没有多余的压力损失，比较节能。相反，采用定差减压型的 P－Q 阀(块)，则需要设置一个足够大的溢流阀来溢流和稳压。

3.3.2 比例压力-流量调节型变量泵供油回路

由于电液比例压力-流量泵既可以实现比例压力控制，又可以实现比例流量控制，既可流量自适应，又有压力自适应，是最理想的供油系统总成泵。由它实现的调压调速系统如图 3.11 所示。功能上，它除了能够完成由比例 P－Q 阀所能实现的功能外，还能实现更复杂的功能。

该回路中采用两个压力补偿阀，分别进行压力和流量的调节。这种回路实际上就是前面介绍过的比例压力流量调节的组合，如图 3.11 所示。它是以容积节流为基础的，由一个变量泵加上比例节流阀而构成，并由一个特殊的定差溢流阀 5(称为恒流控制阀)和一个特殊的定压溢流阀4(称为恒压控制阀)对泵的变量机构进行控制，实现压力和流量的比例控制。该泵的流量和压力调节原理如下。

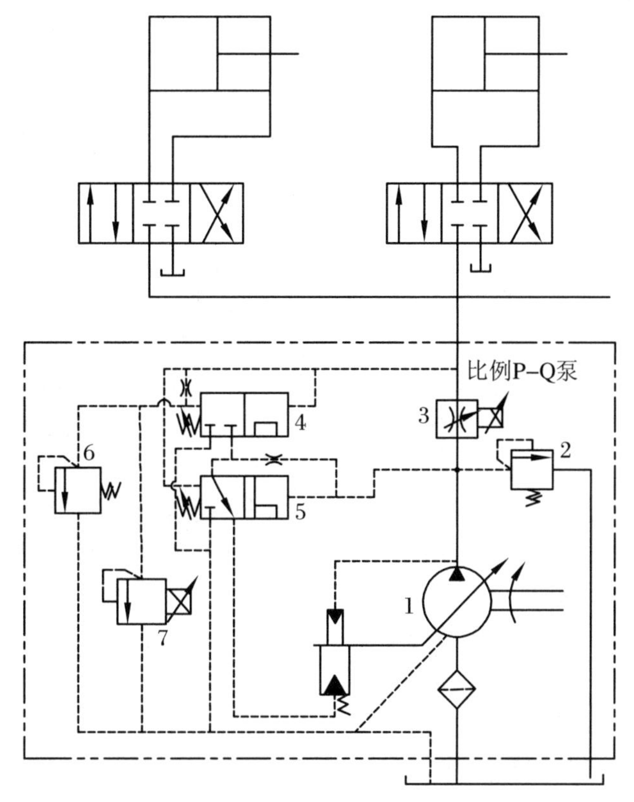

图3.11　比例P-Q变量泵调压调速回路

当比例溢流阀7不溢流时，它是比例流量调节，比例节流阀3的前后压差被特殊的定差溢流阀5固定。这时泵的输出流量取决于定差溢流阀5弹簧的预紧力(决定压差)与比例节流阀3的输入电流(决定开口面积)，这是比例流量调节。

当比例溢流阀7溢流时，定压溢流阀4失去定压差的性质，使其阀芯被泵的出口压力推向左移，定压溢流阀4开始溢流，即意味着变量叶片泵的大柱塞腔压力油通过阀4流进油箱，变量泵的偏心距减小，所以泵的流量变小，这时是比例压力调节。当负载压力继续升高时，变量机构使泵的偏心距回到零位置，最终导致截流。

这种控制回路的流量与压力在额定值范围内可随意设定来满足不同的工况。但在作压力调节时存在滞环，在低压段也存在一个最小控制压力和流量不稳定阶段。

比例P-Q泵供油系统的调压调速通常有PLC控制或微机进行控制，用在工作循环复杂，工况变化频繁，动、静特性都要求较高的地方。由于泵的价格昂贵，只用在高档次的注塑机、挤压机或其他要求很高的机器上。

3.4 电液比例方向及速度控制回路

电液比例方向阀具有方向控制及比例节流的功能，用于控制负载的运动方向和速度。使用比例方向阀的回路，可省去节流调速元件。能迅速、准确地实现工作循环，避免压力尖峰及满足切换性能的要求，延长元件和机器的使用寿命。

常见的比例方向阀有二位四通和三位四通两种。比例方向阀由于是进、出口同时节流控制的，所以会带来种种新问题，这正是本节中要详细研究讨论的。比例方向阀的两条通道的开口面积可以从零到最大变化，这仅取决于控制电流。但两通道的开口面积比可能是1∶1(对称阀芯)，也可能是2∶1(非对称阀芯)，这样设计是为了适应不对称的液压缸的要求。单杆液压缸在同一速度下，进、出两腔的流量互不相同。三位四通阀的中位机能，即在无信号状态下自然位置上各油口的连通情况也有多种形式。它们对回路的性能也有十分重要的影响。特别是它的进、出口同时节流功能给比例方向调速回路带来很多与普通换向阀回路不同的特性。有些情况使用普通换向阀是可行的，但使用同样中位机能的比例方向阀就会出问题。最明显不同的地方是在比例控制中，执行器两工作腔的面积比必须与控制阀的开口面积比相适应。通常，对称执行器与对称阀芯配用，2∶1执行器与2∶1阀芯连用。

3.4.1 对称执行器的比例方向控制回路

这里的对称执行器包括液压马达，面积相等的双出杆液压缸，以及面积比例接近1∶1的单杆液压缸。这类执行器可由对称开口的封闭型(O型)和加压型(P型)以及泄放型(Y型)的比例方向阀来进行控制。下面分别介绍它们的工作原理和特性。

1. 封闭型(O型)比例方向阀换向回路

这种回路的特点是阀处于中位时，执行器的进出油口全封闭，活塞或马达被锁定。但当惯性负载较大，阀芯转换较快时会产生一些不良的现象。例如，引起某一腔的压力大幅升高，或另一腔的压力大幅降低，出现抽空或空穴，两种现象都会使运动不稳定。因此，使用这种回路时应注意运动减速时的高压保护以及防止空穴产生的措施。另一方面，当负载突然减小，或负载因节流而获得一个减速度，都会使出口侧节流口压差ΔP_2大大增加，这样可使$\Delta P_1<\Delta P_2$(图3.12(a))，因而液压的左腔将产生抽空或空穴，使系统的运动速度不受控制。可见在大惯性负载时采取适当措施是必要的。

使比例阀芯缓慢的返回中位可以避免出现空穴以及消除与惯性有关的压力峰值，但控制电器的误动作或停电都会使阀芯迅速返回中位。可见，单依靠阀芯的返回特性是不可靠的。

图3.12(b)是一种较好的设计方案。执行器可以是液压马达或对称液压缸。溢流阀1用于吸收压力冲击，其调整压力应大于最高工作压力。两个补油单向阀2用于出现真空时

补油，它的开启压力应在0.05 MPa左右。如果这个油马达回路只是整个液压系统的一部分，那么其他部分的回油可与补油单向阀的进油口相连，并加上调整压力为0.3 MPa左右的背压阀，这样可使防真空保护更为理想。

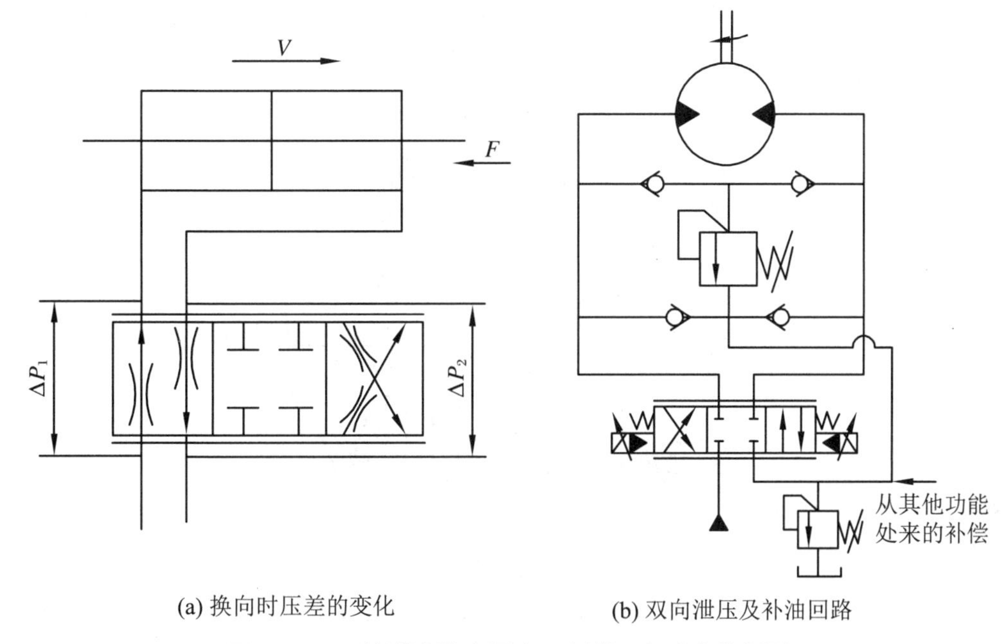

(a) 换向时压差的变化　　(b) 双向泄压及补油回路

图3.12　O型阀控制换向调速回路(带双向泄油溢流阀)

2. 加压型(P型)比例方向阀换向回路

P型比例方向阀在中位时，A、B油口与P油口是几乎关闭的，只允许小流量通过，并对两腔加压，而T油口是完全关闭的。这种回路的优点是中位时能提供少量的油流，补偿执行器的泄漏，可减少空穴出现对机器的损坏。

对双杆液压缸和马达，这一小流量虽足以补偿泄漏以及小惯性下能防止真空出现，但对大惯性系统，为防止出现空穴，可在执行器两端跨接两个限压溢流阀，如图3.13所示。

应当指出，这种跨接式溢流阀只适用于对称执行器。对差动缸，由于产生的流量与需要补充的流量不相等，当液压缸外伸行程时，有杆腔的流量可能会经跨接溢流阀向无杆腔泄油，但却不足以防止真空或空穴出现。当缩回行程时，小腔不足以收容大腔来的油液，因而也不能提供足够的压力保护。因此，跨接式溢流阀用于压力保护时，只被推荐用于对称执行器。也正是这一原因，P型阀几乎不能用于差动缸。而且，当阀处于中位时，还有可能使液压缸产生缓慢的移动。

此外，当选用的液压马达的泄漏不是直接外排，而是从内部排向低压腔时，就应注意使用。因P型阀处于中位时两边加压，此压力有可能导致马达密封损坏。

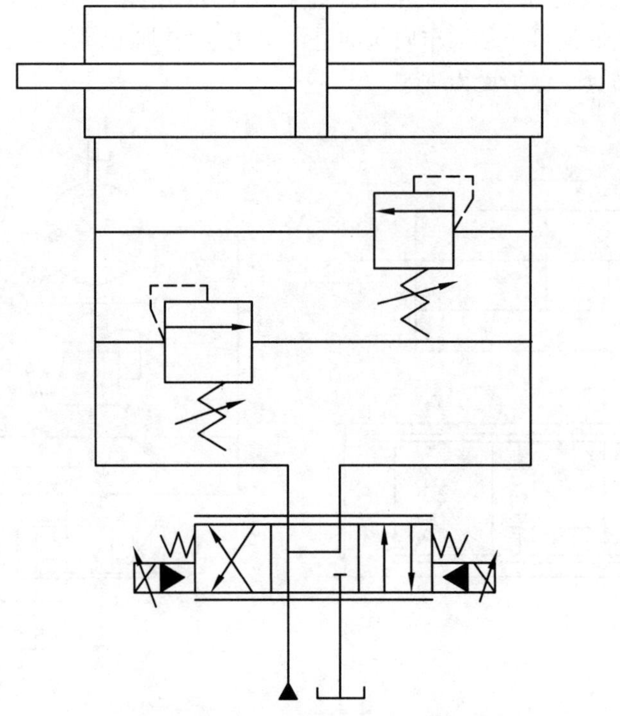

图 3.13 带限压溢流阀的 P 型向回路

3.4.2 非对称执行器的比例方向控制回路

这里的非对称执行器指面积比为 2∶1 或接近 2∶1 的单出杆液压缸。它主要由开口面积比为 2∶1 的泄放型(Y 型)的比例方向阀来控制,如图 3.14(a)所示。Y 型阀处在中位(自然位置)时,供油口封闭,而两工作油口通过节流小孔与油箱相连。因此,阀处在中位时,不会在两腔建立起高压。

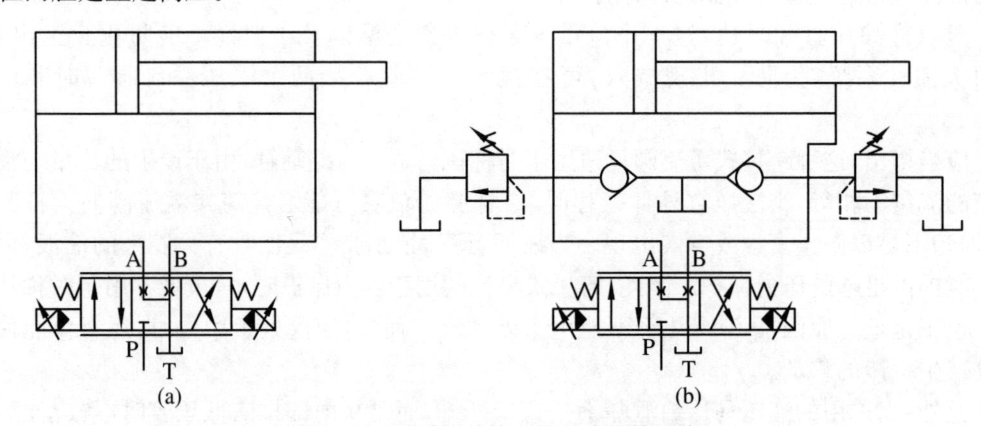

图 3.14 差动缸的换向及压力保护回路

通常,普通的 Y 型方向阀处在中位时,其控制的液压缸是可以浮动的。但对比例控制的 Y 型方向阀却无此功能。因为它处中位时,连通两工作腔的开口很小,不足以通过较大的流量。同样它也不能从油箱吸油,以防止空穴产生。为了防止真空状态的出现和惯性引起的压力峰值，加上适当的回路是必要的。

图3.14(b)是适用于避免真空状态和惯性压力冲击的典型回路。两单向阀用于真空时补油，它们的开启压力应很低。两个溢流阀把工作腔与油箱相连，用于压力保护。前面已经提过，差动缸是不宜采用溢流阀跨接在主油路的方式来泄压的，因为那样保护效果不好。为了更有效地保护系统，设计时应使单向阀的开启压力尽量低些，还应考虑补油管的尺寸大小，补油点连接的地方以及补油的压头等问题。

值得一提的是，对于具有大活塞杆直径的差动缸，建议不要采用O型阀芯来进行控制。无论是比例阀还是普通换向阀，O型阀芯处在中位时内泄漏常常会在液压缸内产生增压作用，且当差动回路形成时还会使液压缸出现外伸蠕动，特别是阀芯长时间停留在中位。当面积比很大时，在有杆腔内增高了的压力可能会使密封破坏。以上这些问题，设计选用时都应注意到。

3.4.3　比例差动控制回路

下面研究的差动控制回路中使用的差动缸面积比是2∶1，且比例阀的两条主油口的开口面积比也是2∶1。不像传统的差动回路通常只有一种差动速度，比例差动回路可以对差动速度进行无级调节。有几种方法可以实现差动控制，所使用的比例阀芯的形式通常是Y型和YX型。由于比例阀的阀芯是处在连续工作位置的，很容易制造成专门适合于实现差动控制的阀芯，使差动回路简化。

图3.15(a)是一种典型的差动回路。它是利用Y型阀芯实现的，左电磁铁通电时差动向前控制，右电磁铁通电时返回。可以看出，在两个方向上速度连续可调，而普通方向阀的差动速度不可调。差动速度的调节是控制从P到A的开口面积变化来实现的。由于在B管处装入单向阀，使阀芯中位时不具Y型阀的特点。为此，可以把一个节流小孔与单向阀并联，如图中所示。

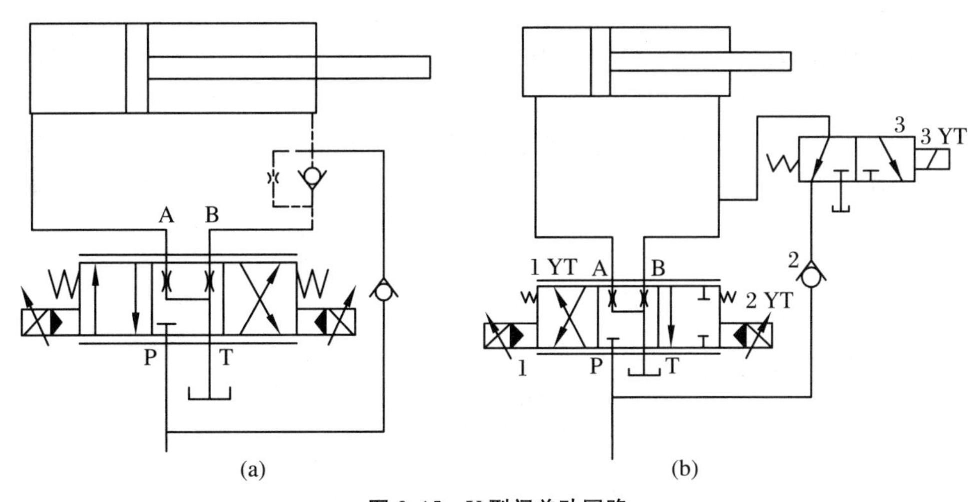

图3.15　Y型阀差动回路

1—Y型比例方向阀；2—单向阀；3—二位三通换向阀

也可以利用YX_3型阀芯来实现差动，事实上YX_3型阀芯是专门用来实现差动回路的。这种YX_3型阀芯的差动回路如图3.16(a)所示，它只需使用一个单向阀。显然这种差动回路想要获得最大推力，可在有杆腔出口处加上一个二位三通电磁阀，来改变该处的油路通油箱即可，如图 3.15(b)所示。

也可以采用特殊的阀芯来实现，如图 3.16(b)所示，这是一个四位阀，要获得这种阀是很容易的，只要通过加工阀芯即可。图 3.16(b)所示的控制回路可以作外伸运动实现连续无级调速，其最大速度由差动回路确定，因而加大了调速范围。差动连接平滑地度过到最大推力连接，使回路大为简化。因此，这种差动型比例阀有推广实用价值。

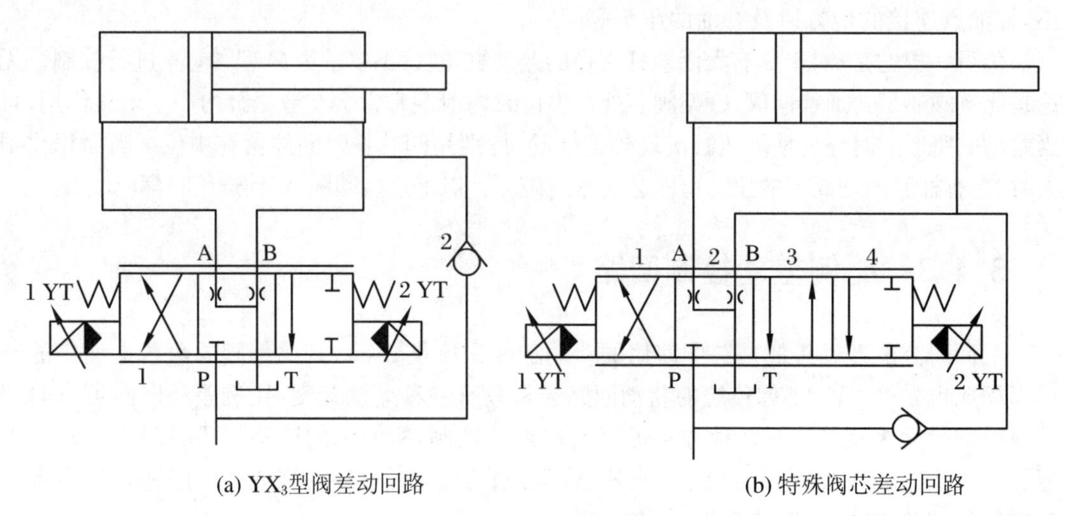

(a) YX_3型阀差动回路　　(b) 特殊阀芯差动回路

图 3.16　比例差动回路

这种回路的外伸工作过程是，当无输入控制信号时，阀位 2 是自然中位，活塞不动。当从放大器来的控制信号处在较低水平时，阀的工作位置逐渐过渡到 3 的位置，这是全力工作模式，液压缸提供最大的加速力，使活塞尽快加速，当达到全流速度后，如果继续增大控制电流，则阀位由 3 过渡到 4，这时就是差动工作模式。这时由于 B 到 T 的油路被关闭，使油液通过单向阀与 P 结合，形成最高流量，活塞这时的速度为最大，并且与信号成比例可调。在行程末端，控制信号回复到较低水平，活塞又工作在全力模式，完成需要的工作循环。图 3.17 所示的为四位专用差动阀在工作过程中的控制电流与行程的关系曲线。从图中曲线可以看出，两种工作模式可以平滑转换。其突出的优点是，在工作压力及流量不变的情况下，在启动时可获得最大加速力，在空行程中可获得可调的差动快速，且在工作行程中又可获得最大推力。

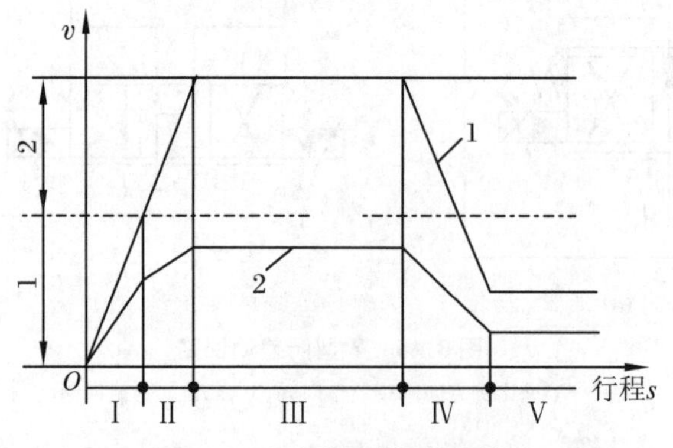

图 3.17　差动阀的控制特性

1—全力模式；2—差动模式；Ⅰ—全力加速段；Ⅱ—差动加速段；Ⅲ—差动快速段；Ⅳ—减速过渡段；Ⅴ—全力工作段

3.5　比例方向阀的进口节流压力补偿回路

电液比例方向阀的控制油口本质上只是一个可变节流口。对于给定的信号，它只改变孔口的通流面积。而流量通过孔口时，不但与孔口的面积有关，还和孔口的压力降的平方根成正比。所以，只控制面积而不对压力差的变化加以限制，控制流量的精度不会很高。如果要求维持节流口前后压差不变，这时负载压力补偿就成为必要。

负载压力补偿的原理是大家所熟悉的，就是利用节流阀的出口作为参考压力，采用定差减压阀或定差溢流阀来调节节流口的进口压力，使它与出口压力相比较，并维持在一个恒定的差值上，就像普通的调速阀中的压力补偿一样。但把这种原理用于四通比例方向阀时，必须有某些特殊的考虑。

3.5.1　进口节流压力补偿阀

用于压力补偿的元件有二通定差减压阀，三通定差减压阀和定差溢流阀。进口节流压力补偿阀是一种专用于对比例方向阀的节流口进行补偿的阀，它分为叠加式与插装式两种。叠加式中又有两种形式：一种用于单向压力补偿，用于常规设计，它带有压力反馈油口，使用时与节流口出口压力相连；另一种用于双向压力补偿，它内部带有梭阀，连接于油口A与B之间，用来选择反馈压力信号。

1. 单向叠加式压力补偿阀及其基本回路

单向叠加式进口节流压力补偿阀使用时安装在比例方向阀与底板之间。这种补偿阀采用的补偿元件是三通定差减压阀结构，它与二位四通阀的连接情况如图3.18所示。使用时需用一外接油管把反馈压力信号接入反馈油口X处。如图3.18(a)所示，如果油口A与X接通，压力补偿器用作从P到P_1的减压器，并调节P_1使通过比例阀从P_1到A口的压力降保持不变。

如果在X油口处接入一个溢流阀(图3.18(b))，则这种阀同时是P到A孔的减压阀，在保持A孔的压力不变的同时，保持P_1与P_A压差不变。这种回路对A孔可限制传动装置的最高工作压力，即具有限压功能。当A孔的压力过高时，溢流阀流量通过油口T流回油箱，在A处的任何快速的压力变化将很快消失，所以在A处不会出现过高的压力峰值。

图3.19所示就是这种单向补偿阀(三通定差减压阀)的结构图。叠加式的补偿阀主要由阀体2，控制阀芯4，控制弹簧6及推板5和端盖7构成。节流口的进口压力P_1经节流孔3作用在阀芯左端，节流口的出口压力P_A经油口X(图3.18)作用在阀芯右端弹簧腔。如果P_1与P_A的压差小于0.8 MPa，控制弹簧6和推板5使滑阀处于P_1至P打开的位置，至使P_1的压力升高，从而维持P_1与P_A的压差不变；如果压力差超过0.8 MPa，滑阀向右运动逐渐关闭阀口，使P至P_1的减压作用加强，即P_1压力降低，同样维持P_1与P_A的压差不变；如果压力P_1增长过快，阀芯左端受到此压力的作用后，瞬时猛推阀芯向右，使P_1与回油口T

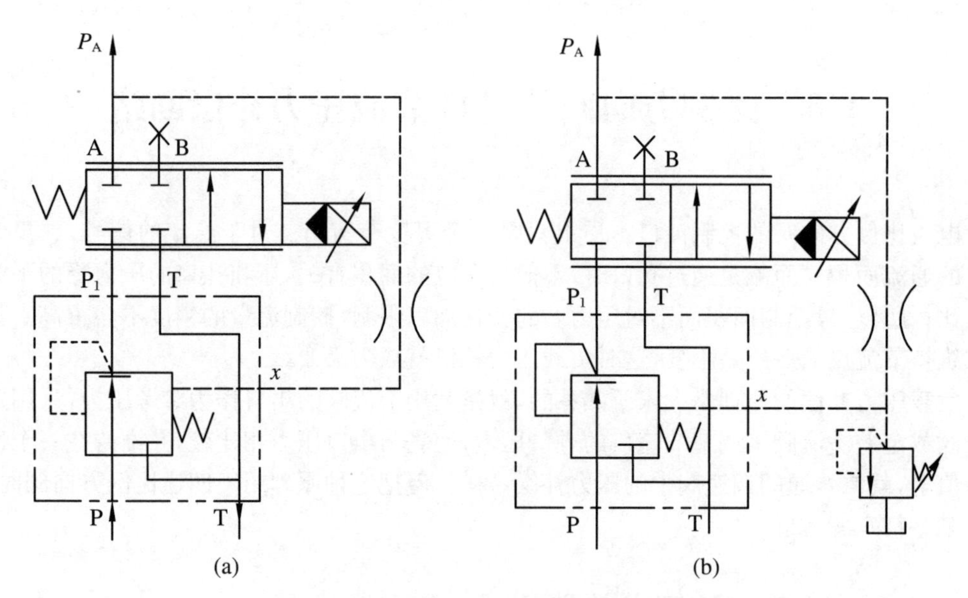

图 3.18　单向压力补偿阀原理及基本回路

接通，于是 P_1 迅速回落直至再次建立压力平衡，因而可以避免 A 孔或 B 孔出现压力峰值的可能性。如果采用不同的阀芯，可以构成二通式压力补偿阀。

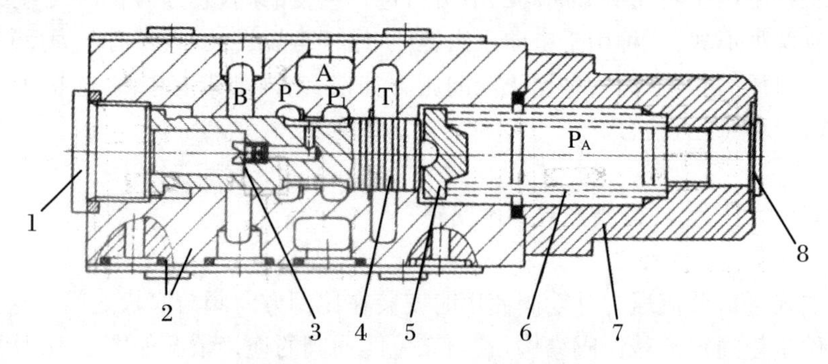

图 3.19　单向压力补偿阀的结构

1—堵塞；2—阀体；3—节流孔；4—阀芯；5—推板；6—控制弹簧；7—端盖；8—螺钉堵头

2. 双向压力补偿阀

双向压力补偿阀用于对执行器的两个运动方向上的负载压力补偿。它与单向压力补偿阀的差别仅在于在盖板上增加了一个梭阀，梭阀的作用是自动地选择高压侧的压力作为反馈压力。这种阀也是叠加式的，与单向的安装方法相同，但可以省去外接的反馈油管。

双向压力补偿阀可分为二通型和三通型。其工作原理上的差别在于二通型的采用定差减压阀作为压力补偿元件，而三通型的则采用定差溢流阀作为压力补偿元件。它们的工作原理如图 3.20 所示。只要控制进入比例方向阀的电流，便可以提供一个从 P 到 A 或从 P 到 B 的恒定流量。

进口节流叠加式双向压力补偿阀的结构如图 3.21 所示。该阀主要组成包括阀体 1、梭阀 2、阀盖 7、控制阀芯 4、带推板 5 的补偿弹簧 6。控制阀芯右边作用着比例阀的进口压力

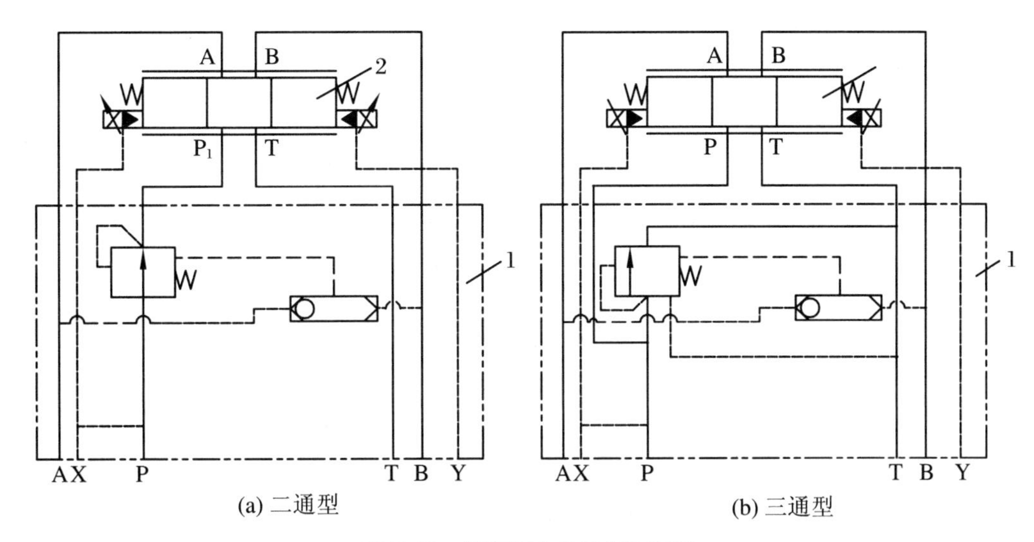

图 3.20　双向压力补偿阀原理图

1—补偿阀；2—比例方向阀

P_1，左边作用着经梭阀而来的出口压力 P_A 或 P_B。此外，控制弹簧还施加一个约为1 MPa的压力也作用在左边。当流过比例阀节流口的压差小于此值时，补偿阀处于开启状态。一旦此压差超过时，阀芯左移，从 P 到 P_1 的开口状态维持阀芯受力平衡。因而保持流经比例阀的压差为 1 MPa，使输出流量恒定，无论是比例阀的进口或出口压力发生变动，从 P 到 P_1 的开口状态都将发生变化，使压差向相反的方向变化，直至重新建立平衡为止。

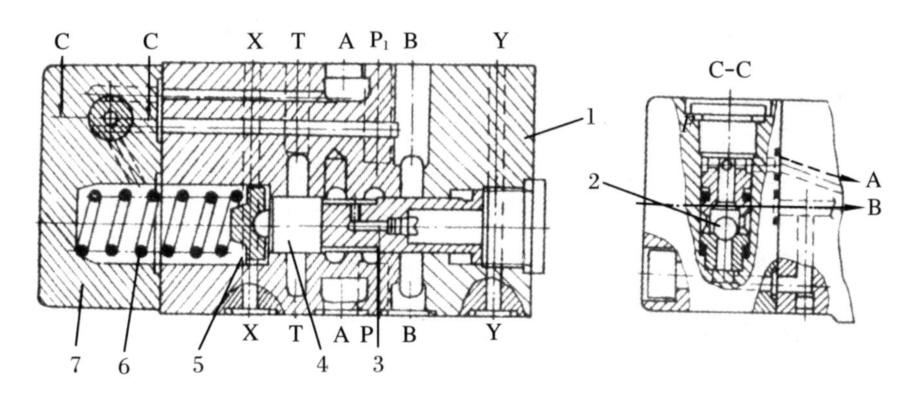

图 3.21　叠加式双向压力补偿阀的结构图

1—阀体；2—梭阀；3—节流孔；4—控制阀芯；5—推板；6—补偿弹簧；7—阀盖

值得指出的是，如果压力 P_1 增长过快，阀芯右端受到此压力的作用后，瞬时猛推阀芯向左，使 P_1 连通回油 T。于是 P_1 迅速回落保持阀芯的受力平衡，因而可以避免 A 孔或 B 孔出现压力峰值的可能性。

3.5.2　对称执行器的进口压力补偿回路

用于对称执行器的一种压力补偿回路如图 3.22 所示。但对这种回路应小心使用，主要问题是梭阀能否正确地选择反馈信号。

这种回路的应用场合很有限,主要适用在速度变化缓慢,运动部件惯性质量不大,以摩擦负载为主,并且要求电气减速信号不能太快的场合。

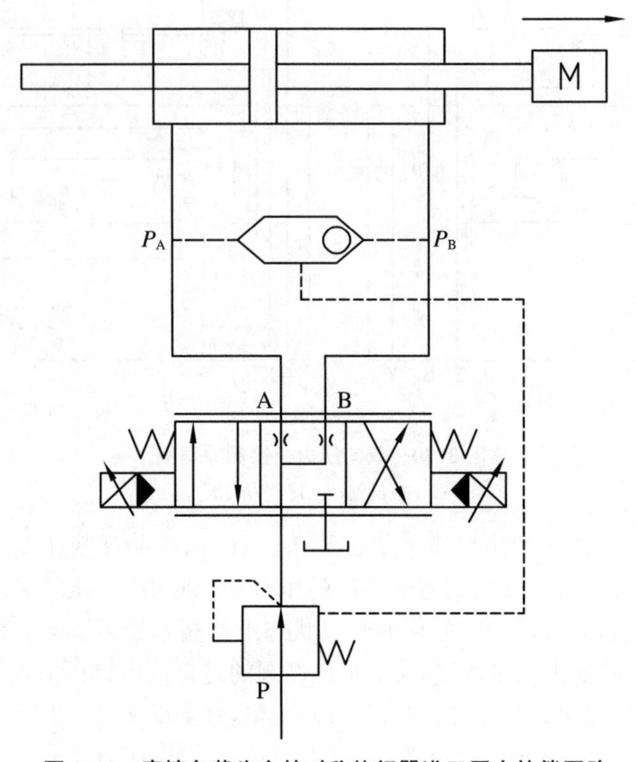

图 3.22 摩擦负载为主的对称执行器进口压力补偿回路

因为对称执行器两边面积相等,在加速段和匀速段时间内,P_A 总是大于 P_B;在减速段内系统有足够的摩擦力供减速用,或者制动力是纯摩擦。所以 P_B 可以等于 P_A,但不会大于 P_A。只有在这样的情况下,梭阀的功能才能正常发挥,反馈的压力才是真正的负载压力。如果是以惯性负载为主的场合,常用的方法是采用差动缸的压力补偿方法(见下一节)或改用出口节流压力补偿。

3.5.3 差动缸的双向压力补偿

如果把油路图 3.22 中的油缸改为差动缸时,P_A 和 P_B 的情况就很少如上小节描述的那样,图 3.23 可以用来说明这种情况,差动缸 P_A 和 P_B 的关系取决于负载的大小。设活塞作外伸运动,忽略摩擦力,由活塞的力平衡方程得

$$P_B = \frac{A_1}{A_2}P_A - \frac{F}{A_2}$$

设液压缸的面积比为 2∶1,则由上式得

$$P_B = 2P_A - \frac{F}{A_2}$$

如果 F 较小或超过负载时,又或 A_1/A_2 较大时,P_B 将远大于 P_A,其后果是梭阀检测到的压力是 P_B 而不是 P_A,使反馈的压力并非真正的负载压力,失去了原来压力补偿的意义,且可能会引起通过孔口的流量增大,所以这种回路不能直接应用在差动缸的场合。

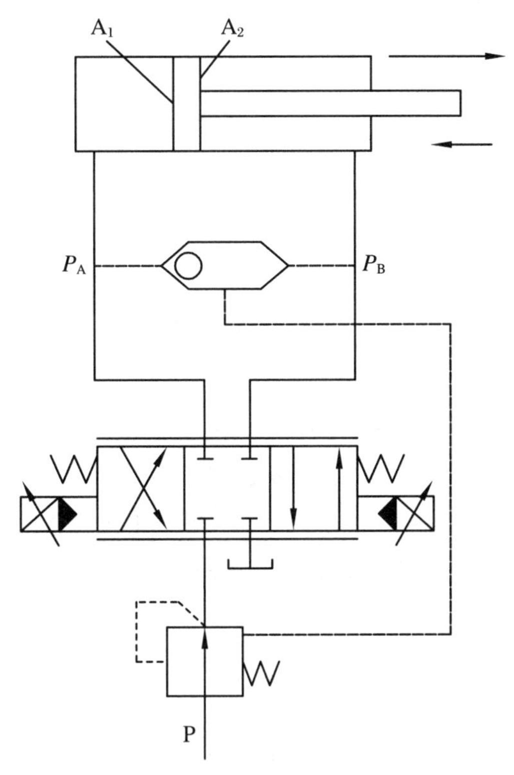

图 3.23　活塞外伸行程时反馈压力为 P_B

1. 用电磁换向阀选择反馈压力的进口压力补偿

差动缸进口压力补偿的实用回路之一是利用一个二位三通电磁阀代替梭阀来选择反馈的压力信号，如图 3.24 所示，这样可避免不正确的压力反馈。当液压缸外伸运动时，保持电磁铁 1 DT 不通电，减压阀弹簧腔感受到的压力只能是 A 腔的压力。而液压缸退回时，1 DT 和 2 DT 同时通电，这时的反馈压力是 B 腔的压力。这样就不管是 A 腔或 B 腔的压力如何变化，均能获得正确的负载的进口节流压力补偿作用。

这种进口压力补偿回路也存在不足，这种回路的制动力主要靠摩擦力和比例方向阀的节流产生，当负载为大惯性质量时，液压缸的两腔容易出现压力尖峰值或空穴。

2. 带压力保护的双向压力补偿回路

一种典型的采用双向压力补偿阀的进口节流压力补偿的应用回路如图 3.25 所示，为了使梭阀只感应正确的负载压力以及为了防止减速制动时出现高压，在 A 和 B 油管上分别装有单向阀 1 和负载相关背压阀 2。

不管比例方向阀处在左阀还是右阀位，梭阀都能选择供油侧的压力作为反馈信号，梭阀的另一侧通过比例方向阀不使用的通道连通油箱。

由于在油路中两个单向阀的左右，使旁路连接的负载相关背压阀具以下三个作用，即它可以提供防止由负载引起的压力尖峰，提供重力平衡和制动力。事实上，由于背压阀的旁路作用，使液压缸的回油经背压阀回油箱，比例方向阀只起到进口节流的作用。在这个回路中，负载也充当平衡阀的作用，背压阀的设定压力按最高工作压力调整。

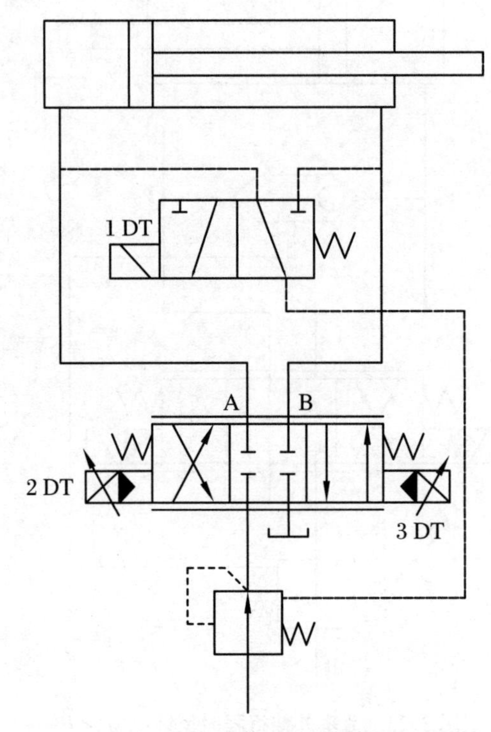

图 3.24　用电磁阀代替梭阀的双向压力补偿回路

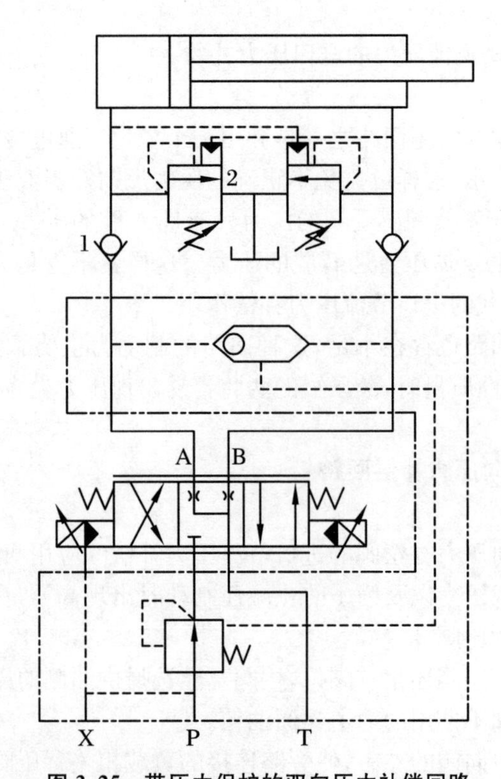

图 3.25　带压力保护的双向压力补偿回路

图3.26所示的回路本质上与图3.25所示的完全一样，差别仅是前者利用传统减压阀代替补偿阀作压力补偿，减压阀的先导控制腔与梭阀连接，工作时，减压阀的先导控制腔只能感受到供油压力，即负载压力，由此负载压力结合弹簧力决定比例阀的进口压力。因此，采用普通减压阀的优点是可以通过设定减压阀的先导阀来调节通过比例阀的压差。这样，在给定的比例阀的输入下，可以获得准确的流量，或者是对执行器速度实现精确控制。

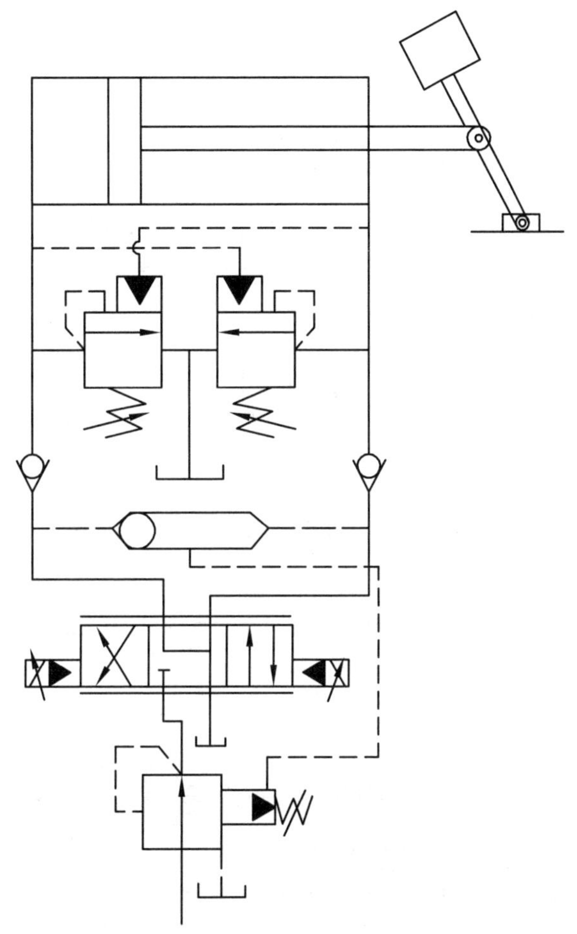

图3.26　用普通减压阀的压力补偿回路

3. 用滑阀内部通道配合的压力补偿回路

通过特殊的加工，把比例方向阀的内部通道加工成合适的连通状况，再配合定差减压阀，便可组成具有进口节流压力补偿功能的回路。图3.27就是这种组合的原理图，这种回路可以取消梭阀，且不管工况如何，由比例阀阀芯保证只反馈供油侧的压力，使用这种回路时，可以选用叠加式先导控制的减压阀作为压力补偿元件，通过调节减压阀来实现在给定输入信号下的准确流量控制。

4. 带制动阀的压力补偿回路

为了保证双向进口压力补偿在各种情况下都能正确选择反馈压力，并且在减速制动的过程中能有效地防止气穴的产生，可以选用带制动阀的双向进口压力补偿回路，其回路图如图3.28所示。

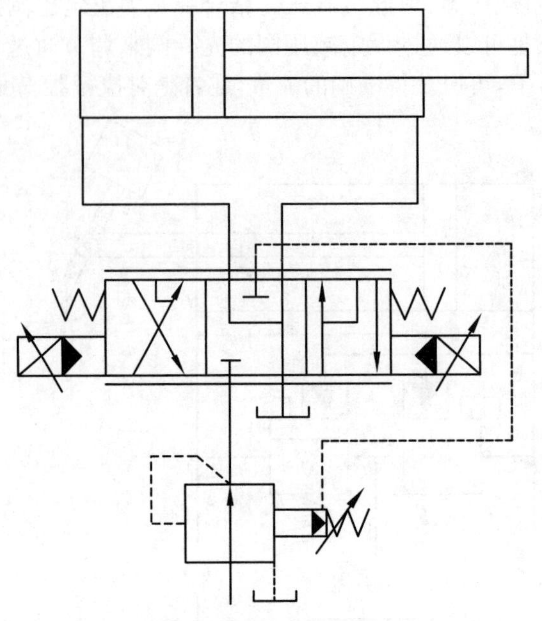

图3.27　滑阀内部通道配合的压力补偿回路

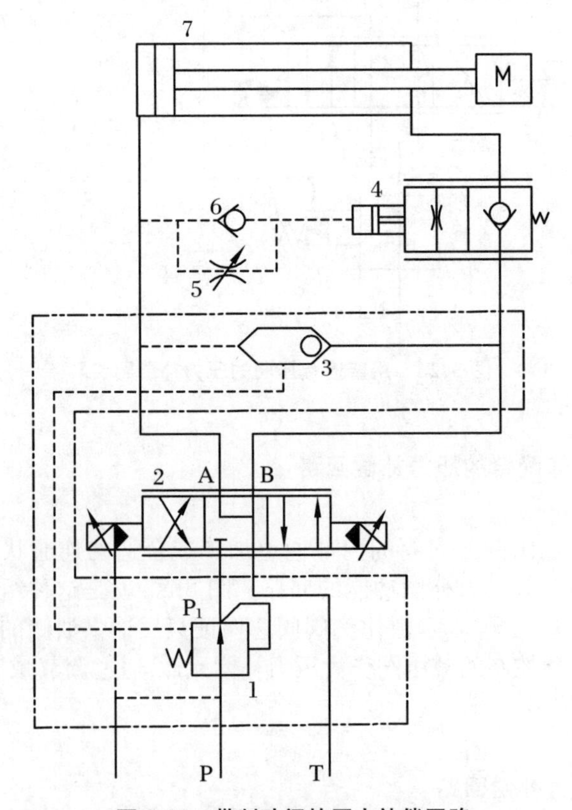

图3.28　带制动阀的压力补偿回路

制动阀4有两个主要功能:其一是具有可控制单向截止阀的功能,截止时无泄漏,在相反方向可自由流通;其二是可根据执行器一侧流进的流量限制执行器另一侧的流量。在减速制动过程中,比例方向阀的阀芯向阀口关闭的方向运动,节流口减小,使输入无杆腔的流量减小,压力下降,导致制动阀左移产生制动作用,因而B管的压力不会过分升高,且由于制动阀的作用,使进入执行器的流量连续可控,并被平稳地制动,防止了空穴的产生。由于制动阀具有支承的作用,该回路还可应用于具有自重下滑和超越负载的场合。

3.6　比例方向阀的出口节流压力补偿控制回路

出口节流压力补偿可以采用减压阀或插装阀来设计,还可以采用专用的出口节流压力补偿器。虽然出口节流能承受一定的超越负载能力,但由于有杆腔的增压作用,所以较少应用。

3.6.1　单向出口节流压力补偿

在图3.29中,采用一个普通的先导式减压阀,与比例方向阀适当连接,即构成了单向的出口节流压力补偿,可在较低的压差下获得准确的流量(图3.29(a))。显然,如果需要液压缸活塞杆在伸出和缩回两个方向上进行精确调速,则在油孔A侧也串入一只相同的减压阀便可(图3.30)。减压阀的先导油泄腔与回油腔T相连接。

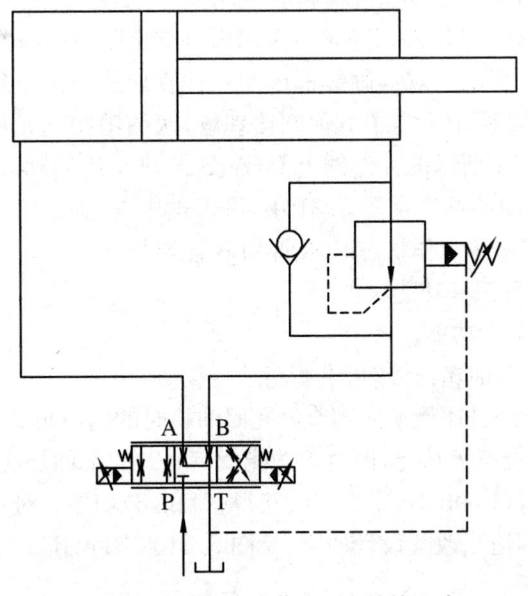

图3.29　单向出口节流压力补偿回路

但是这种回路存在一个问题就是在有杆腔会产生高压,特别是在超越负载和大直径活塞杆的情况下更为严重。在使用前应认真计算可能出现的高压,并应采取适当的措施。否则液压缸的密封,甚至缸体都会因超压而造成损坏。对于更大的活塞直径,问题会更为严重。因此，在液压缸承受超越负载外伸行程时，必须对液压缸的各压力进行分析，理解和评估可能出现的问题。这种单向出口节流压力补偿回路在实际应用中较少。

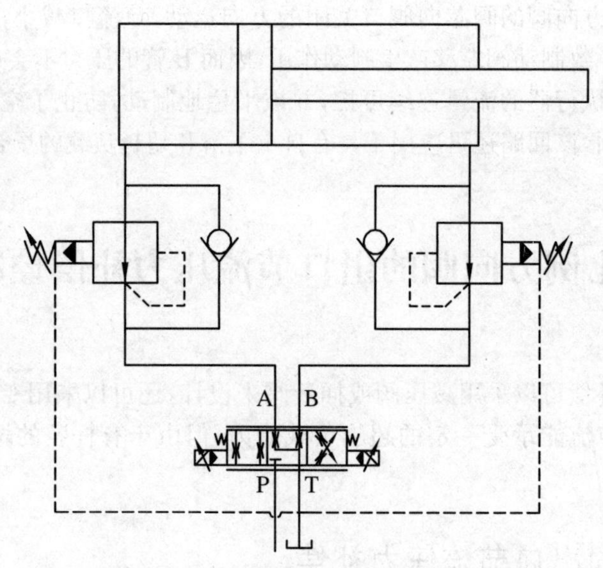

图 3.30 两个方向上进行精确调速的单向出口节流压力补偿回路

3.6.2 出口节流压力补偿器控制回路

对于双向负载的工作系统，如果采用进口节流的压力补偿器有一定的缺点，就是有可能不能正确选择反馈压力，尤其在减速过程制动中，使其丧失压力补偿的功能。这时可以加上像制动阀一类的支承元件(图 3.28)；还可以采用出口节流压力补偿器，出口压力补偿器控制的液压回路图如图 3.31 所示。双点画线框内为一种叠加式的出口压力补偿器的液压原理图，其结构原理如图 3.32 所示。为了方便阅读理解，两图中相同元件的标号相同。使用时比例方向阀叠加在图 3.32 所示的补偿器上部，A、B 油口与比例阀对应油口串联，T 油口也需经比例阀的回油口通向油箱。在图 3.31 中，可以选用 Y 型或 O 型中位机能的比例方向阀。选用 Y 型其目的是使非工作状态时 A 管和 B 管卸荷。

出口压力补偿器具有三种功能：

(1) 无泄漏的重力平衡功能。

(2) 当 A 管或 B 管与油箱连接时，平衡超越负载功能。

(3) 当 A 管或 B 管经过比例换向阀节流孔回油箱时的出口负载压力补偿功能。

虽然出口补偿器具有三种功能，但由于功能(2)和(3)的条件是相矛盾的，故只能同时获得两种，即要么同时获得(1)和(2)，要么同时获得(1)和(3)功能。对功能(2)和(3)的选择还要取决于回路的设计，即适当改变设计回路，见图 3.31 和图 3.33。下面分别说明这几种功能的实现。

1. 静态重力平衡

当比例阀处在中位时，比例阀和补偿器之间的 A 管和 B 管(图 3.31 和图 3.32)通过中位通道或小孔通油箱，使1a和1b的控制腔Z压力为零，作用在控制活塞10a和10b上的所有液压力为零，先导控制的主锥阀复位并锁住负载。

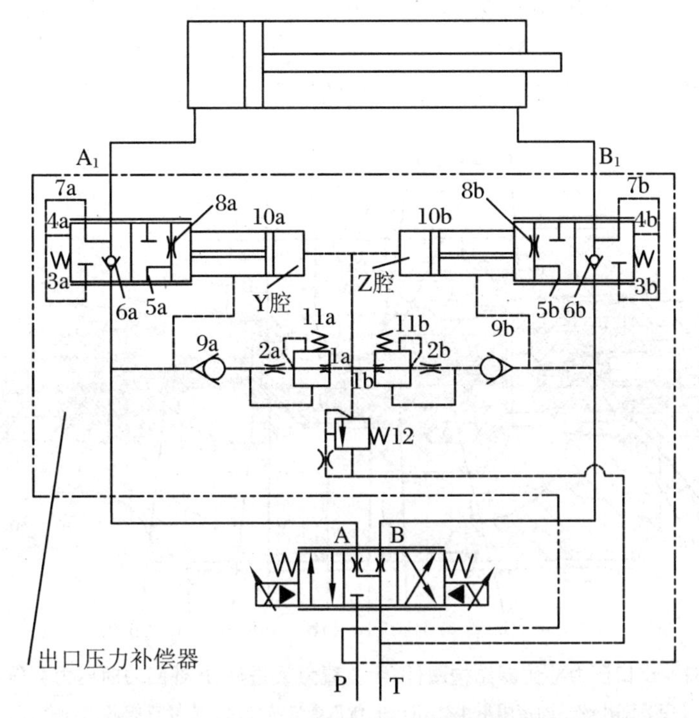

图3.31　重力平衡和出口压力补偿器控制回路

1a、1b—减压节流孔；2a、2b—固定阻尼小孔；3a、3b—主阀芯复位弹簧；4a、4b—控制油路；5a、5b—主油口；7a、7b—控制油口；9a、9b—单向阀；10a、10b—控制活塞；11a、11b—减压阀弹簧(控制活塞复位弹簧)；12—溢流阀

这时由负载形成的背压经主锥阀6a和6b的径向孔和先导锥阀的轴向孔4a和4b进入主锥阀的弹簧腔，主锥阀弹簧的预压缩力相当于0.4 MPa的压力作用，这样这个力与负载产生的背压一起把主锥阀6a和6b锁定在关闭的位置上。由于锥阀密封，可以做到无泄漏。

2. 重力平衡和出口压力补偿

如图3.31所示，该原理图除了能保持静态重力平衡外，还可实现出口节流压力补偿功能。当三位四通比例方向阀左边电磁铁得电时，液压缸活塞杆伸出，泵的输出流量推开单向阀6a(图3.32)从A进入A_1，同时管路4a腔、9a和Y腔升压使控制活塞10a处于平衡状态。由于A管油路同时经过2a、1a直至Z腔，使活塞10b右移，在这时先导流量也已形成，先导流量经固定节流孔2a和可变节流孔1a后从溢流阀12或小孔流回油箱。固定节流孔2a与可变节流孔1a及弹簧11a构成了一个B型半桥的流量稳定器，因此通过溢流阀12或小孔的流量为恒值。溢流阀或小孔产生的背压设定在1.2 MPa。

此时，Z腔从通道1b处感应出1.2 MPa的压力，推动活塞10b的轴向孔、先导锥阀5b的头部阀口和轴向孔4b进入弹簧腔3b。

至此，B口的压力作用在先导活塞有效面积相等的面积上，与相当于0.4 MPa压力的弹簧3b一起作用在控制活塞的右侧(忽略了先导锥阀的弹簧力)。而控制活塞左侧作用着由溢流阀或小孔产生的1.2 MPa的压力。在这三个力的作用下，主阀芯将调节开口8b，以保证B口的压力维持在0.8 MPa(1.2－0.4＝0.8 MPa)的恒定值上，这个压力使从比例阀的B口到T口的压差为常数，从而产生出口压力补偿作用。如果在T口处有一背压，此背压也必然经溢流阀口或小孔而影响到Z腔，于是开启量8b增大，仍维持B口到T口的压降为常数。

当通过比例阀把油口P和B连接时，A侧的压力补偿情况与前述的完全相同。

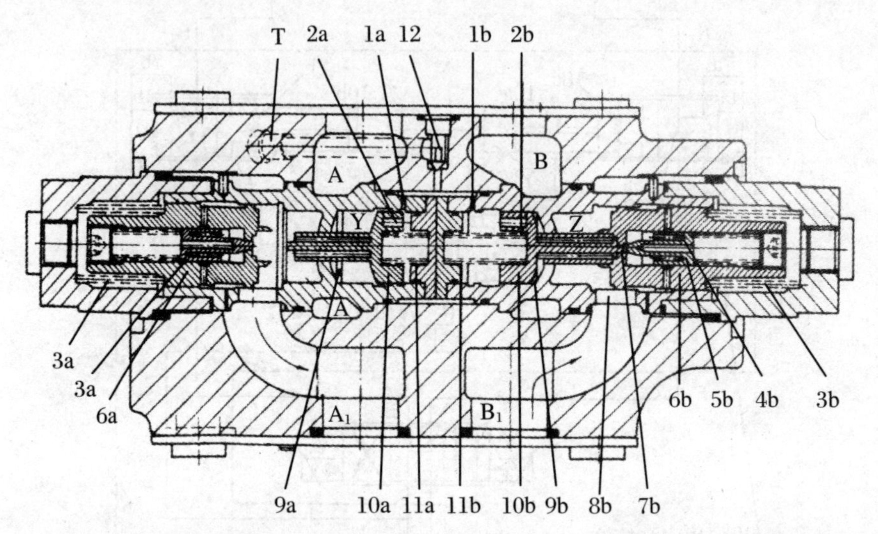

图3.32 出口压力补偿器结构图(图示位置为A进油、B处回油时压力补偿状态)

1—减压可变节流孔；2—固定阻尼小孔；3—主阀芯复位弹簧；4—先导锥阀芯内油孔；5—先导锥阀芯；6—主锥阀；7—先导主锥阀开启后形成的通道；8—主阀芯开启通道；9—径向孔槽；10—控制活塞；11—控制活塞弹簧；12—溢流阀

3. 重力平衡和平衡超越负载控制回路

差动缸的出口节流在两种情况下产生增压作用：① 在超越负载，例如拉力的作用下；② 在泵流产生的推力作用下都会在执行器的出口产生意想不到的高压。如果这一高压足以危害设备的安全，或在各种工况下，对负载的计算表明增压作用过大，这时应考虑使用出口补偿器的超越负载平衡功能。

如图3.33所示的液压回路图，负载类型为双向超越负载，采用面积比接近2∶1的液压缸驱动，如果采用出口节流虽可平衡超越负载的作用，但差动缸的增压作用使有杆腔的压力超过许用值，为此这里采用双向进口压力补偿，使速度不受负载影响，同时还利用出口压力补偿器的平衡超越负载功能。注意当系统发生超越负载时，图3.33中的溢流阀12的进油压力不能稳定在1.2 MPa，即Z腔或Y腔就不能保证1.2 MPa的压力，比例换向阀，从A到T(A处的压力就不能保证0.8 MPa)和从B到T(B处的压力就不能保证0.8 MPa)是不具备稳定压差功能的，所以不起稳流调节作用，结果是B处的压力经常为零，因此出口压力补偿器此时没有出口压力补偿功能，而在此只能起到重力平衡和平衡超越负载(平缓刹车减速)的作用。比例阀只能进口压力补偿，在这个回路中，进口压力补偿是利用叠加式进口压力补偿器来实现的。

由于比例阀的通道B几乎没有背压，所以只有约0.4 MPa的弹簧力作用在主锥阀6b的关闭方向上。设比例阀转移到由P向A供油位置，并形成节流作用，开始工作时是阻性负载，在A管处产生较高的压力。

如果这一高压足以在流量稳定器1处产生先导流量，则在节流孔2(或溢流阀12)前产生一个1.2 MPa的压力，这点前面已讨论过。这一压力将会克服0.4 MPa的3b弹簧力，控制活塞10b把主锥阀完全打开，这时仅有进口节流压力补偿起作用。

如图3.33所示，当负载运动到达中间位置后，阻性负载变成超越负载(动力性负载)，因而从A到A_1的管道中的压力下降，当先导流量入口的压力低于1.2 MPa时，它的出口压力也必然下降(刚好在中间位置之前)。随着负载下降运动，主阀芯6b与阀座形成的节流孔8b起着充分的节流作用，足以防止负载的超速下降。

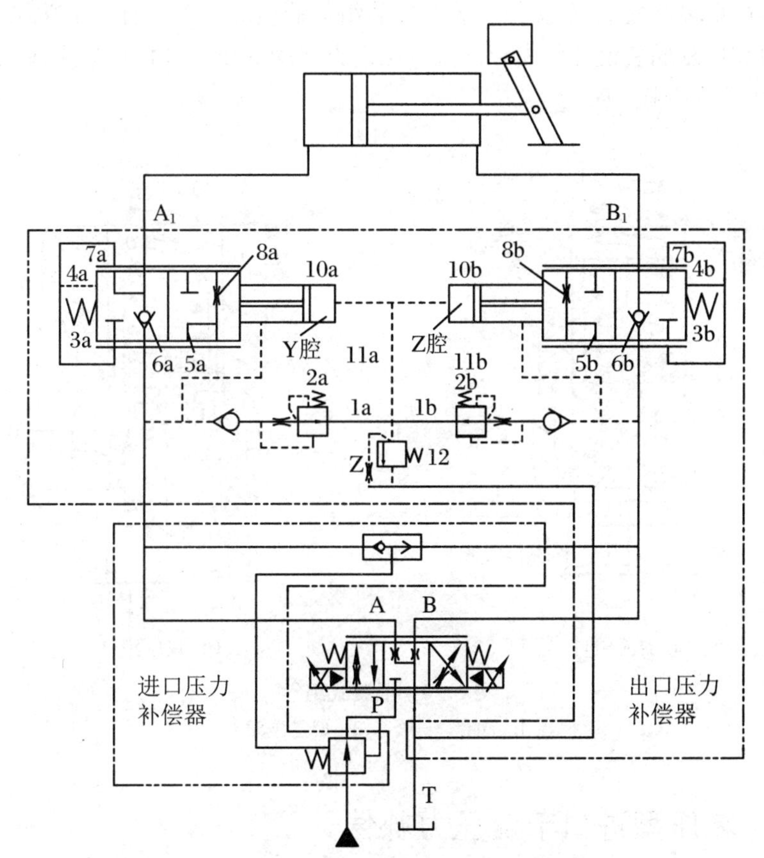

图3.33 进口压力补偿和平衡超越负载回路

1—流量稳定器；2—节流孔

随着负载下降，液压缸的有杆腔所产生的压力仅为0.4 MPa，即作用在控制活塞10b的压力(Z腔的压力)下降到0.4 MPa时达到调整点，在这一点上，弹簧3b有足够的力使主阀芯关闭。负载速度始终处在由进口节流压力补偿决定的受控状态，反向时情况相同。

3.7 插装元件的压力补偿回路

实际上任何液压控制功能都能用插装阀来实现，插装阀是专门设计用于组成集成块的。当需要把压力补偿比例阀装在油路板上时，采用插装阀的压力补偿回路，具有结构紧凑、易维修的特点。

插装阀由插装组件与盖板组成，而插装组件又是由阀套1、阀芯2和偏置弹簧3组成的，它被插装在集成块多路板上，而盖板安装在插装组件的顶部。盖板有两个功能，即把插装组件固定在孔内和控制插装组件的先导油流。比例方向阀的压力补偿可以采用插装溢流元件或减压元件(图3.34)来实现。

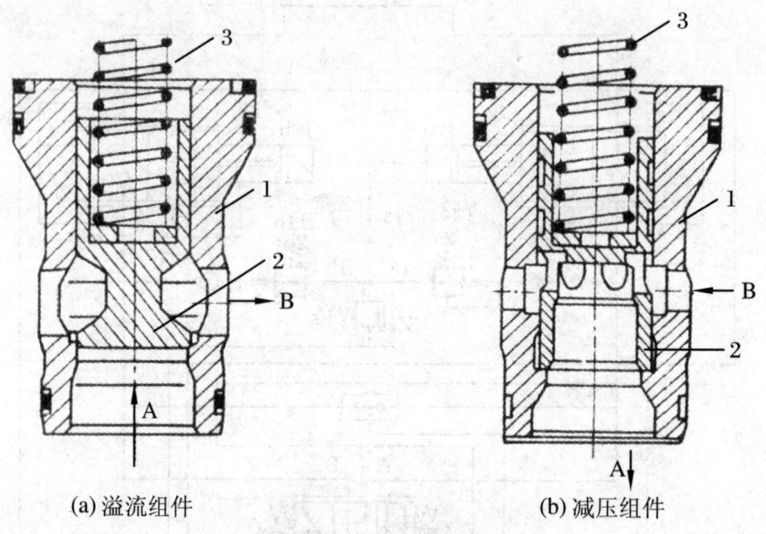

(a) 溢流组件　　(b) 减压组件

图3.34 插装式组件

1—阀套；2—阀芯；3—偏置弹簧

3.7.1 减压型进口节流压力补偿

减压型压力补偿是指采用定差减压组件作为补偿元件。因定差减压阀只有两条主油路，故有时被称作二通阀。二通型进口节流压力补偿的油路原理如图3.35所示。

压力补偿可以从比例方向阀中的P孔到A孔或从P孔到B孔选择。通过更换不同刚度的弹簧来改变横跨比例阀口的恒定压差，压差通常设为0.5～0.8 MPa。如果想要获得可调压降的二通型的进口节流压力补偿，可以采用图3.36所示的回路。

这种回路是在上一种回路的基础上，在盖板处加上一个小型溢流阀而构成的，本质上这是一个插装式减压阀。在减压元件中的偏置弹簧应选择较软的，它应使该减压阀约在0.035 MPa的压力下开始关闭，该软弹簧在无压时使减压阀处在常开的位置上。调节溢流阀的调压弹簧可改变横跨比例方向阀的压降，从而准确调节流量。其工作原理是由于溢流阀的设计上有泄油通道使排油口与弹簧腔相通，所以负载感应力 P_A 也作用在溢流阀的弹簧腔上。

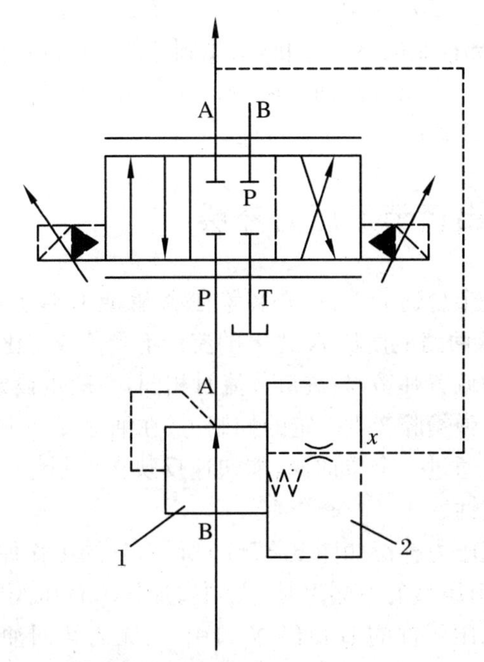

图 3.35　二通型进口节流压力补偿

1—减压组件；2—盖板

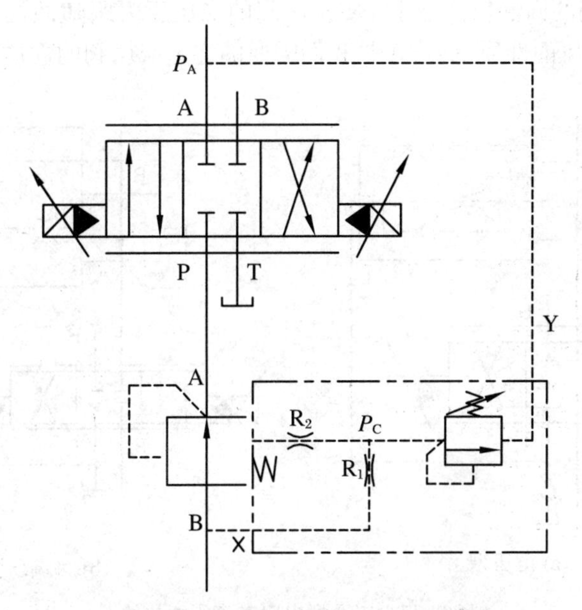

图 3.36　可调压降二通型进口压力补偿

溢流时

$$P_C = P_A + P_{调}$$

式中，P_C 为溢流阀溢流压力；$P_{调}$ 为与溢流阀调压弹簧力等价的压力；P_A 为比例方向阀出口压力。

又因为减压元件的偏置弹簧很软，所以平衡时 p_C 与比例阀进口压力 P 相等。于是有

$$\Delta P = P_C - P_A = P - P_A = P_{调}$$

流阻 R_1 与溢流阀组成先导控制的 B 型半桥，对主阀芯的位置进行控制。先导油从减压元件的 B 孔经 X 口引入，对先导液压桥供油。R_1 用于产生必要的压力降，使主阀芯产生动作。R_2 为动态反馈液阻，用于改善阀芯的动态特性。

3.7.2　减压型出口节流压力补偿

采用减压单元以及一个合适的盖板，并装置在 A 管或 B 管上，便可构成出口节流压力补偿回路(图 3.37(a))，该回路能使从 A 到 T 的流量不受负载变化的影响。从 A 到 T 油口的压力降取决于盖板上的偏置弹簧，与进口节流时相同，一般也设定在 0.5～0.8 MPa 的范围内。为了使减压元件的弹簧腔产生一定的控制力，在油口 T 处加上一个作为背压阀的单向阀是必要的。这个背压通过一个单向阀，能快速反映在控制腔上，提供必要的开启力，使阀快速反应并增加其稳定性。

可调压差的出口节流压力补偿如图 3.37(b)所示，它的工作原理与进口节流的情况完全相同。在结构上，它与恒压型的不同点是，无须增加作为背压阀的单向阀，因这时直动式溢流阀所需的先导油从减压元件的 B 口经 X 口引入，无需从回油口 T 处取出。从原理上看，如果连接油口 Y 与 T 的油管分开回油，整个补偿阀就是一个普通的插装式先导减压阀。它的先导油引自一次压力油口，而不是二次压力油口，这样可使先导流量更加稳定。它的先导回油口 Y 与比例阀的回油口 T 连接，使减压阀的二次压力跟随回油压力变化，并使减压阀的二次压力失去恒压的性质，而这正是我们需要的定差减压阀的性质。

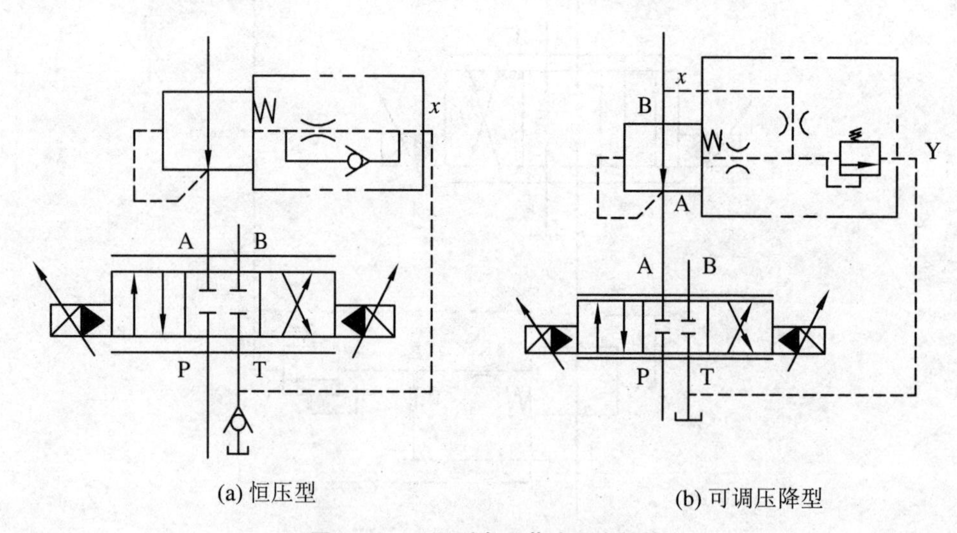

(a) 恒压型　　(b) 可调压降型

图 3.37　二通型出口节流压力补偿

3.7.3　溢流型负载压力补偿

溢流型负载压力补偿采用一个定差溢流阀作为压力补偿元件，它由溢流插装单元组件

和一适当的盖板单元构成。由于它有三个主油口,有时又被称为三通型压力补偿器。元件顶部的偏置弹簧对阀芯的作用力相当于0.5～0.8 MPa的压力作用,这个压力确定了横跨比例阀节流口的恒定压差。

图3.38是三通压力补偿器用于对比例阀节流口进行压力补偿的情况。只要进口处的压力 P_P 大于出口处的压力 P_A 与偏置弹簧力(0.5～0.8 MPa)之和,定差溢流阀就开启,导致 P_P 下降直至重新建立阀芯的受力平衡。可见供油压力追随负载压力变化。P_P 只比 P_A 高出一个与偏置弹簧力等价的压力,采用这种压力补偿的动力源成为压力适应的供油系统,具有较好的节能效果,但不能对多个执行器进行同时供油。压力补偿可以从比例阀的P口到A口或P口到B口中获得,图3.38所示的为从P口到A口的情况。

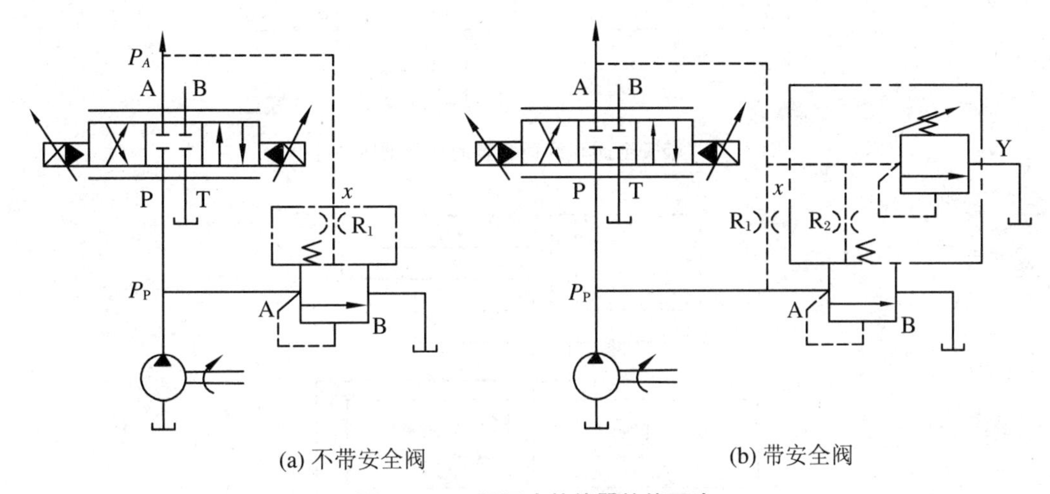

图3.38　三通压力补偿器补偿回路

如前所述,由于动力源使压力适应,所以不必设置溢流阀来维持压力,但应对系统提供最大压力保护,这只要在盖板组件中加上一个小型直动式溢流阀便可(图3.38(b))。图中液阻 R_1 用于向直动式溢流阀提供先导油流。如果负载压力超过直动式溢流阀的设定值,它便开启,因而限制了溢流组件顶部的压力。因主溢流元件的顶部还加有0.5～0.8 MPa的弹簧力,所以主溢流元件的开启压力比直动式溢流阀的开启压力要高出0.5～0.8 MPa。

三通型压力补偿器中还可在上面的基础上再复合上卸荷功能,如图3.39所示。图示为卸荷状态,因这时主溢流元件的弹簧腔压力为零。卸荷压力只与偏置弹簧刚度有关。二位三通电磁阀通电时是工作状态,带最高限压保护。

3.7.4　插装式元件的双向压力补偿回路

当需要对执行器两个方向的速度进行准确控制时,就要采用双向负载压力补偿。利用前两节介绍的基本回路,很容易构成具有双向补偿功能的应用回路。

图3.40所示为正向和反向都具有负载压力补偿能力的回路,采用的补偿元件是二通型的。使用该回路时应注意,若油缸的面积比大约为2∶1时,必须注意三位四通比例滑阀应该有2∶1的节流面积比(即 YX_1 型阀芯)。这种回路与3.7.2节中介绍的单向补偿回路的差别仅在于多用了一个单向阀,这是为了反向时让主油流通过而设置的,其他元件的作用与前面所述相同。

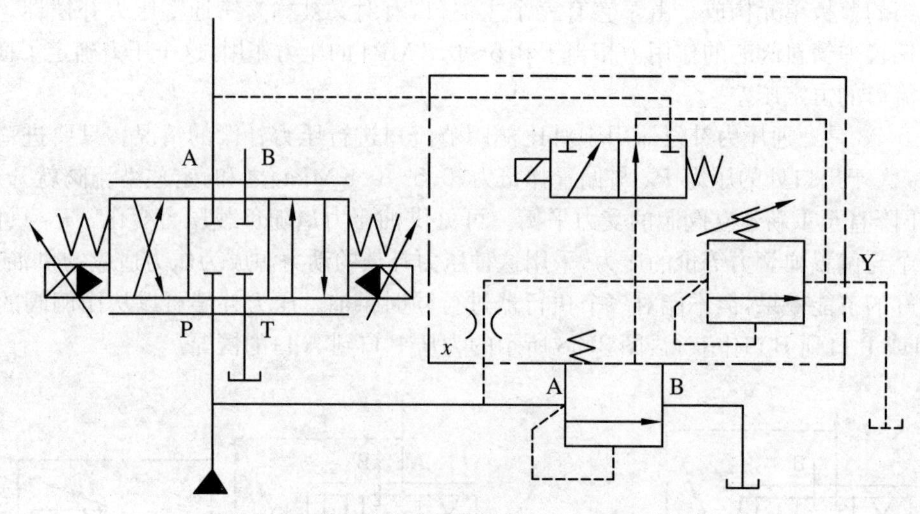

图 3.39　带安全阀和卸荷装置的三通型压力补偿

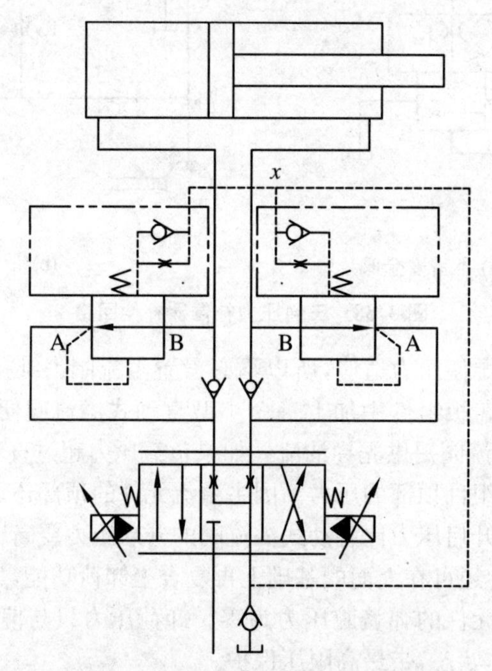

图 3.40　双向回油节流压力补偿回路

图 3.41 所示为另一种正向和反向都具有压力补偿的回路，但它的正向运行为差动连接。正向运行，即左电磁铁 a 受到激励时，减压阀 2 参与回路构成的是进口节流压力补偿，P 口到 A 口的节流压力差由补偿阀 2 保持恒定。电磁铁 b 通电时返回行程，这时减压阀 1 参与回路构成的是出口节流压力补偿，A 口到 T 口的节流压力差由补偿阀 1 保持恒定为出口节流。回油口 Y 处的单向阀用于产生背压。

图 3.42 所示为单作用缸的正、反向负载压力补偿调速回路，该回路上升时是进口节流，下降时靠自重，是回油节流压力补偿。只要适当限制比例阀的最大开口，该回路就有一定的平衡自重和防止超速下降的能力。图中压力补偿元件用普通的减压阀元件表示，如果改用插装式元件也是完全可行的，而且可通过更大的流量。

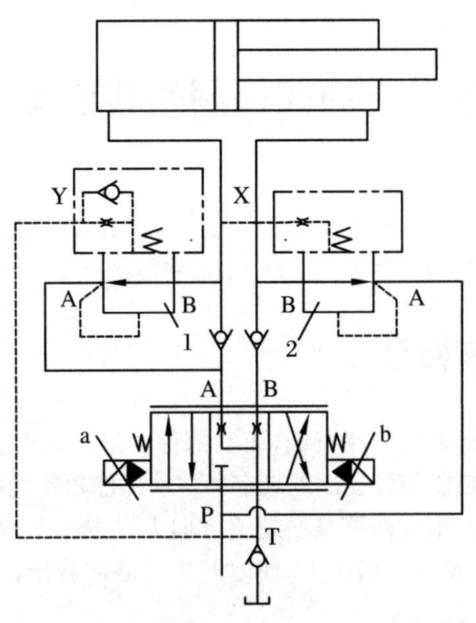

图 3.41　差动连接的双向压力补偿

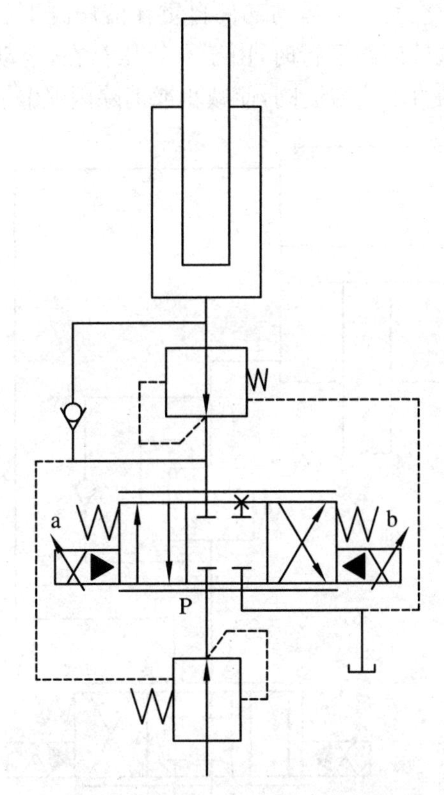

图 3.42　单作用缸双向压力补偿回路

3.8　比例方向阀控制的其他实用回路

由于比例方向阀复合了换向与比例节流功能，给它的应用带来了很多与普通换向阀功能不同的特点。除了上面介绍的多种回路外，本节将继续列举一些常用的回路。

3.8.1　重力平衡回路

为了防止重物的垂直运动或超越负载，运动部件的运动速度会超过供油能力所能达到的速度，这种情况下，液压缸供油腔会出现真空。运动部件超速失控，容易发生意外，这时液压系统中要设置平衡回路。平衡回路是在超速方向上设置一个适当的阻力，对立式液压缸来说，就是在下行的方向上设置平衡阻力，使之产生足够的背压，以便与自重或与运动方向同向的负载相平衡。

比例方向阀控制垂直上升下降速度的典型回路如图3.43所示，图中平衡元件采用单向溢流阀。溢流阀的调整压力应稍大于运动部件自重在液压缸下腔形成的压力，单向阀用于通过上行时的工作流量。这种回路下行时，由于有背压存在，运动比较平稳，平衡用的溢流阀应采用球形或锥形阀芯的直动式溢流阀，使减小或消除因泄漏造成的缓慢下降。

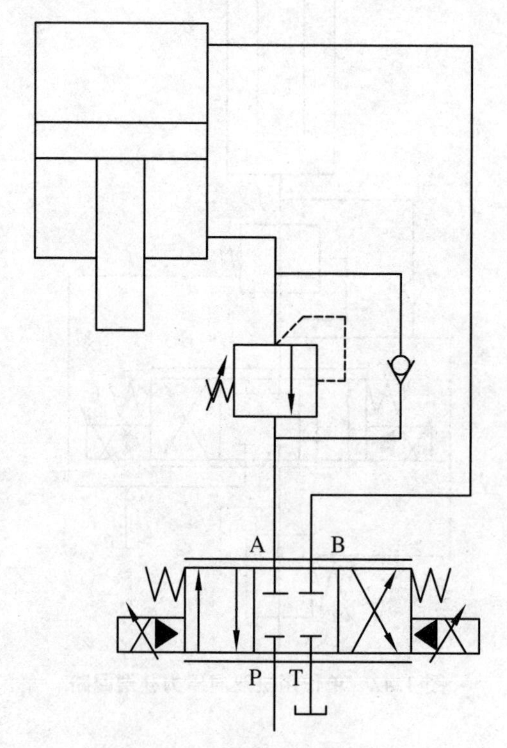

图3.43　重力平衡回路

图3.44是一种带重力平衡的差动控制回路。与图3.15的差动回路比较，只是把其中

一只单向阀换成了平衡阀或溢流阀。与图 3.43 的平衡回路比较，只是把溢流阀的出口从 B 管换到了 P 管。其他情况与图 3.43 的回路完全相同。

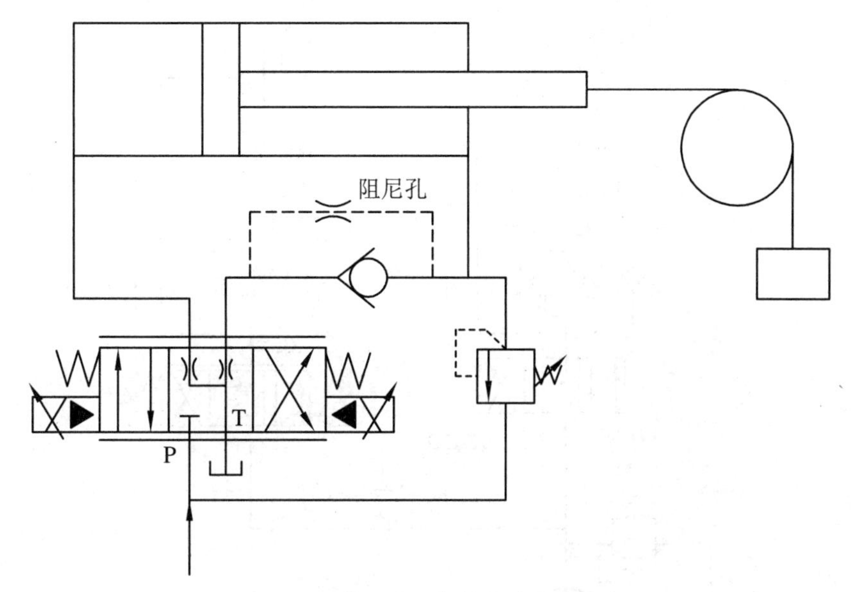

图 3.44　带重力平衡的差动控制回路

3.8.2　比例同步控制回路

对于带有多个执行器，同时驱动同一负载运动的液压系统，由于每个液压缸的制造质量、摩擦力、泄漏、负载及结构变形上的差异，如果不采用适当的同步措施，各缸的行程会不同步，导致产品质量下降或系统不能正常工作。同步回路是为了克服上述影响，通过改变进入其中的一些或全部液压执行器的流量来达到同步的目的。通常以其中一个执行器的位置作为参考，改变进入其他执行器的流量来达到位置跟随而同步。可见，同步回路本质上是个位置控制回路，因控制变量信息来自对位置误差进行检测。

对于比例同步回路，位置误差的检测都是利用位置传感器来进行的，因而位置同步精度高，容易实现双向同步。根据采用的比例元件来分有比例方向阀同步回路、比例调速阀同步回路和比例变量泵同步回路。前两者属于节流控制式，后者属于容积控制式。

1. 比例方向阀的同步回路

采用比例方向阀的同步回路，按比例方向阀在回路中是控制进油还是出油可分成两种。图 3.45 所示为比例阀控制进油的同步回路。比例方向阀根据位置传感器 1 和 2 的反馈信号，连续地控制阀口开度，输出一个与手调节流阀相应的流量。当出现位置偏差，比例放大器获得一控制信号，调整比例阀的开口，使其朝减小偏差的方向变化，直至偏差消失。因此，这是一种位置闭环控制系统。控制精度主要取决于位置传感器的检测精度与比例阀的响应特性，理论上该回路没有积累误差。液压缸的上行速度可以通过节流阀 5 来调节，而比例阀 4 则会自动跟踪适应。这种回路要求比例阀有较大的通流能力。

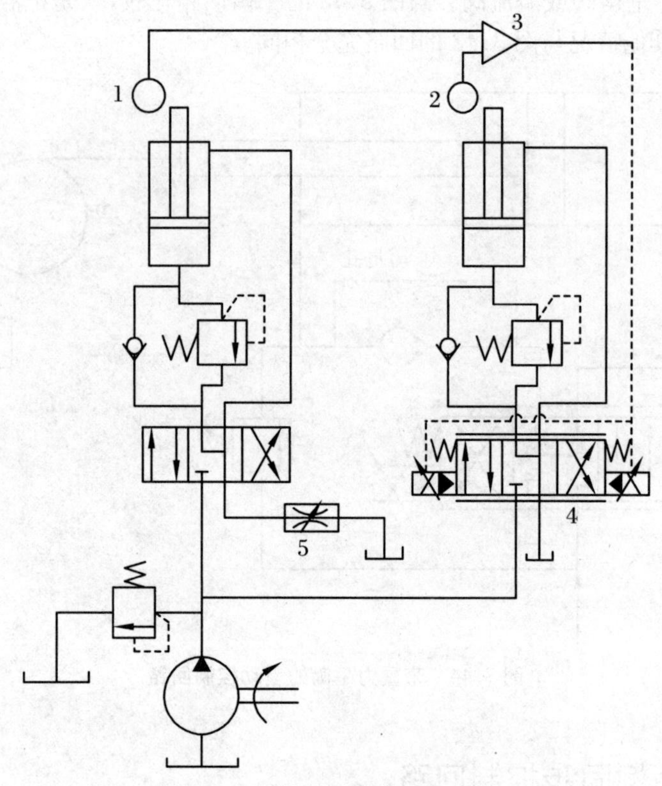

图 3.45　比例阀进油同步回路

1、2—位置传感器；3—比例放大器；4—比例方向阀；5—手调节流阀

采用比例阀放油同步系统可以选用较小通经的比例阀，从而降低成本。比例阀放油同步回路如图 3.46 所示。该回路由两个完全相同的定量泵分别向液压缸单独供油。如果出现位置不同步，则横梁倾斜，传感器 1 检测到后控制比例阀 3 的比例。使其中较快一侧的定量泵通过比例阀排走部分流量。使其控制的液压缸速度慢下来，达到位置同步。由于比例阀 3 通过的流量只是纠偏用的小流量，可以选用较小的通经。但如果有严重偏载的情况出现，则比例阀还是应选用足够大的。

2. 比例调速阀双向同步回路

另一种节流型的比例同步回路采用比例调速阀实现(图 3.47)，这种回路的特点是双向调速、双向同步的回路。上升行程为进口节流，下降行程为回油节流，回油节流有助于防止因自重下滑时的超速运行。因此，设计这种回路时选用的比例调速阀 2 和手动调速阀 4 不能过大，否则要采用其他阻尼措施。

回路中其他元件的作用是液控单向阀用于平衡负载的自重。另外四个单向阀为一组，构成桥式整流回路，使正反向行程通过调速阀的流量方向一致。

以上介绍的三种同步回路的共同点是其中一个执行器为手动主动调整，而另外的执行器比例控制跟随，也可以把手动阀都改为比例阀，实行互相跟随的双向控制，这样可以提高控制精度，但控制成本会提高。

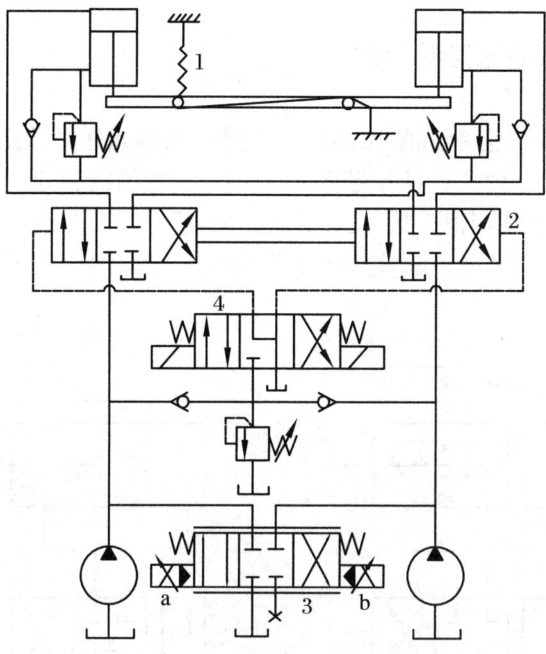

图 3.46 比例阀放油同步回路

1—位置传感器;2—联动方向阀;3—比例阀;4—先导阀

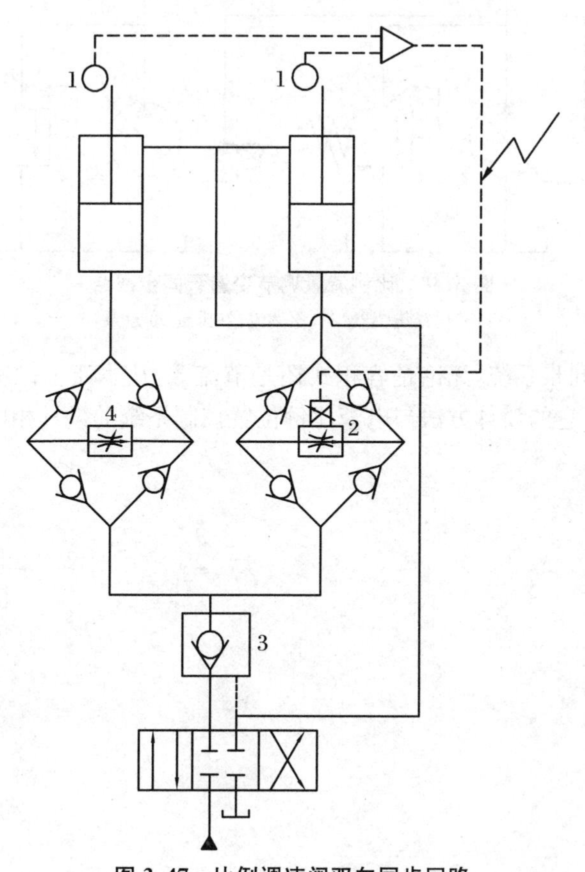

图 3.47 比例调速阀双向同步回路

1—位置传感器;2—比例调速阀;3—液控单向阀;4—手动调速阀

3. 比例流量调节变量泵同步回路

图3.48所示的为容积控制式的比例同步回路。比例元件需采用比例排量变量泵或比例流量变量泵。它也是一种具有双向调速、双向同步功能的回路,速度控制采用电气遥控设定,位置互相跟随。由于是容积控制,没有节流损失,适用于大功率系统和高速的同步系统。由图3.48可见,两个执行器的供油液压系统完全独立,因而很适用于两液压缸相距较远又要求同步精度高的场合。

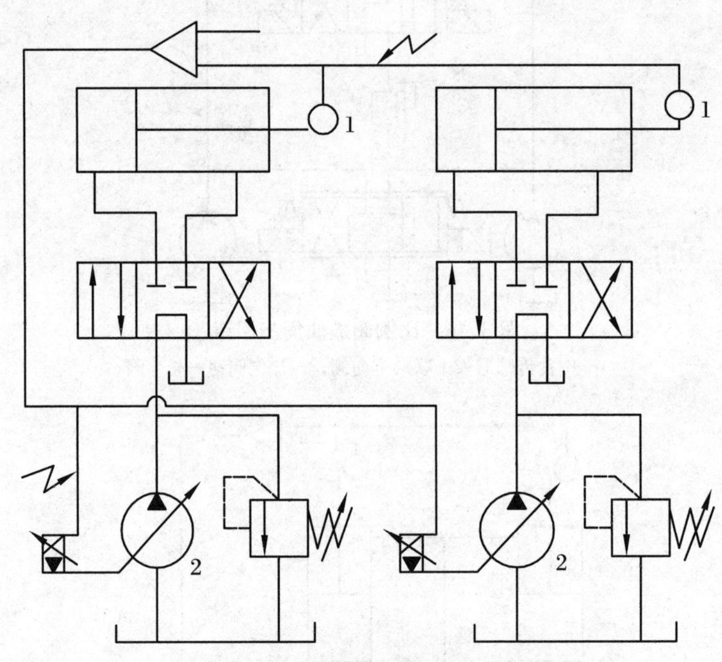

图3.48 比例流量调节变量泵同步回路

1—位置传感器;2—比例流量(排量)变量泵

综上所述,比例同步系统,无论是容积式还是节流式,从本质上说都是一个闭环的电液比例位置随动系统。它的设计方法与电液比例位置控制系统的设计相同。

第4章　电液比例控制系统工程案例

本章主要介绍基于电液比例控制的步进式钢坯加热炉液压系统应用实例。

4.1　步进式钢坯加热炉简介

建筑用的螺纹钢是Q235方形钢坯经轧钢机成形轧制，其工艺流程是先用已经轧制的6 m长的方形钢坯，将其送入加热炉加热，加热炉炉底面积较大，炉中可装若干方形钢坯。

方形钢通过滚道由电动机带动滚子向前推送进入炉中，接着炉底上矫正机构在油缸的推动下先将方形钢坏在炉底上的位置矫正，然后加热炉的举升机构在升降油缸(两只同步油缸)的作用下升起，接着推进机构由另外的平移油缸向前推移一个步距(300 mm)，升降油缸再将举升机构落下，此时，方形钢坯平稳地放在炉底上，接着平移油缸带动步进机构退回原始位置，这样实现一个动作循环，如此往复。加热炉以高炉煤气作为燃料，最终把方形钢坯加温到1 100～1 150 ℃，为下道轧制工序做好准备。钢坯出炉送入轧钢机被轧制成一定规格的螺纹钢。

在这个工作循环中，关键要注意方形钢坯被送进过程中，不能损坏钢坯外形，这就要求举升机构开始接触钢坯时，接触力要适中，推进机构向前推动时力要适当，举升机构落下钢坯时力要平缓。这些是设计液压系统时要注意考虑的问题。

4.2　步进式钢坯加热炉液压系统分析

1. 举升机构的驱动系统

举升机构的驱动系统如图4.1所示。液压升降缸(1、2)推动的举升机构要使整个炉底升降，炉底面积较大，故采用两个油缸同时推动，需将两缸设计成同步油缸(此处靠机械式同步，即整个炉底是个机械框架，两缸均与框架直接连接)。

由于举升机构开始接触钢坯时，接触力要适中，举升机构把钢坯落下时运动也要平缓，同时要注意落下时液压缸承受的是超越负载。所以，两油缸在起升初期和降落到终点时速度要缓慢，其余行程速度可适当放快。为此采用比例流量控制阀9，通过适时改变控制电流使油缸在起升初期和降落到终点时速度缓慢，从而保证钢坯不受损。在比例节流阀的两端配置定差减压阀(10为先导式溢流阀，11是插装式流量阀，两者共同组成先导式定差减压阀),以保证比例节流阀 9 的进、出油口的压差基本恒定,这有利于对通过比例节流阀 9 的流量有效地控制,进而控制同步油缸的运行速度。

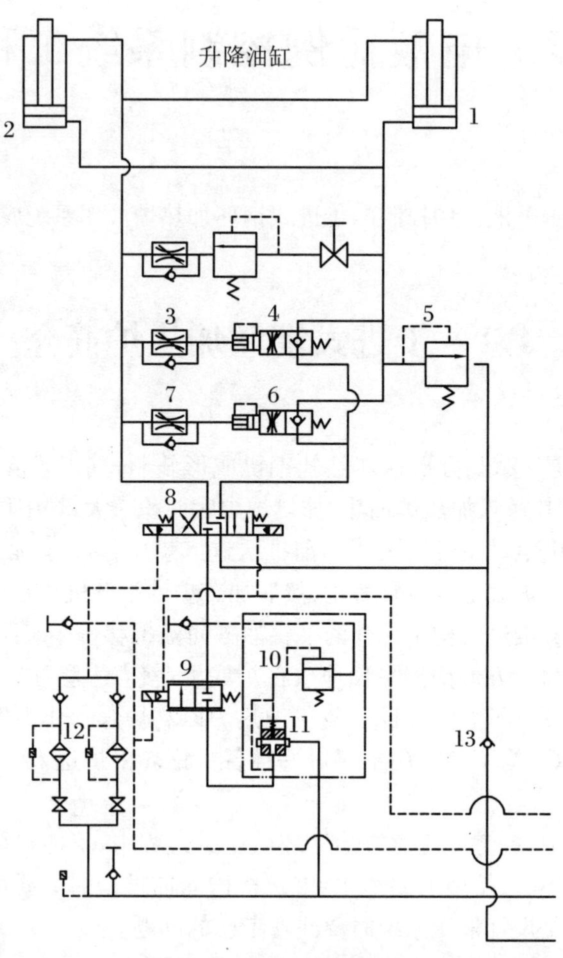

图 4.1　举升缸控制油路

1、2—升降油缸;3、7—单向节流阀;4、6—平衡阀;5—溢流阀;8—电液换向阀;
9—比例节流阀;10—溢流阀;11—插装式减压阀;12—滤油器;13—单向阀

在比例节流阀 9 的后面配上电液换向阀 8 控制同步油缸的伸出和缩回。电液换向阀 8 的先导控制采用外控外泄式,考虑到钢坯加热炉周围环境以及液压系统受环境影响,外控压力油在进入先导阀之前需经过滤器 12 过滤,这样有利于减少故障发生,提高系统运行的可靠性。

升降油缸托起的炉底举升机构,负载较重且无论是油缸伸出还是缩回,都得承受向油缸缩进方向的负载,即在油缸缩回时有超越负载。为此应配置平衡回路,利用液控平衡阀控制油缸有利于油缸缩进时超越负载有变化的场合。由于系统压力大,所以在平衡阀(4、6)的控制油路上设置单向节流阀(3、7)以减轻平衡阀(4、6)运行过程中的冲击。为增强系统可靠性采用两个液控平衡阀(4、6)并联的平衡回路。同时在无杆腔油路中设置安全阀 5 以防压力过高而溢流,从而保护系统安全。

2. 推进机构的驱动系统

如图4.2所示，刚开始向前推动和起始后退时速度要平缓，因此，也采取比例控制。用比例流量方向控制阀7加进口压力补偿器8，保证比例阀的进、出口压力恒定，可有效地控制其出口流量。这里要使进、出两个油路均能控制，故配上一个或门梭阀6和定差减压阀8共同组成进口压力补偿器。在两个管路上设置单向顺序阀(2、3)，保证进口压力补偿器功能正常，使传动装置平稳制动，安全可靠。设置两个单向节流阀(4、5)，便于调试设备时有效调节油缸的进、出速度。在设计电液比例阀的压力控制油路时，进入先导控制阀的压力油须先进行过滤(图4.4)，目的是确保先导控制阀能够可靠、有效地运行。

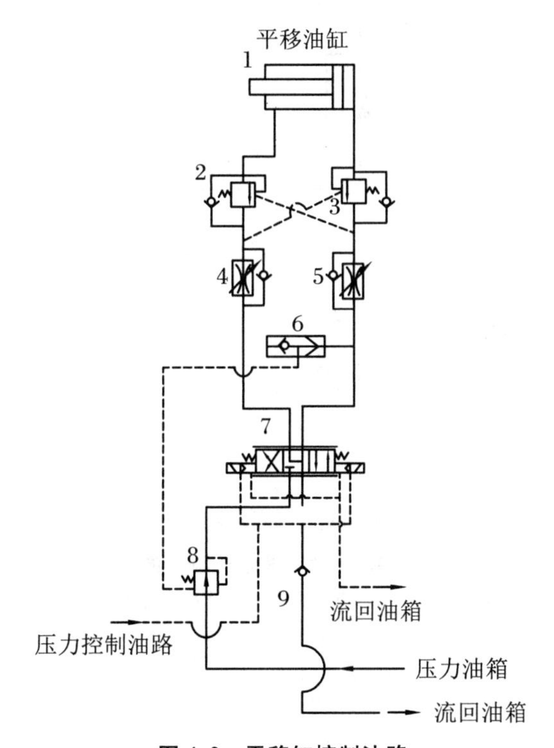

图4.2　平移缸控制油路

1—平移油缸；2、3—单向顺序阀；4、5—单向节流阀；6—或门梭阀；7—电液比例换向阀；8—定差减压阀；9—单向阀

3. 矫正机构的驱动系统

如图4.3所示，该机构上的油缸负荷不是太大，油路压力不需太高，刚进炉的钢坯不易被损坏，不必进行比例控制，油路采用减压后进入电液换向阀和单向节流阀即可完成规定运行动作。

4. 油源设计

油泵部分用四台变量柱塞泵联合供油(图4.4)，因为两个升降缸需油量670 L/min，平移缸需油量为 150 L/min,需油量较大。油泵出口由电磁溢流阀构成单级调压回路。系统用油量大,且是连续式工作,易产生热量,因而在油箱单独设置冷却系统降低油温。油箱的液压油就采用普通的 VG46 号矿物油,虽然液压系统驱动加热炉,但油缸不与高温接触,且液压系统所处的环境无火源,所以不必考虑采用水-乙二醇抗燃液压液。步进加热炉液压系统见图 4.4。

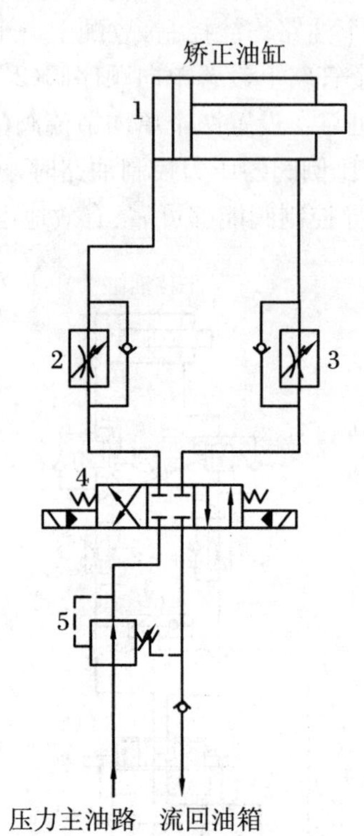

图 4.3　矫正油缸控制油路

1—油缸;2、3—单向节流阀;4—电液换向阀;5—减压阀

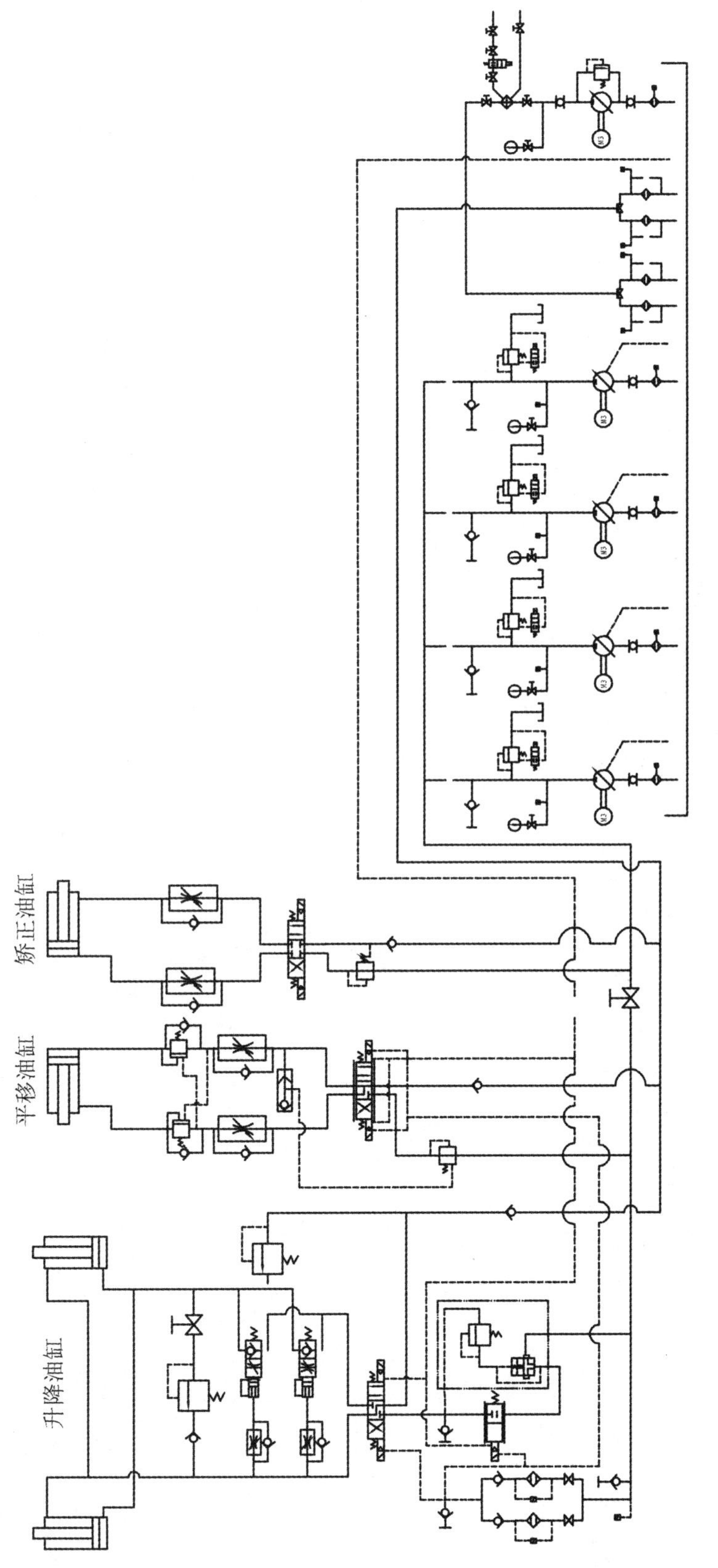

图4.4　步进加热炉系统原理图

下　篇
电液伺服控制技术

第5章　液压伺服控制技术与电液伺服系统概述

5.1　液压伺服控制技术与电液伺服系统简介

液压伺服控制技术是一门较新的科学技术，是液压技术中的一个新分支，也是控制领域中的一个重要组成部分。

液压伺服控制技术，根据系统中信号传递介质的形式或信号能量的形式，一般分为以下三类。

（1）机械-液压伺服系统。在机液伺服系统中，系统的给定、反馈和比较环节均采用机械构件实现，如车床液压仿形刀架、轮式车辆转向助力器等。机液伺服系统的特点是简单、可靠，缺点是偏差信号和校正及系统增益调整都不如电液伺服系统方便，同时，反馈机构中的摩擦和间隙对系统性能和控制精度都有不利影响。

（2）电气-液压伺服系统。在电液伺服系统中，误差信号的检测、校正和初始放大等均采用电气、电子元件，灵活性大，对信号的测量、校正和放大十分方便。而液压动力（控制-执行元件）机构响应速度快，承载刚性大。两者结合起来，可以发挥电气和液压两个方面的特长，成为目前响应速度最快和控制精度最优的伺服系统。

（3）气动-液压伺服系统。在气液伺服系统中，误差信号的检测和初始放大均采用气动元件完成，结构简单，有相当高的灵敏度，但需要有气源等附属设施。

以上三大类它们的基本组成部分相同，但绝大部分伺服阀为电液伺服阀。

在第二次世界大战前，机液伺服系统作为海军舰船的操舵装置已开始应用。二次世界大战期间及以后，由于军事刺激，自动控制特别是武器和飞行器控制系统的研究发展取得很大的进展。液压伺服系统因响应快、精度高、功率与重量比大，特别受到重视。1940年底，首先在飞机上出现了电液伺服系统。但该系统中的滑阀由伺服电机驱动，伺服电机作为电液转换器，由于其惯量大，使电液转换器成为系统中时间常数最大的环节，限制了电液伺服系统的响应速度。直到20世纪50年代初，才出现了快速响应的永磁力矩马达，形成了电液伺服阀的雏形。到了20世纪50年代末，又出现了以喷嘴挡板阀作为第一级的电液伺服阀，进一步提高了伺服阀的速度。20世纪60年代，各种结构的电液伺服阀相继出现，特别是干式力矩马达的出现，使得电液伺服阀的性能日趋完善。由于电液伺服阀和电子技术的发展，电液伺服系统得到了迅速的发展。

电液伺服系统中采用的控制元件——电液伺服阀要求精密，造价较贵，系统对工作介质的清洁度要求高，管理维护费用较大。尽管有这些缺点，但电液伺服控制系统因具有体积小、重量轻、响应速度快和控制精度优异，能适应连续信号控制和脉冲信号控制，调整范围宽，低速稳定性好，液压执行元件的开环和闭环控制简单及过载保护容易等优点，受到各界关注。

随着加工能力的提高和电液伺服阀工艺性的改善，电液伺服阀的价格不断降低。并出现了抗污染和工作可靠的工业用廉价电液伺服阀，电液伺服系统除用于飞机的操纵系统、导弹的自动控制系统、雷达跟踪系统、火炮操纵装置、舰艇操舵系统等国防工业外，现已开始向一般工业界推广，如用于工业机器人、数控机床、轧钢机跑偏控制、张力控制以及燃气轮机、水轮机转速自调系统等等。

电液伺服系统的组成及工作原理，现通过下面简例予以说明。

图 5.1 为某工业机械手的外形结构。该机械手包括四个伺服系统，分别控制机械手的伸缩、回转、升降及手腕回转的动作。

图 5.1 工业机械手外观

图 5.2 为机械手液压系统传动原理图，其中夹紧动作由一般的液压传动常规阀控制。由于其中四个伺服系统的原理相同，现以伸缩伺服系统为例进行说明。伸缩系统的结构示意图如图 5.3 所示。

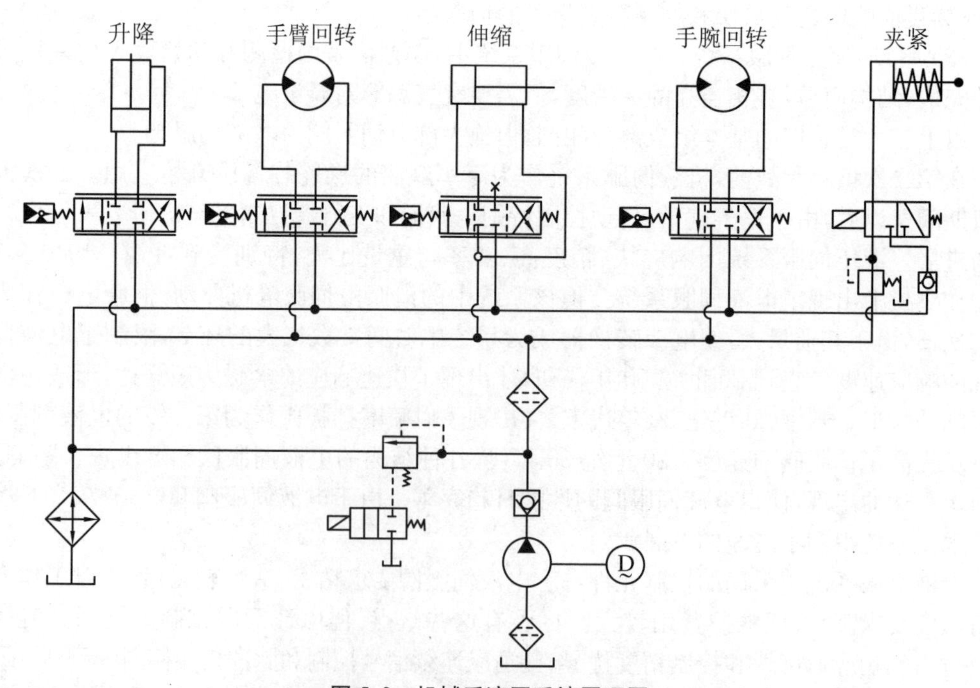

图 5.2 机械手液压系统原理图

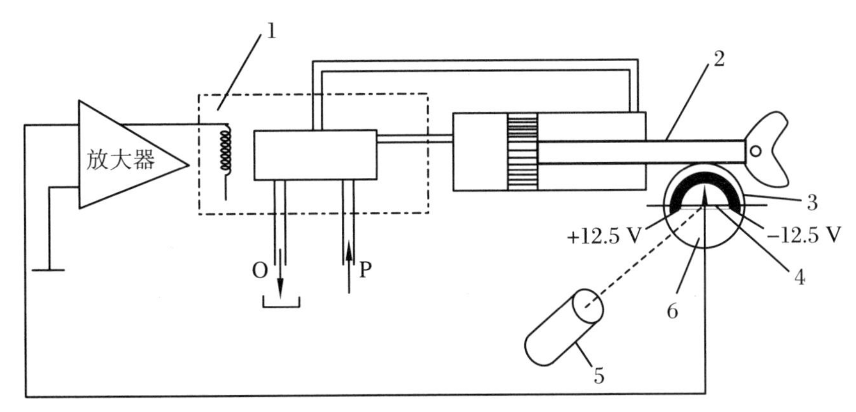

图 5.3　伸缩系统结构示意图

1—电液伺服阀；2—机械手手臂；3—电位器碳膜；4—动触头；5—步进电机；6—电位器外壳

有数字控制部分发出一定数量的电脉冲，通过步进电机 5 转换成一定的角度，并带动电位器触头 4 转动。若为顺时针转动，则由于动触头 4 偏离中位，动触头 4 的引线端就产生一段微弱电压，该电压输入到放大器，经放大后作为信号电压输入电液伺服阀 1 的线圈，使电液伺服阀 1 产生一定的开口量。这时液压泵控油进入差动连接的双作用单出杆液压缸的左腔（无杆腔），缸右腔（有杆腔）的回油，差动合流后一起进入缸左腔，推动手臂 2 向右伸出运动。

由于电位器外壳 6 上的齿轮与手臂 2 上的齿条相啮合，因此，手臂向右运动时，电位器外壳跟随着进行顺时针转动。当电位器碳膜 3 的中点转动到与动触头 4 相重合时，动触头输出电压重新为零，伺服阀 1 开口关闭，手臂停止运动。手臂运动的速度取决于指令脉冲的频率，行程则取决于指令脉冲的数目。当指令脉冲顺序反向，则步进电机 5 逆时针转动，手臂中伺服系统控制向左运动。显然，机械手手臂的伸缩位置与运动的快慢，取决于指令脉冲的多少与频率的高低。对执行元件这样的控制，是普通液压传动中所介绍的所有常用换向阀都无法完成的。

手臂伸缩运动的电液伺服控制原理方框图如图 5.4 所示。

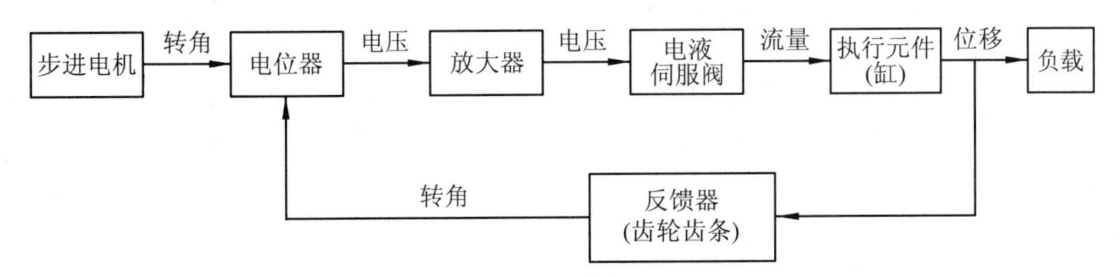

图 5.4　电液伺服控制原理方框图

5.2　电液伺服阀的组成和分类

电液伺服阀既是电液转换元件，又是功率放大元件。它能够将小功率的电信号输入转化为大功率的液压能(流量与压力)输出。在电液伺服系统中,将电气部分与液压部分连接起来,实现电液信号的转换与放大。电液伺服阀是电液伺服系统的核心,它的性能直接影响甚至决定整个系统的性能,功用十分重大。

5.2.1　电液伺服阀的组成

电液伺服阀的类型和结构形式很多,但主要都是由电-机械转换器、液压放大器(包括前置级液压放大器和液压功率放大器)和反馈装置这三大部分组成。而前置级液压放大器(简称前置级)和液压功率放大器(简称功率级或功率阀),一般又合称为液压放大器。

电-机械转换器主要是力马达和力矩马达,将小功率的电信号转变为阀内的机械运动,然后通过阀内机械的运动又去控制液压流体动力(流量与压力)。电-机械转换器的输出力或力矩很小,在流量比较大的情况下,无法用它直接驱动功率阀。因时,需要增加液压前置放大级,将电-机械转换器的输出加以放大,再来控制功率阀,这就构成了多级电液伺服阀。前置级可以采用滑阀、喷嘴挡板阀或射流管阀等。功率级几乎都是采用滑阀。

电液伺服阀的基本组成如图5.5所示。

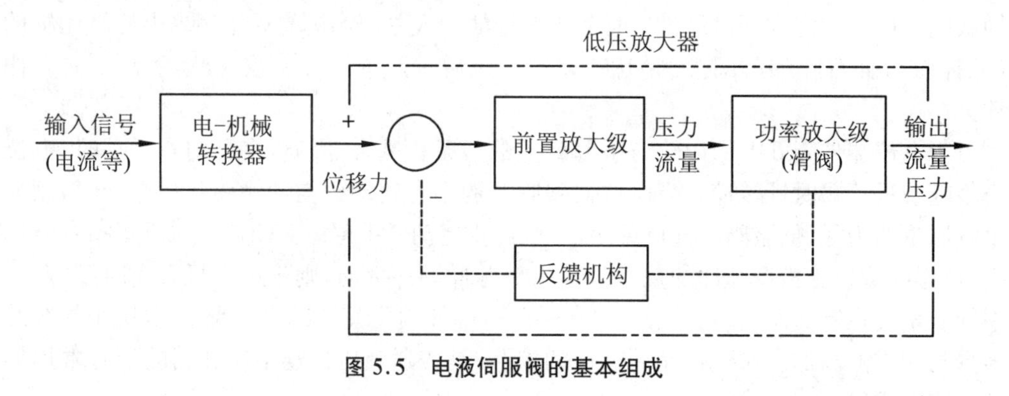

图5.5　电液伺服阀的基本组成

5.2.2　电液伺服阀的分类

(1) 按液压放大器级数,可分为单级、两级、三级电液伺服阀。单级电液伺服阀的优点是结构简单、价格低廉,缺点是使用流量受到限制。过大的流量产生过大的液动力,因此造成推动滑阀的力马达或力矩马达设计困难。另外,由于力矩马达的定位刚度低,对负载动态变化敏感,使阀的稳定性在很大程度上依赖于负载特性。单级电液伺服阀一般适用于低压(<6.3 MPa)、小流量(<4 L/min)和负载动态变化不大的场合。

两级电液伺服阀有两级液压放大器,第一级可采用滑阀、喷嘴挡板阀、射流管阀或射流元件阀等,第二级一般均采用滑阀。两级电液伺服阀克服了单级电液伺服阀的缺点,是最常用的形式。

三级电液伺服阀是由一个小流量两级电液伺服阀去控制第三级滑阀(功率级油阀)的,功率级滑阀与前置级之间有级间负反馈。一般是电反馈三级电液伺服阀只用于大流量的场合,其流量通常在200 L/min以上。

(2) 根据电液伺服阀的输出特性和应用目的的不同,可以分为:流量控制型伺服阀(Q)、压力控制型伺服阀(P)、负载流量反馈式伺服阀和压力-流量控制型(介于流量型和压力型之间的伺服阀 P－Q 阀)。其各自特点如下。

① 流量控制型伺服阀的特点是,输入电流与输出空载流量成正比关系。

② 压力控制型伺服阀的特点是,输出负载压力与输入电流成正比。这种类型的伺服阀多用于压力控制系统里。

③ 压力-流量控制型伺服阀的特点是,介于上述两种伺服阀之间,常用于带共振性负载的场合。

(3) 按第一级前置放大器的结构形式 ,可分为单喷嘴挡板阀、双喷嘴挡板阀、滑阀、射流管阀和射流元件阀等。滑阀放大器作前置级,其优点是功率放大系数大,适用于大流量控制。缺点是滑阀受力较多、较大,因此要求驱动力大;由于摩擦力大,使分辨率和滞环增大;因运动部分质量大,动态响应慢,公差要求严,制造成本高。

喷嘴挡板阀没有摩擦副,灵敏度高,运动部分的惯性小,动态响应快。特别是双喷嘴挡板阀由于结构对称,采用差动方式工作,因此压力灵敏度高,特性的线性度好,温度和压力零漂小,挡板受力小,所需的输入功率小(50～200 mW)。其缺点是喷嘴与挡板之间的间隙小(零位间隙为 0.025～0.05 mm),容易被脏物堵塞,对油液的洁净度要求较高,抗污染能力差,内部泄漏流量较大、效率低、功率损失大,适用于小流量控制。目前,灵敏度高、动态响应快的伺服阀多采用喷嘴挡板阀作为前置放大级。

射流管式伺服阀的最大特点是抗污染能力强、可靠性高、寿命长。伺服阀的故障80%～90%以上是由油液污染所引起的。伺服阀抗污染的能力,一般是由其结构中的最小通流尺寸所决定的,特别是在多级伺服阀中,前置级油路中的最小尺寸成为决定性因素。射流管阀的最小通流尺寸为 0.2 mm,而喷嘴挡板阀为 0.025～0.05 mm,因此射流管阀抗污染能力强,工作可靠性高。另外,射流管阀的压力效率和容积效率高,均在 70%以上,而喷嘴挡板阀为 50%,故射流管式可以产生较大控制压力和流量,从而允许功率阀采用较大的直径和行程。控制压力高,功率滑阀控制作用面积大,这就提高了功率阀的驱动力,增大了功率阀抗污物的能力,即使油液脏一点,功率阀也能正常工作。从前置级磨蚀对性能的影响来看,射流管式也比喷嘴挡板式的小,而且射流管阀的磨蚀是对称的,不会引起零漂。因此,射流管式伺服阀性能稳定、寿命长。射流管式伺服阀的缺点是频率响应低,零位泄漏流量大,受油液黏度变化的影响较显著,低温特性差。射流管放大器对于频率响应不高而可靠性高的伺服阀是很合适的。

从原理上讲,偏转板射流放大器与射流管放大器是一样的,也具有抗污染能力强、可靠性高、寿命长的优点和零位泄漏量大、低温特性差的缺点,但在结构上,偏板射流放大器式阀比射流管式伺服阀简单,力矩马达可做得轻巧,伺服频宽可做得更高些。

(4) 按反馈方式可分为位置反馈式、负载流量反馈式和负载压力反馈式三种。位置反馈式是以功率级滑阀的输出位移为反馈信号,使输出位移与输入信号成比例的反馈。负载流量反馈式是以伺服阀某一级输出端的流量为反馈信号,使输出的负载流量与输入信号成比例的反馈。负载压力反馈式是以伺服阀输出端的负载压降为反馈信号,使输出的负载压降与输入信号成比例的反馈。

在位置反馈中,又可分为弹簧平衡式、机械反馈式、位置直接反馈式、力反馈式和电气反馈式五种。

弹簧平衡式是在功率放大级滑阀阀芯的两端装有平衡(对中)弹簧,靠弹簧力来平衡前置级的输出压力差,从而使阀芯得到一个相应的位移。

机械反馈式是指在两级滑阀式电液伺服阀,前置级的阀芯阀套可以相对滑动,阀芯由力矩马达拖动,阀套则由功率放大级的阀芯通过某种机械装置,例如杠杆来拖动。

位置直接反馈式是电液伺服阀的功率放大级阀芯直接跟随前置级运动的一种结构形式。

力反馈式是在某些典型两级电液伺服阀中普遍采用的反馈方式。例如在双喷嘴-挡板式两级电液伺服阀中,挡板延长成一反馈弹簧杆,杆端有一小球,与滑阀铰接。当有控制信号输入时,挡板偏转,使阀芯两端容腔压力不等而拖动阀芯移动,同时带动反馈杆移动,并使挡板移动,直到同阀芯位移成正比的反馈弹簧杆的反馈力矩与力矩马达的输出力矩相平衡为止。因此,输入电流愈大,滑阀位移也愈大。这里所谓力反馈,实质上是控制滑阀的位移。力反馈式电液伺服阀的特点是挡板位移很小,因此,流量线性好,灵敏度高,零位漂移小,动态特性好以及线性加速度的影响小,因而得到了广泛的应用。

电气反馈式是指伺服阀功率放大级主阀的运动,通过直线或差动变压器或其他位移传感器反馈到伺服放大器上。由于伺服放大器的增益很容易调节,所以在大流量的伺服阀中,常采用这种形式。

(5) 按力矩马达形式可分为动铁式和动圈式,按其是否浸在油中来分,有干式和湿式两种。干式结构将输出部件密封起来以防止油液进入衔铁、线圈和磁钢周围的空间,这样可防止油液造成的污染,保证力矩马达正常工作。湿式结构由于力矩马达在油液中工作,可受到油液的冷却,但油液中的含铁污物会被永久磁铁吸附而积聚在气隙处,产生零位漂移,易影响力矩马达的正常工作。工程中多采用干式。

(6) 按输入量和转换器分类,可分为电液伺服阀、气液伺服阀、机液伺服阀。电液伺服阀-转换器是电-机械转换器,输入信号是电流,输出信号是位移;气液伺服阀-转换器是膜盒,输入信号是气压,输出信号是位移。机液伺服阀-转换器是推杆或杠杆,输入信号是位移,输出信号也是位移。

5.3 电液伺服阀的静、动态特性

5.3.1 电液伺服阀的静态特性

电液伺服阀的静态特性是指在稳定工作条件下,伺服阀的各种特性参数之间的相互关系,主要包括负载流量特性、空载流量特性、压力特性和内泄漏特性四个方面。

在一般电液伺服系统中,以流量控制型电液伺服阀应用较广泛。以下以功率级为“零开口”的流量伺服阀为例综述其静态特性。

1. 负载流量特性

伺服阀的负载流量曲线(也称压力-流量特性)表示在稳定状态下,输入电流、负载流量和负载压降三者之间的函数关系，如图5.6所示。流量控制伺服阀功率滑阀的位移与输入电流近似成比例，所以负载流量曲线的形状与功率滑阀的负载流量曲线的形状近似相同。

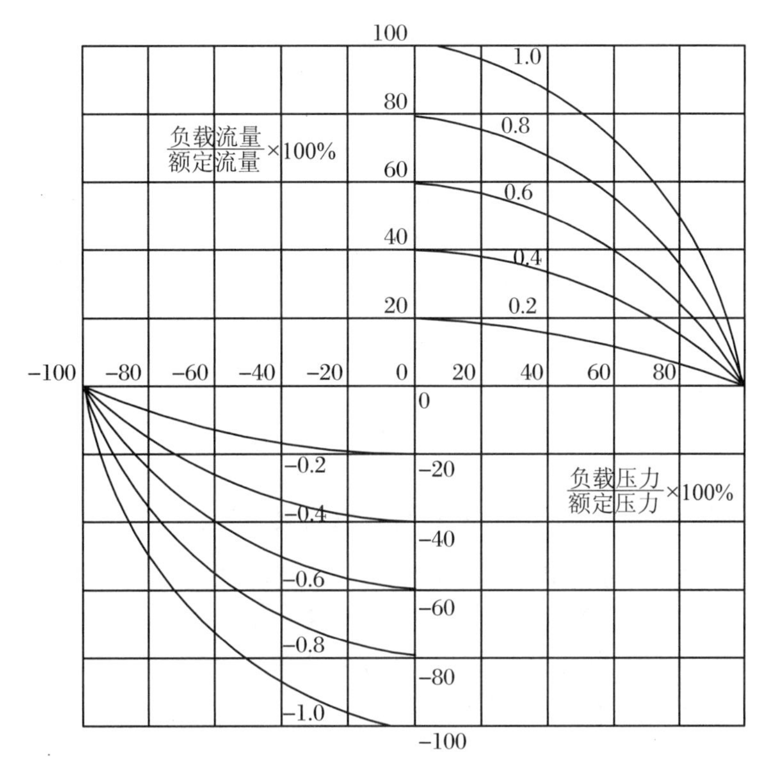

图5.6　伺服阀的压力-流量曲线

负载流量曲线完全描述了伺服阀的静态特性，但要测得这组曲线却相当麻烦，特别是在零位附近很难测出精确的数值，而伺服阀却正好是在此处工作的。因此，这些曲线主要还是用来确定伺服阀的类型和估计伺服阀的规格，以便与所要求的负载流量和负载压力相匹配。

2. 空载流量特性

空载流量特性曲线，是在如下这一循环过程中测绘出来的：供油压力保持定值，伺服阀压降和负载压降为零的情况下，当输入差动信号电流从零缓慢递增到额定值，然后递减到零；反向电流再从零递增到额定值，再递减回零。如图5.7所示，这是一根不通过原点的环形线，造成环线的主要原因是：力马达的磁性材料有磁滞和阀芯位移有摩擦力。

由空载流量曲线，可以得出下列静态性能数据。

(1) 额定流量。阀的额定流量是在额定电流和规定的阀压降下所测得的流量。通常，在空载条件下规定伺服阀的额定流量，这样可以采用更精确和更经济的试验方法。

在流量曲线上对应于额定电流的输出流量就是额定流量。额定流量的公差一般规定为±10%。额定流量表明了伺服阀的规格，可用来选择伺服阀。

(2) 流量增益。流量曲线回环的中点轨迹线称为名义流量曲线，见图5.7，它是无滞环流量曲线。由于伺服阀的滞环通常很小，因此可以把流量曲线的一侧当成名义流量曲线使用。

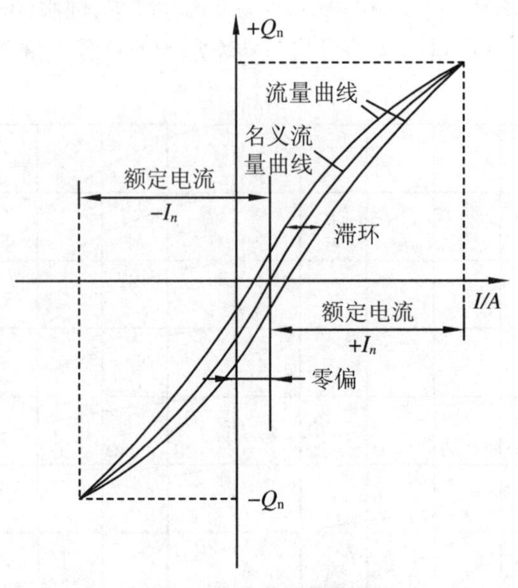

图 5.7　空载流量曲线

流量曲线上某点或某段的斜率就是阀在该点或区段的流量增益，等于在规定的压差下输入信号发生给定变化时流量的变化。从名义流量曲线的零流量点向两极各作一条与名义流量曲线偏差为最小的直线，这就是名义流量增益线，见图 5.8。两个极性的名义流量增益线斜率的平均值就是该伺服阀的名义流量增益。

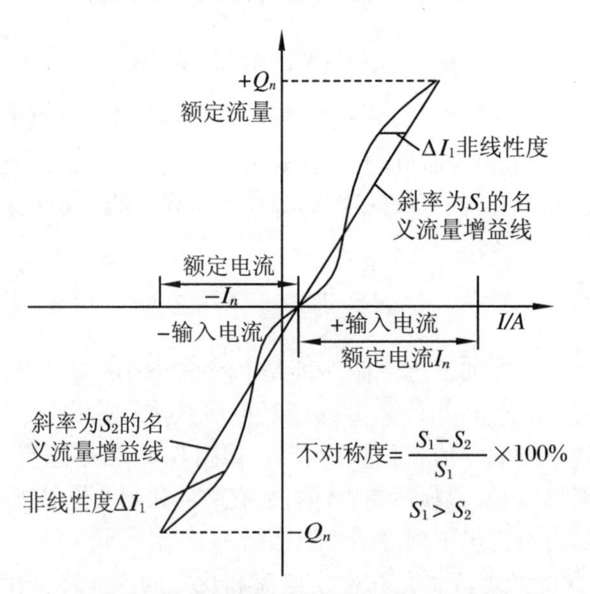

图 5.8　名义流量增益、非线性度和不对称度

伺服阀的额定流量与额定电流之比称为额定流量增益，单位为 $m^3/s\cdot A$。一旦输入信号大得足以形成通过阀的流量，该流量将与输入信号成比例。直线的斜率称为阀的流量增益，等于在规定压差下输入信号发生给定变化时流量的变化。零重叠阀芯凸肩棱边准确对应着阀口棱边，消除了死区(图 5.11)零重叠。在很小的信号值下也出现通过阀的流量，使阀在零位附近十分灵敏。

由于制造误差和窗口垂直度的影响，流量增益可能会偏离其零位附近的名义值，如图5.11所示的死区(正重叠)。对于负重叠阀芯被认为刚好一个窗口封闭，流量与信号间的特性如图5.11所示(负重叠)。

(3) 非线性度(也称线性度误差)。它是实际流量曲线与理想化增益之间的最大差值，用额定电流的百分数表示。公称流量曲线与公称流量增益线的最大偏离值与额定电流的百分比称为线性度。一般要求非线性度小于7.5%，即非线性度$=\Delta I_1/I_n<7.5\%$，见图5.8。非线性度表示流量曲线的不直线性。

(4) 不对称度(也称对称度误差)。它是针对中位两侧的阀芯位移的流量增益曲线之间的差异。用每个极性的流量增益之差与较大者的百分比表示。不对称度表示两个极性的名义流量增益的不一致，见图5.8。通常不对称度小于10%。

(5) 滞环。它是最大额定输入信号的一个百分数，即两条实际特性曲线之间的最大差值ΔI_{max}与额定控制电流I_n的百分比($\Delta I_{max}/I_n\times100\%$)。

图5.7表明伺服阀的流量曲线呈回环状，这是由力矩马达磁路的磁滞现象和伺服阀中的游隙所造成的。磁滞回环的宽度直接随输入信号的幅度大小而变化，当输入信号减小时，磁滞回环的宽度将收缩。

伺服阀的滞环规定为输入电流缓慢地在正、负额定电流之间做一次循环时，产生相同输出流量的两个输入电流的最大差值与额定电流的百分比，见图5.7。伺服阀的滞环一般小于5%，高性能伺服阀小于3%。

(6) 分辨率。它是从流量加大的状况变成流量减小的状况或者反过来变化所需要的输入电流之差。如图5.9所示，通常用最大额定输入电流的百分数表示。引起伺服阀输出流量的最小改变量所需要的电流变化值与额定电流之比，称为阀的分辨率。伺服阀的分辨率一般小于1%，高性能伺服阀的分辨率小于0.5%。

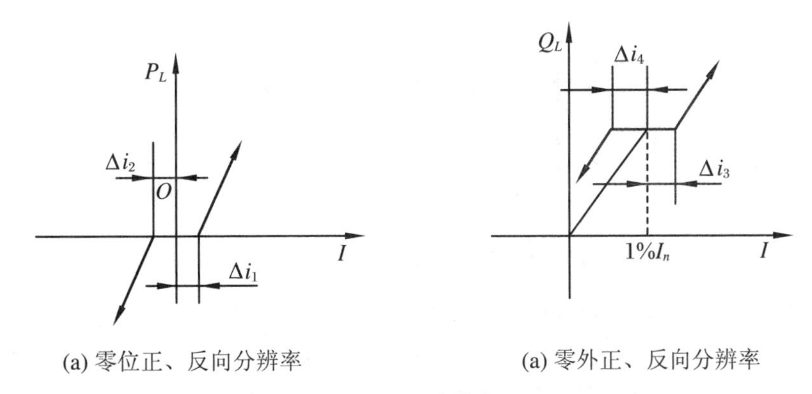

(a) 零位正、反向分辨率　(a) 零外正、反向分辨率

图5.9　分辨率

3. 零区特性

(1) 重叠，见图5.10，也称作开口。四通滑阀当阀芯处于阀套中央位置时，根据阀口开闭形式的不同，有负重叠(也称正开口，$X_{V0}>0$)、零重叠(也称零开口，$X_{V0}=0$)和正重叠(也称负开口，$X_{V0}<0$)三种形式。零开口阀的控制性能最好，但加工精度要求高；负开口阀有一定的不灵敏区(即死区)，较少应用；正开口阀的控制性能比负开口阀的性能好，但零位功

率损耗较大。

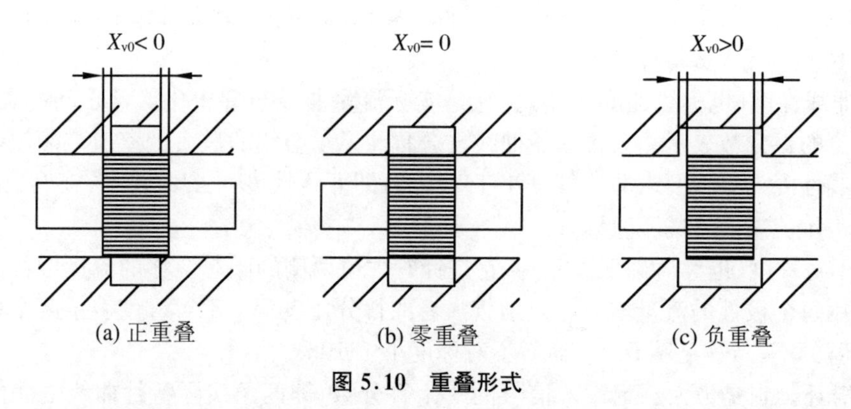

图 5.10　重叠形式

如图 5.11 所示，具有零重叠特性的伺服阀，其流量增益在零区点附近内外基本不变；具有负重叠特性的伺服阀，在零区内因四对节流边都起作用，故在零区内外的流量增益变化较大，且在零位附近的流量增益将会成倍增大；反之，具有正重叠特性的伺服阀，其零区的流量增益剧减，且在零位附近的流量增益为零，即有死区存在。

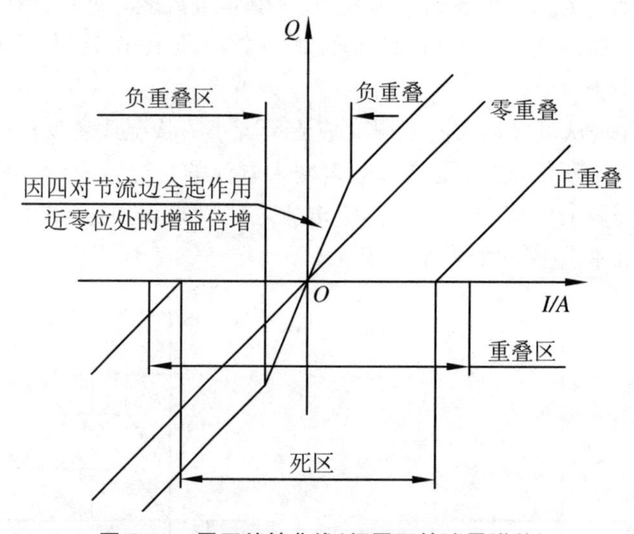

图 5.11　零区特性曲线(阀零区的流量增益)

由此可见，选用具有零重叠特性的伺服阀，因其流量增益的线性好、无死区，可使伺服系统的精度和稳定性取得满意的结果，内泄也较小；选用具有正重叠特性的伺服阀，因其零区流量增益很低、有死区，可使系统零区的稳定性好，内泄小，但是系统的精度降低。在选用具有负重叠特性的伺服阀时，应特别注意其流量增益在零区内剧增，会降低系统在零区内工作的稳定性和刚度。因此，为保证系统的静态特性，就应考虑在零区外工作时其流量增益下降对系统的影响。

(2) 零位偏移(零偏)。伺服阀由于组成元件的结构尺寸、电磁性能、水力特性和装配等方面的影响，在输入电流为零时输出流量并不为零，为了使输出流量为零，必须预加一个输入电流。使阀处于零位所需的输入电流值与额定电流的百分比，称为伺服阀的零偏(见图 5.7)，伺服阀的零偏通常小于 3%。

(3) 零位漂移(零漂)。电液伺服阀的调试工作是在标准试验条件下进行的，当工作条件和环境条件发生变化时，就要引起零位的变化，称为伺服阀的零漂，以额定电流的百分比表示。

在一般情况下，引起零漂的原因有供油压力、回油压力、油液温度和零值电流等参数的变化，针对这些参数变化范围，可以规定出所允许的最大零漂。如果另外一些环境条件对系统性能有决定性作用，还可以针对这些环境条件对零漂作出如下规定：

① 供油压力零漂。供油压力在 70%～100% 额定工作压力范围内变化时，零漂小于 2%。

② 回油压力零漂。回油压力在 0%～20%额定工作压力范围内变化时，零漂小于 2%。

③ 温度零漂。工作油液温度每变化 40 ℃时，零漂小于 2%。

④ 零值电流零漂。零值电流在 0%～100%额定电流范围内变化时，零漂应小于 2%。

需要注意的是，当系统调整或检查时，可加偏置电流以补偿零漂，而随工作条件产生变化的零漂是无法补偿的。

4. 压力增益特性

压力特性曲线是输出流量为零(将两个负载口堵死)时，负载压降与输入电流呈回环状的函数曲线(图 5.12)。负载压力对输入电流的变化率就是压力增益，或者说，假定流量为零和油口封闭时，输出压力随输入电流的变化率即压力增益，以 Pa/A 表示。它是决定重叠状态的另一个重要特征。阀的压力增益通常规定为最大负载压降的 - 40%～40%，负载压降对输入电流曲线的平均斜率参见图 5.12。压力增益指标为输入 1%的额定电流时，负载压降应超过 30%的额定工作压力。

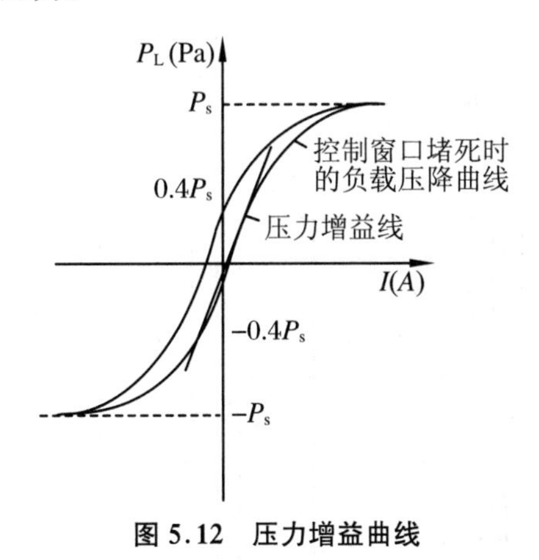

图 5.12　压力增益曲线

5. 内泄漏特性

内泄漏特性也称静耗流量特性。当输出流量为零时，回油口流出的内部泄漏量称为静耗流量。额定压力下，负载流量为零时，从进油口到回油口的内部泄漏流量随输入电流的变化曲线称为内泄漏特性，见图 5.13。内泄流量由两部分组成：图中 Q_{c1} 为前置(先导)级的泄漏流量和 Q_{C2} 为功率滑阀的零位泄漏流量。减少 Q_{C1} 将影响阀的响应速度，减少 Q_{c2} 将会使功率级阀芯与阀口有较大重叠，产生死区，导致阀淤塞，从而使阀的滞环和分辨率增大。

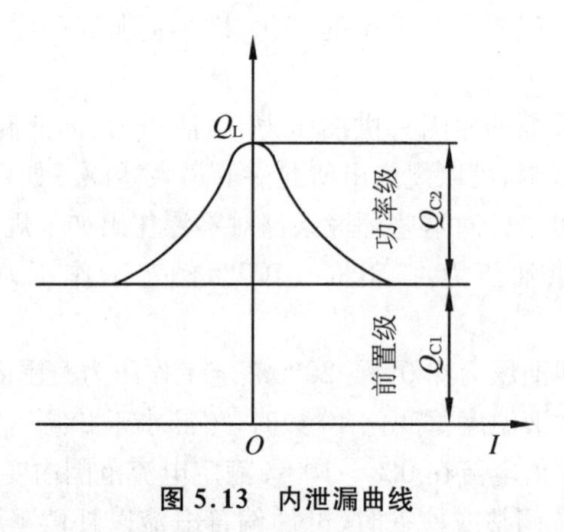

图 5.13　内泄漏曲线

Q_{C2}的大小反映了功率滑阀的配合情况及磨损程度。因此，对于新阀，可用泄漏曲线评价阀的制造质量；而对于旧阀，则可用其判断阀的磨损程度。Q_{C2}与额定压力的比值还可用于确定功率滑阀的流量——压力系数。

5.3.2　电液伺服阀的动态特性

伺服阀的动态特性主要用频率响应这种方式来表示。

1. 频率响应

电液伺服阀的频率响应是输入电流在某一频率范围内作等幅变频正弦变化时，空载流量与输入电流的复数比。频率响应用幅值比（单位为 dB）和相位滞后（单位为°）与频率的关系表示（图 5.14）。

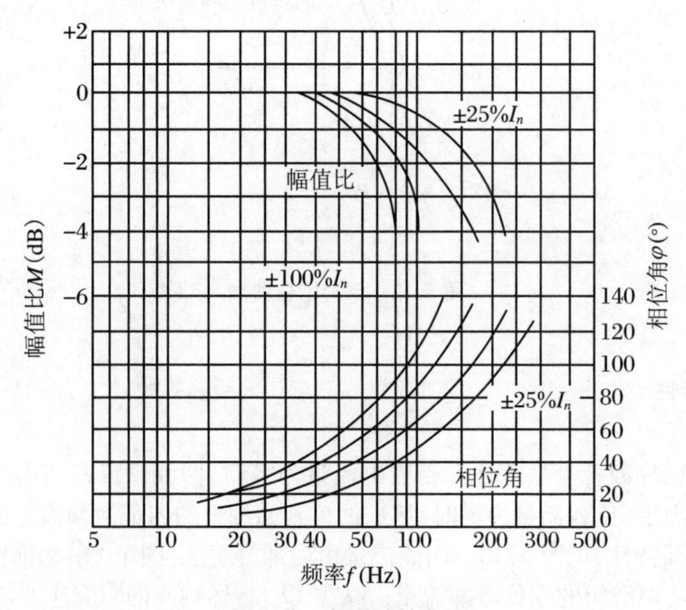

图 5.14　频率特性曲线

幅值比是某一特定频率下的输出流量幅值与输入电流幅值之比,除以一指定低频(输入电流基准频率,通常为5 Hz或10 Hz)下的输出流量与同样输入电流值比。

相位滞后是在某一指定频率之下所测得的输入电流与其相对应的输出流量变化之间的相位差。

应当指出,伺服阀的频率响应随油温、供油压力、输入电流幅值和其他一些工作条件变化而变化。做动态试验时,推荐输入电流的峰值为额定电流的±25%,基准频率通常为5 Hz或10 Hz。如果输入电流幅值过大,所测得的伺服阀频率响应,在高频时由于力矩马达和中间级输出的限制,将出现饱和。输入电流幅值过小时,由于伺服阀分辨率的影响,将使波形产生畸变。无论哪一种情况,由于输出波形偏离正弦波形,都会使所得到的响应数据失去意义。

2. 频宽

伺服阀的频宽通常以幅值比为-3 dB(即输出流量为基准频率时输出流量的70.7%)时的频率区间作为幅频宽;以相位滞后90°时的频率区间作为相频宽(图5.14)。

频宽是伺服阀动态响应速度的度量,从阀的频率特性可以直接查出幅频宽 ω_{-3} 和相频宽 ω_{-90°,若二者的值不相等,应取其较小者作为频宽值。通常力矩马达喷嘴挡板式两级伺服阀的频宽为100～130 Hz;动圈两级滑阀式伺服阀的频宽50～100 Hz;电反馈高频伺服阀频宽可达250 Hz,甚至更高。

伺服阀的频宽应根据系统实际需要加以确定,频宽过低会限制系统的响应速度,过高会使高频干扰传到负载上去。伺服阀的幅值比一般不允许大于2 dB。

3. 颤振信号

为了改善伺服阀静、动态性能,有时在伺服阀的输入端加以高频小幅值的颤振信号,使伺服阀在其零位上产生微弱的高频振荡。由于颤振的频率很高而幅值很小,一般不会传递到负载上影响系统的稳定性,但对改善伺服阀的动态性能和可靠性却有显著效果。由于加颤振信号后,阀芯处于不停的振荡中,从而显著地降低了摩擦力的影响。因此,加颤振信号可减小伺服阀的迟滞,提高分辨力。对闭环系统的伺服阀而言,如果阀芯在较长时间内处于零位上不动,油液中的污粒、杂质和极化分子易于堵塞黏附节流孔口和滑阀副的径向间隙,从而引起滑阀卡阻等故障。因此,加颤振信号可防止伺服阀的卡阻。此外,加颤振信号还有助于减少喷嘴-挡板级的淤塞故障。当然,加颤振信号也会使滑阀副和节流边的磨损加快,从而使伺服阀的一些特性下降,例如降低压力增益,增大内泄量等。另外,还会使伺服阀的放大电路复杂化。因此,具体应用时,应根据不同情况区别对待。

伺服阀所加的颤振信号的频率应超过伺服阀的频宽,同时应避开伺服阀、执行机构以及负载的共振频率。例如,一些高性能伺服阀的频宽一般在100 Hz以上,则颤振信号的频率应为200～300 Hz,这样就需要加中频颤振电流;而在使用低性能的伺服阀时,其频宽约为30 Hz左右,则加上低频颤振信号即可。

颤振和零漂都是衡量伺服阀的稳定可靠性的指标。

4. 阶跃响应

如图 5.15 所示，一般用阶跃响应来说明阀的瞬态响应。阶跃响应是阀的额定压力下，负载压力为零时，输出流量对阶跃输入电流的跟踪过程。t_τ 为上升(飞升)时间，也叫响应时间，指的是从指令值(或设定值)5%～90%的运动时间。t_p 为峰值时间，是指响应曲线从零上升到第一个峰值点所需要的时间。t_s 为过渡过程时间，是指输出振荡减小到规定值(通常为指令值的 5%)所用的时间，常常仅为几毫秒。

根据阶跃响应曲线确定超调量 σ_p、过渡过程时间和振荡次数等时域品质指标。超调量 σ_p 是指响应曲线的最大峰值(即 t_p 时的最高点)减去稳态值所得的差值，它反映了输出的稳定性。通常规定阶跃输入电流的幅值为 5% I_n 或 10% I_n，25% I_n、40% I_n 或 50% I_n、90% I_n 或 100% I_n。

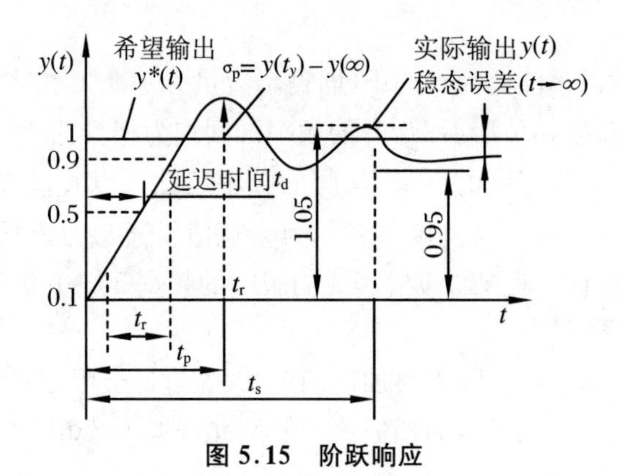

图 5.15　阶跃响应

第 6 章　电-机械转换器

电-机械转换器的功用是将电信号转换成机械运动，是一种电-机械转换装置。转换器包括电-力转换和力-位移转换两种功能。在电液伺服阀中主要体现为力矩马达和力马达。它们能将输入电流转换成与电流成正比的输出力或力矩，用于驱动液压前置放大级；力或力矩再经弹性元件转换成位移或角位移，使前置放大器定位、回零。通常，力马达的输入电流为150～300 mA，输出力为 3～5 N；力矩马达的输入电流为 10～30 mA，输出力矩为 0.02～0.06 Nm。

电-机械转换器是利用电磁原理来工作的，它由永久磁铁或激磁线圈产生固定磁场，电控制信号通过控制线圈产生控制磁场，两个磁场相互作用产生与控制信号成比例并能反应控制信号极性的力或力矩，从而使运动部分产生直线位移或角位移。

6.1　力矩马达的分类与要求

6.1.1　分类

(1) 根据可动件的运动形式可分为直线位移式和角位移式。前者称力马达，后者称力矩马达。

(2) 按可动件的结构形式可分为动铁式和动圈式两种。前者可动件是衔铁，后者可动件是控制线圈。

(3) 按固定磁场(极化磁场)产生的方式可分为非激磁式、固定电流激磁式和永磁式三种。非激磁式没有专门的激磁线圈，控制线圈差动连接，利用零值电流产生极化磁通。永磁式靠永久磁铁产生固定磁通，这种方式结构简单、体积小且重量轻，在伺服阀中应用得比较多。利用固定电流激磁可得到比较强的极化磁场，但要有专门的激磁线圈和稳压电源，结构复杂，体积大。

6.1.2　要求

作为阀的驱动装置，要求如下：

(1) 能够产生足够的作用力和行程，同时体积小、重量轻。

(2) 动态性能好，响应速度快。

(3) 直线性好，死区小，灵敏度高和磁滞回线小。

(4) 在某些使用情况下，还要求它抗振、抗冲击、不受环境温度和压力等条件的影响。

以上要求可能很难同时满足，可根据具体应用场合加以考虑。例如对军工应用来说，以响应速度、灵敏度和尺寸大小最为重要。而对一般的工业应用来说，要考虑有效作用力和行程，而对尺寸大小的要求并不太严格。

6.2　永磁动铁式力矩马达

永磁动铁式力矩马达在电液伺服阀上应用甚多，其基本组成与工作原理如下。

永磁动铁式力矩马达由永久磁铁（磁钢）、导磁体（轭铁）、衔铁、两个控制线圈及扭簧支轴等组成。衔铁由扭轴支承在两个磁体的中间位置，可绕扭轴作微小转动，并与磁导体形成四个工作气隙。控制线圈套在衔铁上。

永磁动铁式力矩马达的原理见图 6.1。图中有两个控制线圈。力矩马达的输入量为控制线圈中的信号电流，输出量是衔铁的转角或与衔铁相连的挡板位移。力矩马达的两个控制线圈可以互相串联或并联，或如图 6.1 所示由具有单端输入和推挽输出的直流放大器供电，按差动方式工作。

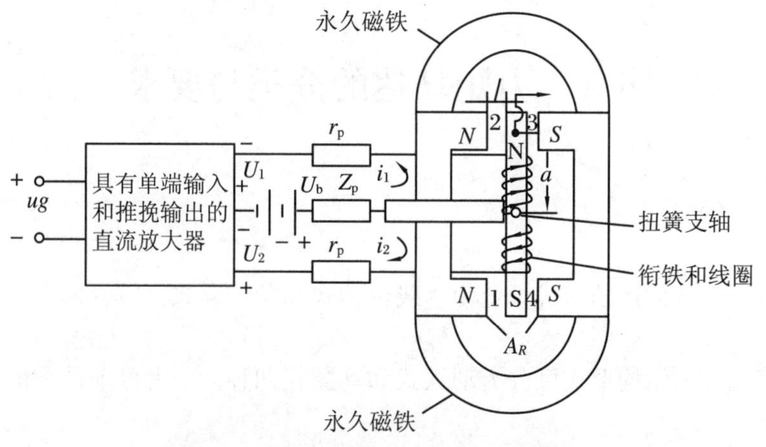

图 6.1　永磁动铁式力矩马达工作原理

永久磁铁的初始励磁将导磁体磁化，一个为 N 极，另一个为 S 极。无信号电流时，衔铁在上下导磁体的中间位置，由于力矩马达结构是对称的，永久磁铁在工作气隙中所产生的极化磁通是一样的，使衔铁两端所受的电磁吸力相同，力矩马达无转矩输出。当有信号电流时，控制线圈产生控制磁通，其大小与方向由信号电流决定。如图 6.1 所示，在气隙 1、3 中控制磁通与极化磁通方向相同，而在气隙 2、4 中两种磁通方向相反。因此，1、3 中的合成磁通大于 2、4 中的合成磁通，于是衔铁上产生顺时针方向电磁力矩，使衔铁绕扭轴顺时针方向转动。当扭轴反转矩、负载转矩与电磁转矩平衡时，衔铁停止转动。如果信号电流反向，则电磁转矩也反向。由上述原理可知，力矩马达产生的电磁转矩，其大小与信号电流大小成比例，其方向由信号电流的方向决定。

动铁式力矩马达的性能受磁滞影响较大，为了获得良好的线性和较小的滞环，衔铁的转角一般取得很小，支承弹簧的刚性设计得很大。因此，衔铁的固有频率很高，动铁式力矩马达可以达到较高的频率响应。为了提高力矩马达的灵敏度，导磁体材料常选用起始磁导率较高和涡流损耗较小的精密软磁合金，如玻莫合金等。力矩马达的静态特性具有滞环，主要是由磁性材料的磁滞、弹性支承零件的弹性滞回引起的，必须选用低磁滞材料并进行适当的热处理工艺。消除和防止由于机械加工和装配而产生的内应力，并选用优质弹性合金如玻青铜等。玻青铜属弥散硬化合金，具有良好的工艺性和使用性能。这种材料的特点是淬火后可以获得较高的塑性，回火处理可以显著提高强度和弹性，并消除残余内应力，显著改善材料的弹性滞回。此外，选择较低的磁感应强度和较高的弹簧刚度，使内应力下降均可减小滞环。通常在控制信号电流上叠加高频小幅值的颤振信号，使力矩马达操作的元件静态特性的滞环显著减小。

动铁式力矩马达单位体积输出力矩较大，故尺寸小、惯性小，但支承衔铁并作扭簧用的弹簧管加工困难，力矩马达结构较复杂，造价较高。早期力矩马达为湿式，现在均为干式。力矩马达一般配用喷嘴挡板阀和射流管式或偏板射流放大器式阀，常用于航空、军用系统及性能要求较高的工业系统中。

6.3　动圈式力马达和力矩马达

动圈式力马达有激磁式和永磁式两种。前者尺寸甚大，现在已很少采用。动圈式力马达是根据载流控制线圈（动圈）在均匀磁场中受力的原理而设计的。按动圈的悬挂和运动方式可分为平动和转动两种形式，如图6.2(a)、(b)所示。在平动场合，可动线圈通常采用片弹簧悬挂并置于工作气隙中，永久磁铁在工作气隙中形成固定磁通，当线圈中有电流通过时，线圈就因受到电磁力而运动，线圈运动方向取决于线圈上的电流方向。线圈所受的电磁力克服弹簧力和负载力，使线圈产生一个与控制电流成比例的位移。

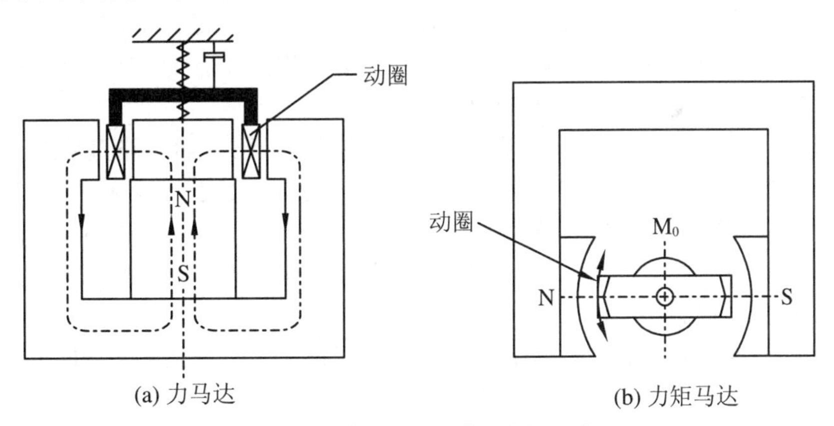

图6.2　动圈式力马达和力矩马达

可动线圈在转动场合，采用扭力弹簧或轴承加盘圈扭力弹簧悬挂，故称为动圈式力矩马达。动圈式力矩马达很少采用。动圈式力马达的线性行程范围大，线性好，滞环小，可动质量小，工作频带较宽，结构简单，造价较低，因此应用比较广泛，常用于直接驱动滑阀放大器的阀芯运动。其缺点是如果采用湿式方案，动圈受油的阻尼较大，影响工作频宽。

第 7 章　液压伺服放大器

7.1　滑阀式液压伺服放大器

伺服放大器一般为两级液压放大，由转换器驱动液压前置放大器，再由前置放大器驱动液压功率放大器。常用的液压前置放大器为滑阀、喷嘴-挡板阀和射流管阀三种，液压功率放大器均采用滑阀。

滑阀式液压放大器的结构与常规滑阀式换向阀相同，由带凸肩的阀芯和开有节流窗口及油路通道的阀套组成。其分类按油液通路数分为二通、三通和四通滑阀；按节流边数分为单边滑阀、双边滑阀和四边滑阀；按阀芯的零位处的开闭形式又可分为零开口、正开口和负开口。

图 7.1(a)为单边滑阀的工作原理。它只有一个控制边，压力油直接进入液压缸左腔，并经活塞上的固定节流孔 a 进入液压缸右腔，压力由 P_S 降为 P_1，再通过滑阀唯一的控制边(可变节流口)流回油箱。这样，固定节流口与可变节流口控制液压缸右腔的压力和流量，从而控制液压缸缸体的运动速度和方向。液压缸在初始平衡状态下，有 $P_1A_1=P_SA_2$，对应此时阀的开口量为 X_{V0}(零位工作点)。当阀芯向右移动时，开口 X_V 减小，P_1 增大，于是 $P_1A_1>P_SA_2$，缸体向右运动，阀芯反向移动，缸体也反向运动(此处的油缸换向运动不是靠滑阀换向改变工作油口流向，而是靠滑阀的可变节流口开度大小变化使伺服油缸两腔的压力发生变化，从而改变伺服油缸运动方向的)。

图 7.1(b)为双边滑阀的工作原理。它有两个控制边，压力油一路直接进入液压缸左腔，另一路经左控制边开口 X_{V1} 与液压缸右腔相通，并经右控制边开口 X_{V2} 流回油箱。所以是两个可变节流口，控制液压缸右腔的压力和流量。当滑阀阀芯移动时，X_{V1} 与 X_{V2} 此增彼减，共同控制液压缸右腔的压力，从而控制液压缸活塞的运动方向。显然双边滑阀比单边滑的调节灵敏度更高，控制精度也更高。

单边、双边滑阀控制的液压缸是差动缸(单杆活塞缸)，为了得到两个方向上相同的控制性能，须使 $A_1=2A_2$。

图 7.1(c)为四边滑阀的工作原理。它有四个控制边，开口 X_{V1} 和 X_{V2} 分别控制液压缸两腔的进油，而开口 X_{V3} 和 X_{V4} 分别控制液压缸两腔的回油。当阀芯向右移动时，进油开口 X_{V1} 增大，回油开口 X_{V3} 减小，使 P_1 迅速提高；与此同时，X_{V3} 减小，X_{V4} 增大，P_2 迅速降低，导致液压缸活塞迅速右移，反之，活塞左移。与双边阀相比，四边阀同时控制液压缸两腔的压力和流量，故调节灵敏度更高，控制精度也更高。四边滑阀既可用来控制双活塞杆缸，也可用来控制差动缸。

总之，伺服阀芯在作左右换向运动过程中，不是靠改变两工作油口流向而是靠改变油缸两腔的压力和流量来实现活塞杆运动换向和速度。同时，注意滑阀阀芯左右移动的位移很小，不像普通换向阀那样换向行程较大。

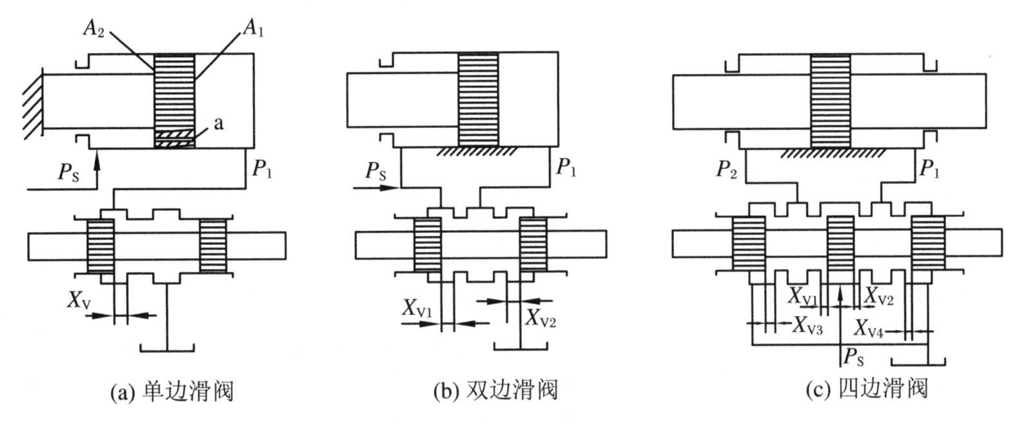

图 7.1　滑阀的工作原理

由上可知，单边、双边和四边滑阀的控制作用基本上是相同的。从控制质量上看，控制的边数越多越好，从结构工艺上看，控制的边数越少越容易制造。

滑阀在零位时有三种开口形式：负开口（$X_{V0}<0$），零开口（$X_{V0}=0$），和正开口（$X_{V0}>0$）。如图 7.2 所示，零开口的控制形式最好，但加工精度要求高；负开口阀有一定的不灵敏区，应用较少；正开口的控制性能较负开口的好，但零位功率损失较大。

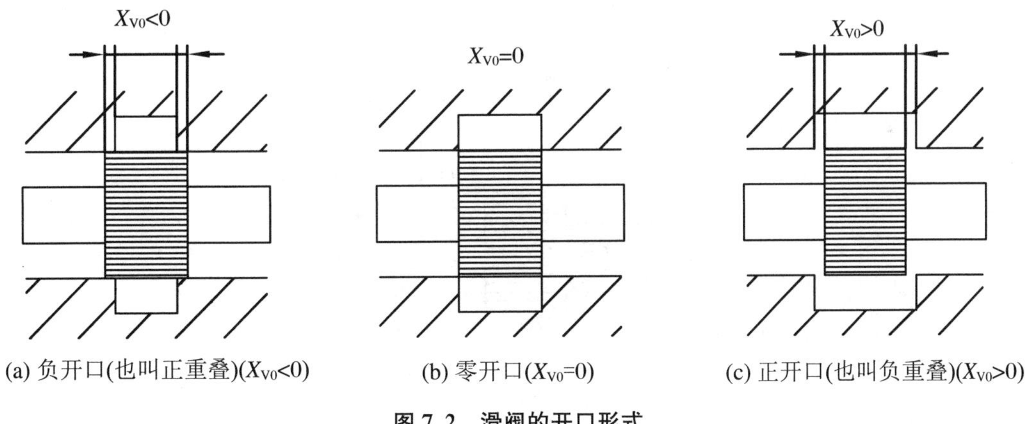

图 7.2　滑阀的开口形式

滑阀式液压放大器根据节流原理工作，允许位移大，节流窗口为环周开口，线性范围宽，输出流量大，流量增益和压力增益高；但结构较复杂，轴向和径向尺寸精度配套要求高，难加工，阀芯运动有摩擦力，惯量大，要求驱动力大。

滑阀式放大器作为功率级，通常与动圈式力马达直接连接，构成单级伺服阀；滑阀式液压放大器也可作为两级伺服阀的前置放大级。但大多场合仍作为两级或三级伺服阀的功率级放大器。

7.2 喷嘴-挡板式液压放大器

喷嘴-挡板式液压放大器有两种，一种是单喷嘴-挡板式液压放大器，另一种是双喷嘴-挡板式液压放大器。它们的工作原理基本相同。

图 7.3 是单喷嘴-挡板式液压放大器的工作原理图。它由固定节流孔 1、喷嘴 2、挡板 3 等组成。挡板固定在扭轴 4 上，压力油经固定节流孔 1 和喷嘴-挡板所组成的可变节流缝隙中排油，负载为差动油缸，左腔与压力油沟通，右腔与固定节流孔到喷嘴之间的容腔沟通。若无外载荷，当活塞处于平衡状态时，活塞两侧受力相等，即 $A_1P_S=A_2P_C$。设喷嘴-挡板的零位间隙为 X_{f0}，当挡板绕轴 4 顺时针旋转某一角度，即挡板向左移动某一距离 ΔX_f，由于喷嘴-挡板间隙减小至 $X_f=X_{f0}-\Delta X_f$，使喷嘴-挡板间隙上的节流阻力增大，从而使固定节流孔与喷嘴间的控制压力 P_C 升高，活塞右侧面承受的压力大于左侧面的压力，即 $A_2P_2>A_1P_S$，故可推动活塞向左移动；反之，当挡板向右移动使喷嘴-挡板的间隙增大成 $X_f=X_{f0}+\Delta X_f$ 时，因而控制压力 P_C 降低，由于活塞右侧面承受的压力小于左侧面的压力，即 $A_1P_S>A_2P_C$，所以活塞向右移动。

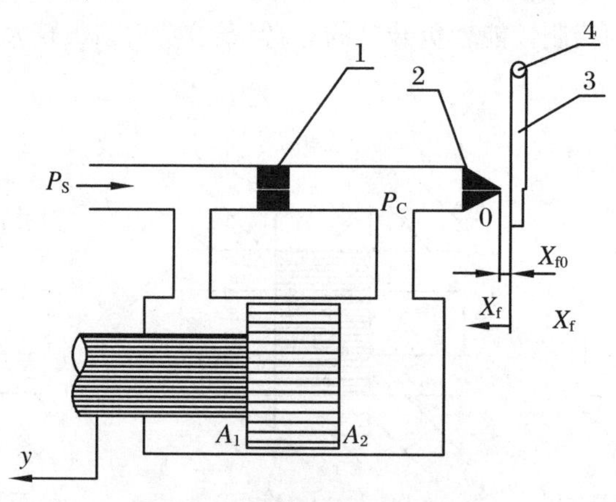

图 7.3 单喷嘴-挡板式放大器

图 7.4 是双喷嘴-挡板式液压放大器的工作原理图，它由一对严格匹配的单喷嘴-挡板级合并组成，挡板共用。零位时，挡板两侧与两喷嘴端面的间隙相等 $X_{f1}=X_{f2}$，因此，油缸两腔的控制压力相等($P_{C1}=P_{C2}$)，故活塞停在原位上。设挡板向左移动使 $X_{f1}<X_{f2}$，从而使左腔的压力 P_{C1}大于右腔压力 P_{C2}，从而推动活塞向右运动。同理，当挡板向右移动时可使活塞向左运动。

喷嘴挡板式液压放大器根据节流原理工作，结构简单，制造方便，调整简易，尺寸体积也较小，运动零件惯量小，无磨耗，驱动力小，灵敏度高。缺点是挡板处于中位或零位时泄漏大，负载刚性差，输出流量小，喷嘴-挡板的最小液流通道尺寸在喷嘴-挡板之间的间隙上，约为 0.025～0.05 mm，极易淤堵，造成零偏，严重时会造成“满舵”事故，抗污染能力差。

喷嘴挡板式液压放大器适于小信号工作，常用作两级伺服阀的前置级液压放大。双喷嘴挡板式液压放大器较单喷嘴挡板式的灵敏度更高，所需拖动力小，在油压、油温、线性加速度作用下零漂小，尽管抗污染能力更差一些，但仍然被广泛应用，并成为我国两级伺服阀前置级放大的主要形式。

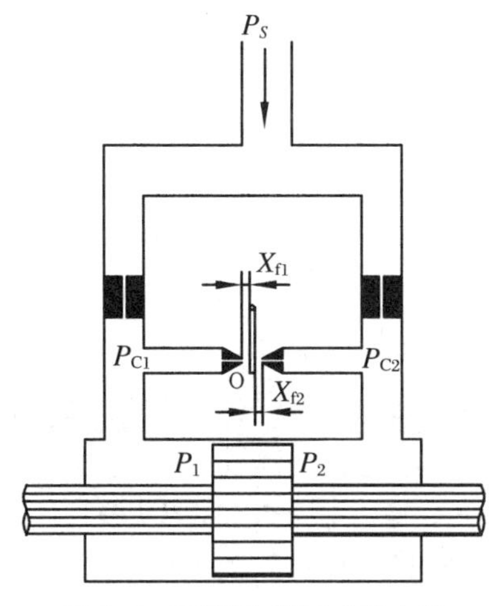

图 7.4　双喷嘴-挡板式放大器

图 7.3 和图 7.4 所示原理图中，如将活塞的位移量用机械、液压或电气方式反馈到挡板位移上构成反馈，则上述系统就成为闭环系统。

7.3　射流管式液压放大器

图 7.5 为射流式液压放大器的工作原理图。它由扭轴及供油通路 1、射流管 2、射流喷嘴 3 及接收器 4 等主要部分组成。射流管可绕扭轴转动，射流管中压力油通过射流喷射出高速液流束，此射流束被接收器中的接收孔接收后，将液体流动能恢复成压力能以控制活塞的运动。例如，射流管顺时针旋转一个角度使喷嘴与左边接收孔对准，左接收孔将自喷嘴接受到的液流动能恢复成压力能使油缸左腔控制压力 P_{C1} 增高，而油缸右腔内的油通过右接收孔排回油箱，因此油缸左腔控制压力高于右腔压力（$P_{C1}>P_{C2}$），故推动活塞向右运动。同理，射流管反时针旋转使喷嘴与右接收孔对准时，则可推动活塞向左运动。当射流管在中位时，两接收孔接受的射流动能相同，油缸两腔控制压力相同即 $P_{C1}=P_{C2}$，活塞在原位停止不动。如将活塞位移量反馈到射流管上形成反馈，则上述系统即成为闭环系统。

射流管式液压放大器根据动量原理工作。射流管喷嘴与接收器孔之间的距离大（射流管阀的最小通流尺寸为 0.2 mm），最小液流通道尺寸为喷嘴-挡板式的多倍，不易堵塞，并具有失效对中能力，即万一射流嘴完全堵塞，滑阀也会自然归零。抗污染能力强，零件的磨损对性能影响小，所需拖动力小，效率较高。但射流管的引压管刚性差，易振动，运动零件惯量较大，且受油液温度黏度变化的影响。射流管式放大器常用于伺服阀的前置级，尤其适用于两级伺服阀的前置级和对抗污染能力有特殊要求的场合。

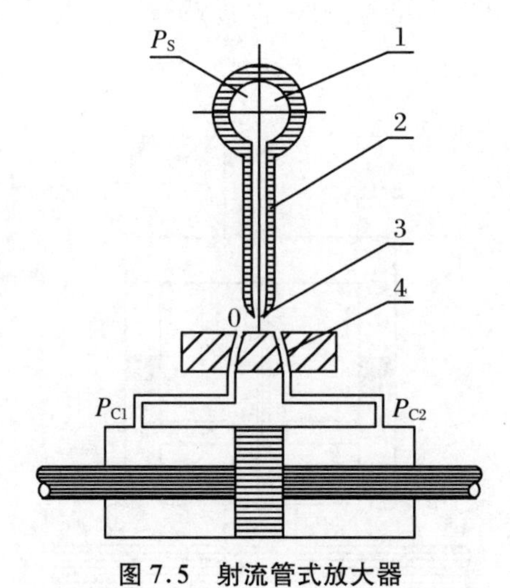

图 7.5 射流管式放大器

1—供油通路;2—射流管;3—射流喷嘴;4—接收器

7.4 偏转射流式液压放大器

图 7.6 为偏转射流式液压放大器的工作原理图。偏转射流式液压放大器的工作原理与射流管式放大器的工作原理大致相同。不同之处在于液压油是由固定的射流(盘)片中喷射而出的,在射流盘与接收器之间设置有偏转孔板,改变偏转板的位置,可将喷射的压力油液分别导入左边或右边接收器的孔口,进而转化成液体的压力能进行放大器工作。

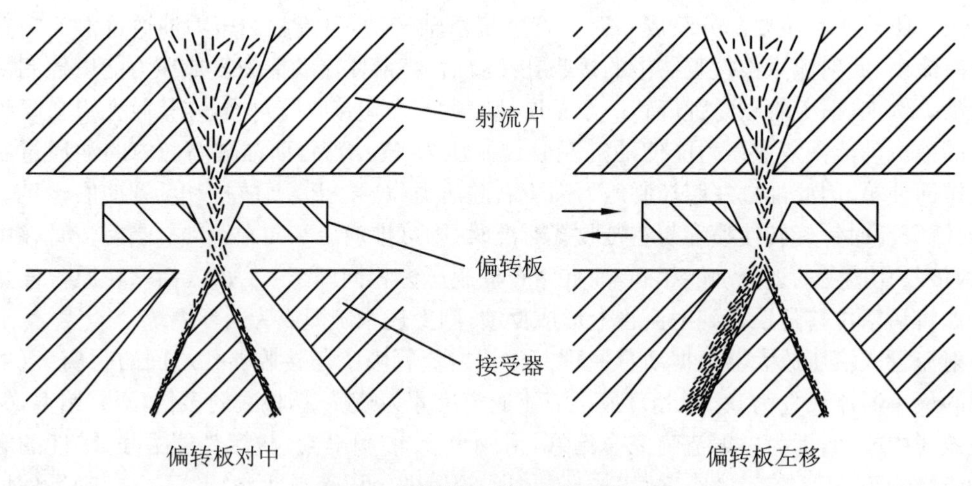

图 7.6 偏转射流式放大器工作原理

偏转射流式液压放大器省去挠性引压油管。射流片可用高硬度材料电火花加工,寿命长,体积小。射流喷嘴及偏转板与射流盘之间的间隙大,不易堵塞,抗污染能力强。控制射流盘厚度可改变流量增益,运动零件惯量小,动态响应优于射流管式,其他失效对中能力等特点同射流管式放大器,且制造成本较低,也常用作两级伺服阀的前置级放大,并很有发展前途。

关于反馈方式，液压前置放大器直接控制功率滑阀时，犹如一对称四通滑阀控制的对称缸，为解决功率阀的定位问题，并获得所需的伺服阀的压力-流量特性，在前置放大器和功率滑阀之间务必建立某种负反馈的关系。通过前置放大器与功率滑阀的级间联系构成直接反馈，或通过附加的反馈装置在前置放大器与功率滑阀之间建立负反馈。

第 8 章　电液伺服阀

以下介绍几种常见电液伺服阀的结构、原理以及伺服阀的使用与故障排除。电液伺服阀的应用应根据具体情况而定，不同的应用场合要求伺服阀具有不同的输出特性。位置和速度控制一般采用流量型伺服阀；力(矩)或压力型控制可采用流量型伺服阀，也可采用压力型伺服阀；对于惯性较小、外负载力(矩)很大且要求速度刚度很大的场合，拟采用负载流量反馈式伺服阀；对于惯性很大、外负载很小的位置或速度控制拟采用输出特性介于流量型伺服阀与压力型伺服阀之间的 P－Q 阀。工程上绝大多数应用的是流量型伺服阀。

8.1　常见电液伺服阀

8.1.1　CSV 型之间反馈二级滑阀动圈式伺服阀

上海科星自动化有限公司(原上海液压件一厂开发部)批量生产的 CSV 型系列电液伺服阀，是在我国北京机械工业自动化研究所液压中心的合作支持下，研制开发的新一代动圈式电液伺服阀。该阀广泛吸取了国内外同类阀的优点，是一种直接位置反馈二级滑阀式伺服阀。在结构上和性能上由于作了改进和提高，所以工作可靠、性能稳定且频率响应好，对油液洁净度要求一般，调整维修方便，因此，广泛应用于机械、石油化工、电力、水利和冶金等领域的电液伺服控制系统。

CSV 型的型号意义如下。

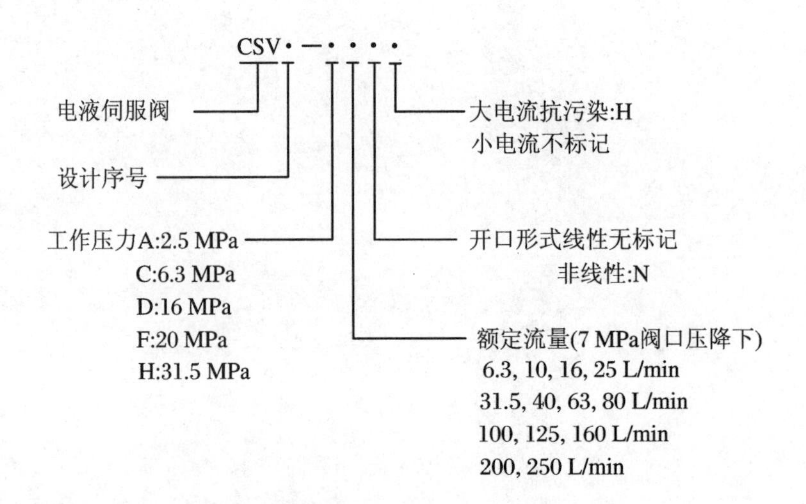

例如,CSV8－F40 表示 CSV8 型电液伺服阀,工作压力 20 MPa,额定流量 40 L/min,线性开口。

图 8.1(a)和(b)分别为 CSV8 和 CSV9 型电液伺服阀的外观照片。CSV9 型阀特别适用于水轮机的电液调速器。

(a) CSV8型

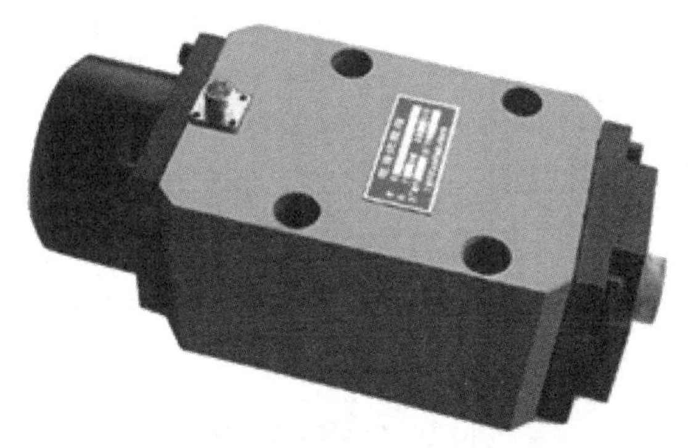

(b) CSV9型

图 8.1　上海科星 CSV 型伺服阀的外观

CSV 型阀的结构见图 8.2,从 P 口进入伺服阀的压力油,有一路直通左控制腔 3,作用在功率阀芯左控制端面上,产生一个向右的推力。与此同时,压力油还由左控制腔 3 处的左节流口、控制阀芯此处的中空腔及右节流口而流向回油口 T。左右节流口之间中空腔处的控制压力油通过 f 腔被引到右控制腔 5,作用在功率阀芯右控制端面上,产生一个向左的推力。功率阀芯右控制腔 5 的端面面积 A_2 是左控制腔 3 端面面积 A_1 的两倍。通过精密设计,当左右节流口通流面积相等时,右控制腔中的油液压力刚好等于左控制腔中油液压力的一半,使作用在功率阀芯两端的液压推力相等,功率阀芯不动。输入正向电流时,动圈带动控制阀芯向右移动,左节流口关小,右节流口开大,从而使右控制腔压力降低。因此,左控制腔的油液压力未变,于是功率阀芯向右移动,A_2 处存油自 f 腔向左经中空腔和右节流口回油箱。这样,使主油路高压油液从 P 口流向 A 口,而来自执行器的油液从 B 口流向 T 口。与此同时,随着功率阀芯的右移,控制阀芯与功率阀芯之间的相对位移逐渐减小。当功率阀芯的位移等于控制阀芯的位移时,左右节流口的通流面积恢复相等,功率阀芯两端推力恢复平衡,功率阀芯停止移动。输入反向电流时,动圈带动控制阀芯向左移动,随着功率阀芯向左移动，主油路油液从 P 口流向 B 口，从 A 口流向 T 口。

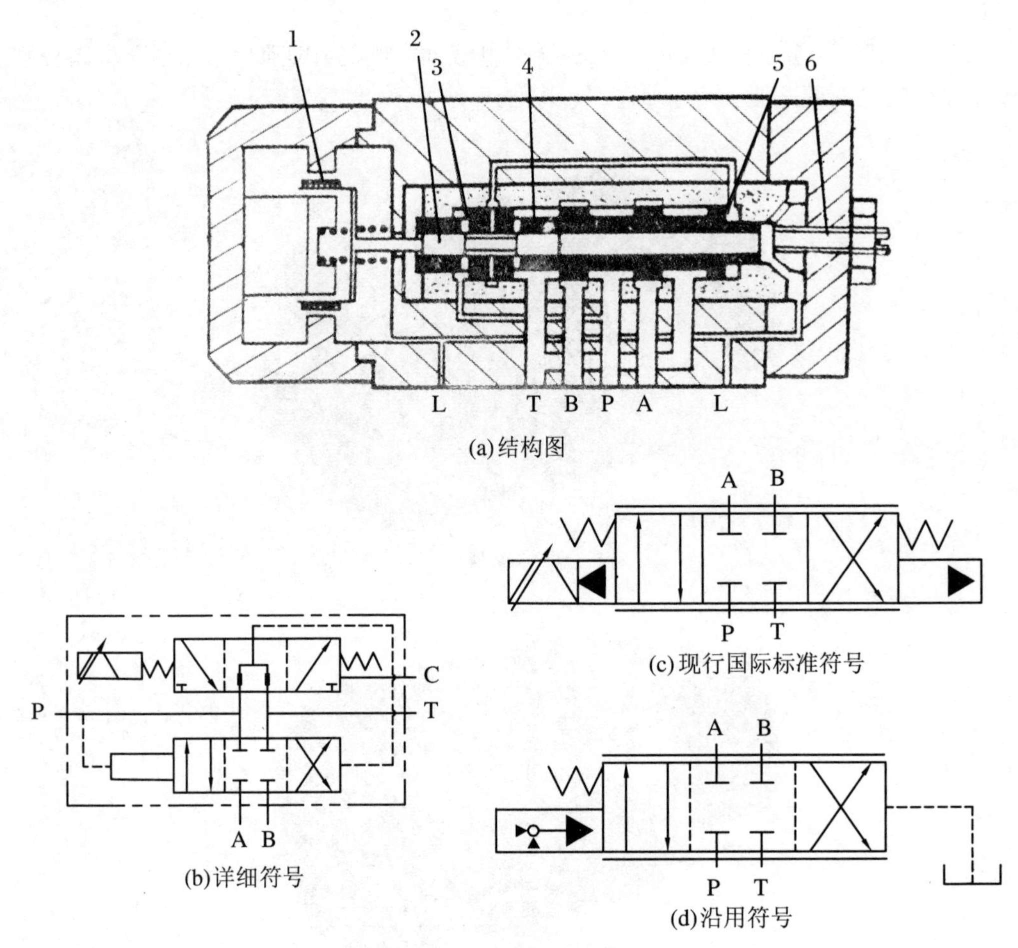

(a)结构图

(b)详细符号

(c)现行国际标准符号

(d)沿用符号

图 8.2 CSV 型伺服阀

1—力马达动圈；2—控制阀芯；3—左控制腔；4—主阀芯；5—右控制腔；6—调零螺钉

由于功率阀芯台肩控制棱边与阀套窗孔的相应棱边的轴向尺寸是按零遮盖状态精密配合的，所以输出流量的方向取决于控制电流的极性，而输出流量的大小在负载压力恒定的条件下与控制电流的大小成正比例。

CSV 型电液伺服阀中没有一般喷嘴式伺服的细小节流孔和狭窄的控制间隙，因此，对油液污染度不敏感。主阀芯可在 -1～1 mm 范围内位移，性能稳定，因此，它能在各种液压系统中长期稳定地工作。CSV 型的规格性能见表 8.1。

表 8.1 CSV 型阀规格性能参数

规格 性能	CSV8-×××	CSV8-×××H	CSV10-×××
额定流量 O_n(L/min)	6.3、10、16、25、31.5、40、63、80		100、125、160、200、250
工作压力 P_s(MPa)	2.5～31.5		2.5～20
额定电流 I_o(mA)	±300 mA	±800 mA	±300 mA

续表

性能 \ 规格	CSV8－×××	CSV8－×××H	CSV10－×××
线圈电阻 R(Ω)	30	10	30
零耗流量(L/min)	<3		<5
滞环(% I_o)	<3		<3
分辨率(% I_o)	<0.5		<0.5
零偏(% I_o)	<3		<3
压力零飘(% I_o)	±15% P_s 变化<2%		±15% P_s 变化<2%
温度零飘(% I_o)	油温每变 40 ℃<2%		油温每变 40 ℃<2%
－3 dB 频宽(Hz)	≥100		≥100
工作液体及黏度(厘泡)	矿物油　黏度 20～40		矿物油　黏度 20～40
工作油温(℃)	10～60		10～60
系统过滤器精度	≤25 μm		≤25 μm

CSV 系列伺服阀控制级采用半桥差动活塞结构，稳态时只有少量控制油液流过。因此，CSV 系列电液伺服阀可以在 31.5 MPa 的高压下使用而没有太大的空耗。又由于控制级有较高的流量增益，因此，即使在 7 MPa 以下的低压系统中，也能得到满意的性能。根据用户的需要，可以为用户生产油源压力为 1 MPa 的电液伺服阀，这是其他类型电液伺服阀难以达到的。

此外，CSV 型阀使用非线性控制，主阀芯要加装监测器并配用该厂专门设计匹配的 SA4200、SA3100 或 SV2100 系列的伺服放大器(图 8.3)。放大器内带电流负反馈以获得很高的输出阻抗，从而减少线圈电感及电阻温度系数的影响，该放大器输出信号还叠加一高频小振幅颤振信号，以克服阀芯的静摩擦，从而确保灵敏性及改善系统性能。

图 8.3　CSV 系列伺服放大器外观

8.1.2 SM4型双喷嘴-挡板式两级伺服阀

双喷嘴-挡板式液压放大器的工作原理已在上一节中有所介绍，美国威格士（Vickers）公司采用该结构生产的SM4型两级电液伺服阀整体结构如图8.4所示，右图为伺服阀第一级的放大图。在这种结构的力矩马达中，挡板8和反馈杆9连接在衔铁3中央并向下延伸穿过弹簧管。其弹簧管7除支承衔铁3外，同时还起到对液压与电气部位之间油液密封的作用，故称为干式力矩马达，且还带有一定柔性地限制着两喷嘴孔2之间的挡板运动。

力矩马达的作用是把输入的电信号转变成力矩，使衔铁3偏转，以对前置级液压部分进行控制。衔铁转角的大小与输入的控制电流大小成正比。如果输入控制电流的方向相反，则衔铁偏离中间位置的方向也相反。

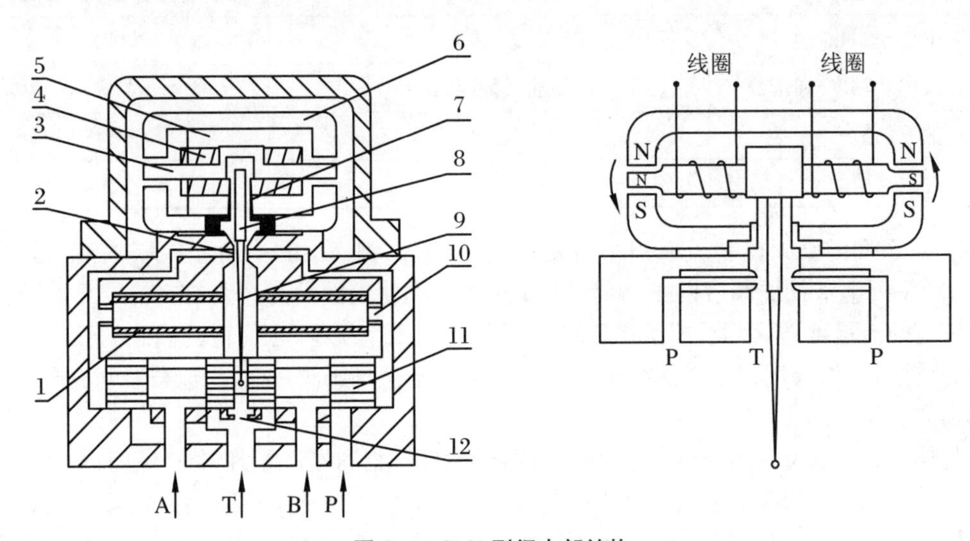

图8.4 SM4型阀内部结构

1—滤油器；2—喷嘴；3—衔铁；4—线圈；5—永久磁铁；6—导磁体；7—弹簧管；8—挡板；9—反馈杆；10—固定节流孔；11—阀芯；12—回油节流孔

压力油从P腔进入，经过滤油器后再分别流经两个节流孔10进入阀芯两端的油腔，然后再从两个喷嘴2与挡板8中间的缝隙排出。当没有控制电流输入时，挡板处于两个喷嘴的中间位置。阀芯11两端容腔中的油压相等，阀芯处于中间平衡位置，两负载腔A、B中油压相等，无油液流动，执行机构处于停止位置，如图8.5(d)所示。

当输入某一极性的控制电流信号时，衔铁连同挡板一起偏转角度，例如作逆时针方向偏转，如图8.5(a)和(b)所示。这时右边喷嘴与挡板间的间隙减小，液流阻力增加，阀芯右端容腔的压力增大；相反，由于左边喷嘴与挡板间的间隙增大，液流阻力减小，阀芯左端容腔的压力降低。在两端油压差的作用下，阀芯左移，并带动反馈杆下端的小球左移。反馈杆本身的结构是一弹簧片，弹簧片在电磁力矩、液压力矩及下端跟随阀芯移动后的变形力矩作用下产生弯曲变形，使挡板的偏移量减小，从而使阀芯两端的油压差也相应减小，直至挡板恢复到接近于中位时，阀芯移动所受到的液流力与弹簧片反作用相平衡为止（见图8.5(c)）。在这里，弹簧片起了反馈的作用（反馈杆下端随阀芯移动所产生的变形力矩反馈到衔铁-挡板组件上，使挡板的偏转角减小，直至挡板恢复到中间位置时，才能使阀芯定位，滑阀输出对应于输入电流的负载流量，这就是力反馈的作用原理）。当四边式阀芯11向左偏离中间位置时，左边的阀口被打开，压力油液从P腔流向负载腔A进入执行机构，同时，执行机构另一端的回油经负载腔B，再通过节流边及回油腔T排回油箱。

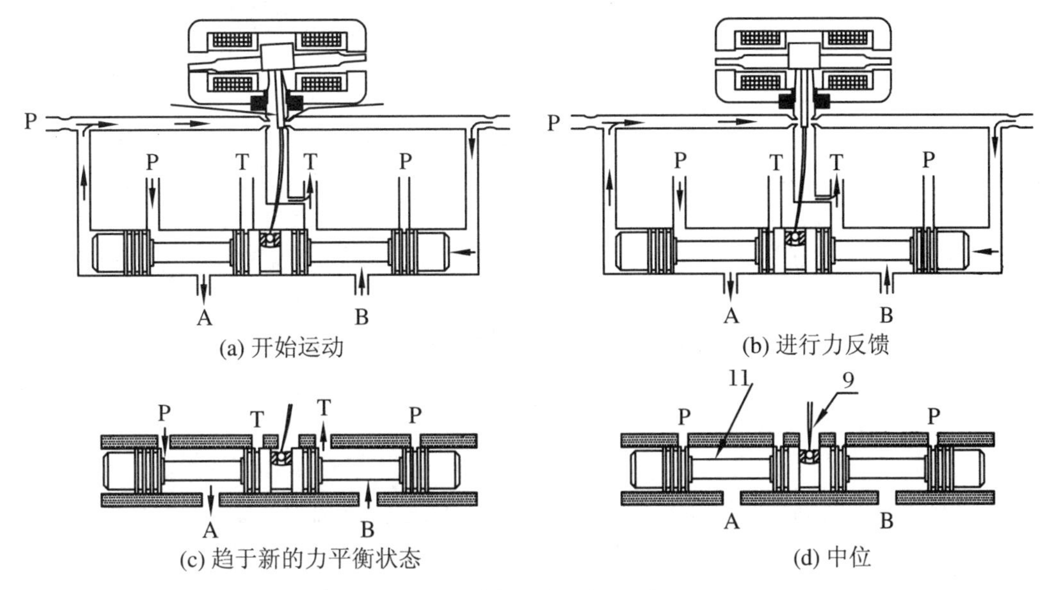

图8.5　双喷嘴-挡板伺服阀的工作

输入的控制电流越大，阀芯的位移量也越大，节流边开度就越大，输出的流量就越多，执行机构运动的速度就越快。如果输入控制电流的极性相反，则衔铁作顺时针方向偏转，使阀芯右移，压力油P由B腔进入执行机构，使其向相反方向运动。

双喷嘴-挡板式电液伺服阀的主要优点有以下几点：

(1) 衔铁及挡板均工作在中立位置附近，线性度好。

(2) 运动部分的惯性小，动态响应快。

(3) 双喷嘴挡板阀由于结构对称，采用差动方式工作。因此，压力灵敏度高。

(4) 阀芯基本处于浮动状态，不易卡住。

(5) 温度和压力零漂小。

其缺点是有以下几点：

(1) 喷嘴与挡板之间的间隙小，容易被脏物堵塞，对油液的洁净度要求较高，抗污染能力差。

(2) 内部泄漏流量较大，功率低，功率损失大。

(3) 力反馈回路包围力矩马达，阀频带进一步提高受到限制，特别是在大流量阀的情况下。

喷嘴挡板式伺服阀适用于航空航天及一般工业用的高精度电液位置伺服速度伺服系统中小型振动台和疲劳试验机。

特殊的负重叠(正开口)型伺服阀可用于小型伺服加载及伺服压力控制系统。

另外，双喷嘴挡板式电流流量伺服阀还有直接反馈、弹簧对中、电反馈、流量反馈等不同反馈形式。

绝大多数高精度、高响应伺服阀都采用力矩马达喷嘴挡板式伺服阀。主要特征如下：

(1) 输入功率小，额定输入电流的典型值为：±10 mA、±20 mA、±30 mA。

(2) 有两级或三级；第一级均为喷嘴挡板阀，第二、三级为功率放大级。

(3) 级间反馈形式：两级伺服阀的级间反馈有机械反馈、电反馈和机械反馈加电反馈三种形式，电反馈伺服阀的精度和响应高。三级伺服阀的第三级必为电反馈。

(4) 功率滑阀中的阀芯与阀套的遮盖(开口)一般采用零遮盖(零开口)形式。

(5) 输出流量(Q_o)与输入电流(I)成线性关系：$Q_o = \pm CI$(其中，C 为常量)。

(6) 死区极小，如 0.1%、0.2%、0.3%、0.4%、0.5%，视具体伺服阀的类型和反馈形式而定。

(7) 滞环很小，如 0.2%、0.3%、0.5%或 1%、2%、3%，视具体伺服阀的类型和反馈形式而定。

(8) 频宽很高，100～200 Hz，视具体伺服阀的类型和反馈形式而定。

8.1.3　400 型射流管式伺服阀

图 8.6 为美国阿贝克斯(Abex)公司研制的射流管式力反馈两级电液流量伺服阀，这种伺服阀的结构采用干式桥形永磁力矩马达，且力矩马达的全部零件采用压配及焊接连接而成一个整体。阀内射流管 3 焊接于衔铁上，并由薄壁弹簧片支承。液压油通过柔性的供油管 2 进入射流管，从射流管喷嘴射出的液压油进入与滑阀两端容腔分别相通的两个接收孔中，推动阀芯移动。射流管的侧面装有弹簧及反馈弹簧丝 5，其末端插入阀芯中间的小槽内，阀芯推动反馈弹簧丝 5，构成对力矩马达的力反馈。力矩马达借助薄壁弹簧片实现对液压部件的密封隔离。

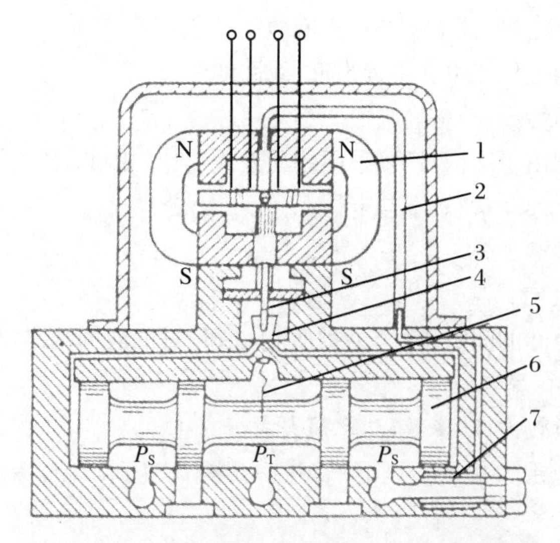

图 8.6　射流管式力反馈两级电液流量伺服阀

1—力矩马达；2—柔性供油管；3—射流管；4—射流接收管；5—反馈弹簧；6—阀芯；7—滤油器

射流管式伺服阀最大的特点是抗污染能力强、可靠性高、寿命长。伺服阀的抗污染能力一般是由其结构中的最小通流尺寸所决定的。而在多级伺服阀中，前置级油路中的最小尺寸成为决定性因素。射流管阀的最小通流尺寸约为 0.2 mm，而喷嘴挡板式伺服阀为 0.025

～0.10 mm。因此，射流管的抗污染能力强，可靠性高。另外，射流管阀的压力效率和容积效率高，可以产生较大的控制压力和流量，这就提高了功率阀的驱动力，增大了功率阀的抗污染能力。从前置级磨蚀对性能的影响来看，射流管喷嘴端面和接受端面的磨损对性能的影响小。因此，工作稳定，零漂小，寿命长。

射流管阀的缺点是频率响应低，零位泄漏流量大，低温特性差，加工工艺复杂，难度大。

8.1.4　偏转板射流式伺服阀及 DDSV 型伺服阀

偏转板射流式伺服阀，又叫偏导杆射流盘式伺服阀。图 8.7 为美国穆格(Moog)公司生产的偏转射流式伺服阀的结构，它与 SM4 型双喷嘴-挡板式伺服阀的主阀及力反馈形式完全一致，两阀的区别仅在于前置级上的偏转板射流放大器上。

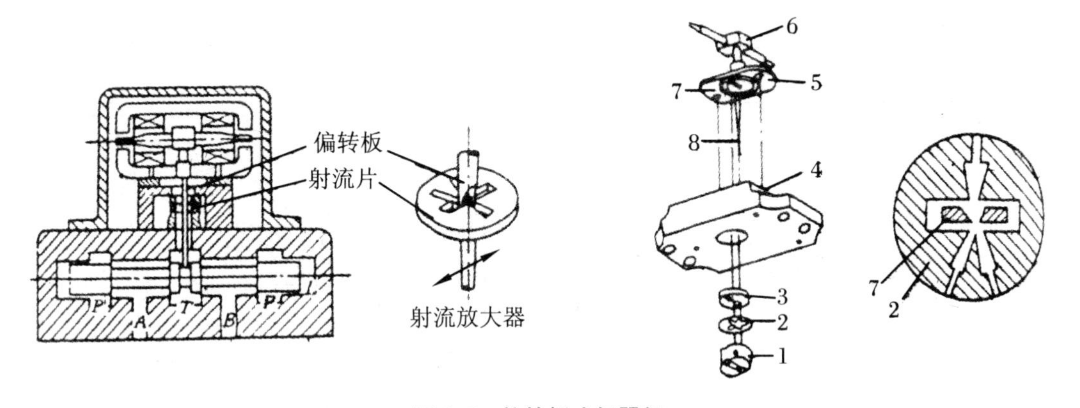

图 8.7　偏转板式伺服阀

1—下座；2—射流片；3—上压片；4—一级座；5—弹簧管；6—衔铁；7—偏转板；8—反馈杆

该放大器是由射流盘和开有导流窗口的偏板所组成的，如图 8.7 右部所示，射流盘上开一条射流槽道和两条对称相同的接受槽道，而偏转板上开有 V 形导流窗口。当偏转板在射流盘中间位置时，射流槽道的流体射流被两个接收孔均等地接收，在两个接收槽道内形成相等的回复压力，所以滑阀阀芯不动。当偏转板偏移时，一个接收槽道内的压力升高，另一个接收槽道内压力降低，所形成的压力控制压差推动阀芯运动。阀芯的位移通过反馈杆以力矩的形式反馈到力矩马达衔铁上，与输入电流产生的电磁力矩相平衡，阀芯取得一个平衡位置。

从原理上讲，偏转板射流放大器与射流管放大器是一样的，也具有抗污染能力强、可靠性高、寿命长的优点和零位泄漏量大、低温特性差的缺点。但在结构上比射流管式伺服阀简单，力矩马达可做得更轻巧，伺服阀频宽可做得更高些。

图 8.8 所示的 D633、D634 系列伺服阀是 Moog 公司推出的一种直接驱动式伺服阀，简称 DDSV(Direc Drive Servo Valve)，它用集成电路实现阀芯位置的闭环控制。阀芯的驱动装置是永磁直线力马达。对中弹簧使阀芯保持在中位，直线力马达克服弹簧的对中力使阀芯在两个方向都可偏离中位，平衡在一个新的位置，阀芯的位置闭环控制电子路线与脉宽调制(PWM)驱动电子线路固化为一块集成块，用特殊的连接技术固定在伺服阀内。因此，DDSV 伺服阀无需配套电子装置就能对其进行控制。

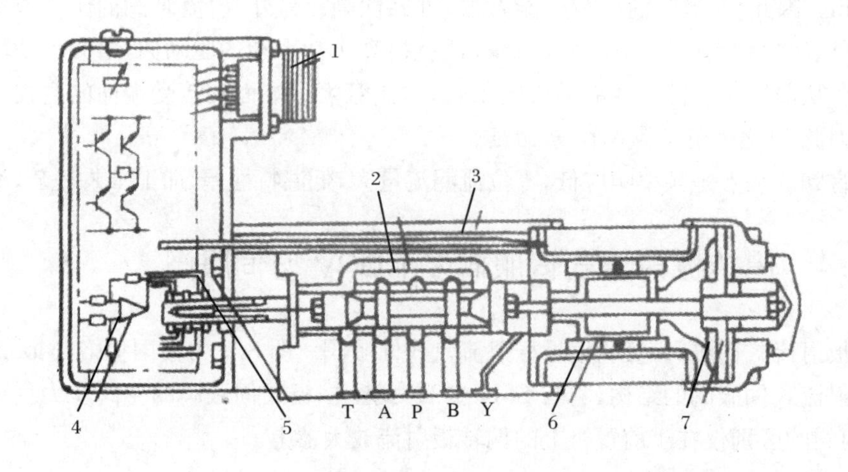

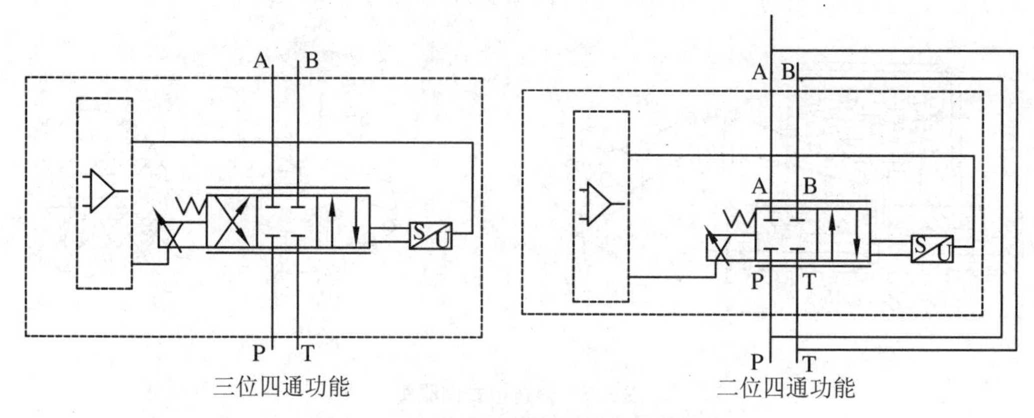

图 8.8　DDSV 型伺服阀结构与功能符号

1—接头；2—滑芯；3—阀套；4—内置式放大器；

5—位置传感器；6—线性力马达；7—对中弹簧

它与双喷嘴力反馈两级伺服阀最大的区别在于该伺服阀从结构上取消了喷嘴-挡板前置级，用大功率的直线马达替代了小功率的力矩马达，用先进的集成块与微型位置传感器替代了工艺复杂的机械反馈装置——力反馈杆与弹簧管，从而简化了结构，提高了可靠性，大大降低了制造成本，却保持了带喷挡前置级的两级伺服阀的基本性能与技术指标。

DDSV 伺服阀的工作原理是一个电指令信号施加到阀芯位置控制器集成块上，电子线路在直线马达产生一个 PWM 电流，振荡器就使阀芯位置传感器（LVDT）励磁。经解调以后的阀芯位置信号和指令位置信号进行比较，阀芯位置控制器产生一个电流输给力马达，力马达驱动阀芯，一直使阀芯移动到指令位置。阀芯的位置与指令信号成正比。伺服阀的实际流量 Q 是阀芯位置与通过阀芯计量边的压力降的函数。

作为 DDSV 阀关键元件的直线马达是一个永磁的差动马达。永磁提供部分所需的磁力。直线马达所需的电流明显地低于同量级的比例电磁线圈所需的电流。直线马达具有中性的中位，因为它一偏离中位就会产生力和行程，力和行程与电流成正比。

直线马达在向外伸出的过程中，必须克服高刚度弹簧所产生的对中力与外部的附加力（即液动以及由污染引起的摩擦力）。在直线马达返回中位时，对中弹簧力和马达产生的力是同向的，等于给阀芯提供了附加的驱动力。因此，这就使 DDSV 伺服阀对污染的敏感性大为下降。直线马达借助对弹簧回中，不需外加电流。

8.1.5　DOWT 型三级电液流量伺服阀

三级伺服阀通常是以通用型两级伺服阀为前置级并以滑阀式控制阀为功率级所构成的。第三级的功率滑阀（或称主滑阀）依靠位置反馈定位，一般为电气反馈或力反馈。电反馈调节方便，改变额定流量及频率响应容易，适应性大，灵活性好，是三级阀的主要优点。英国道蒂（Dowty）公司制造的前置级采用两级双喷嘴挡板力反馈伺服阀或射流管力反馈伺服阀（图 8.9）。

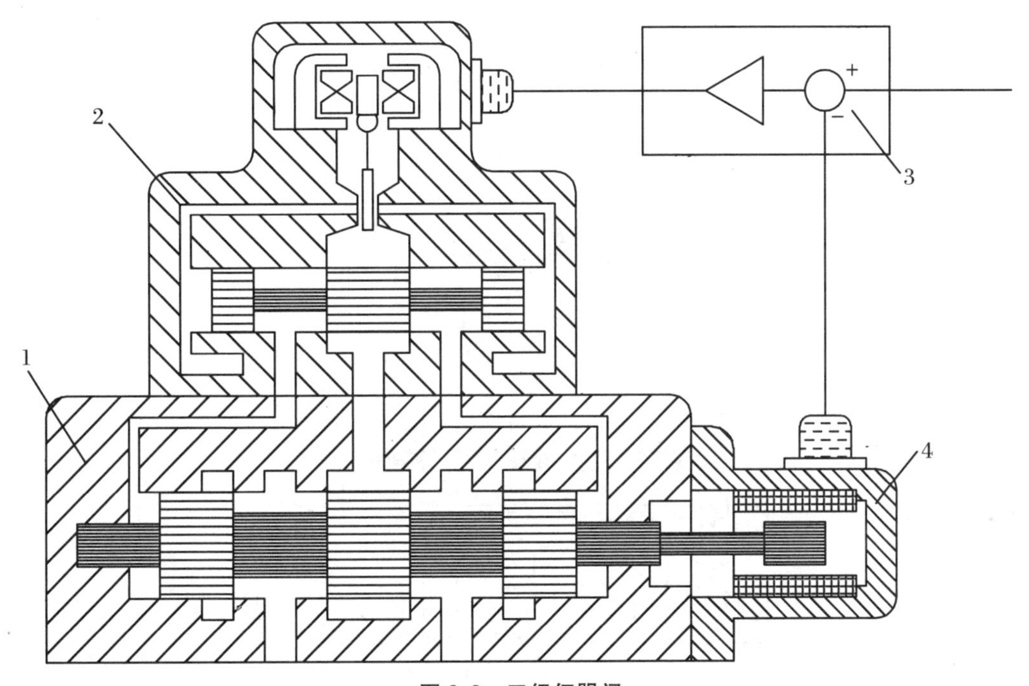

图 8.9　三级伺服阀

1—功率级滑阀；2—两级伺服阀；3—伺服放大器；4—差动变压器

输入电压经放大及电压-电流转换，使前置级伺服阀控制腔输出流量推动主阀芯（功率滑阀阀芯）移动。主阀芯的位移由位移传感器检测，经解调、放大后成为与主阀芯位移成正比例的反馈电压信号，然后加到综合放大器上，前置两级伺服阀的输入电流被减小，一直到近似为零。力矩马达、挡板、前置两级阀阀芯被移回到近似对中的位置（但仍有一定的位移，以产生输出压差克服主阀芯的液动力）。此时，主阀芯停留在某一平衡位置，在该位置上，反馈电压等于输入控制电压（近似相等），即功率级阀芯的位移与输入控制电压大小成正比。当供油压力及负载压力为一定值时，输出到负载的流量与输入控制电压大小成正比。

三级电液流量伺服阀的特点如下：

（1）易于获得大流量的性能，并有可能获得较宽频率。

（2）额定流量及频率响应的改变方便，阀的适应性广。

（3）为改善阀的零位特性，通常功率滑阀稍有正重叠，并接入颤振信号。

（4）易引入干扰，电子放大器需良好接地。

8.1.6 DYSF型反馈喷嘴式和FF105型阀芯力综合式电液压力伺服阀

图8.10为我国航天部303所生产的DYSF型反馈喷嘴式电液压力伺服阀。它是在双喷嘴-挡板式流量伺服阀的基础上采用第2对喷嘴的负载压力反馈和加大滑阀节流边负重叠而构成的。其工作原理在反馈前与双喷嘴-挡板型前置级的两级伺服阀完全相同,仅在阀芯移动后,阀芯负载腔A、B的负载压降($P_A - P_B$)通过另一双喷嘴-挡板式反馈级加到共用挡板上,使挡板向中位的方向偏转,直到共用挡板回到中位止。伺服阀的负载压降与输入信号电流的大小和极性相适应,当输入电流的大小和极性改变时,负载压降亦作相应改变。

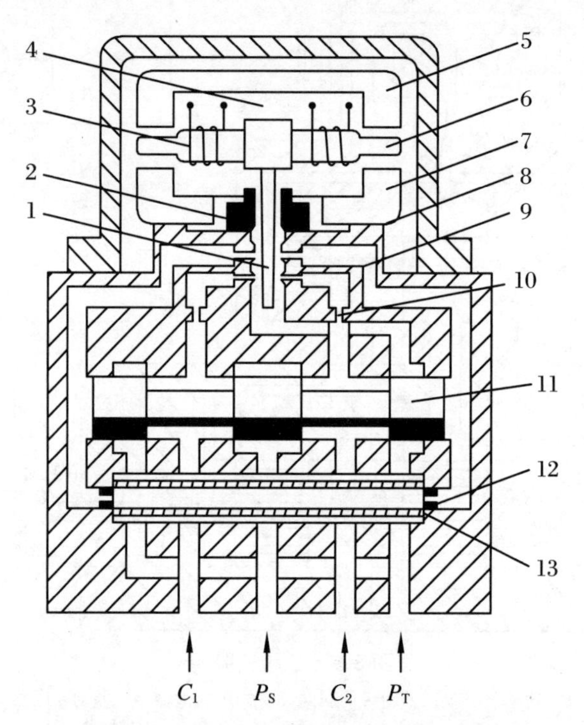

图8.10 DYSF型反馈喷嘴式压力伺服阀

1—弹簧器;2—挡板;3—线圈;4—永久磁铁;5—上导磁体;6—衔铁;7—下导磁体;8—控制喷嘴;9—反馈喷嘴;10—反馈节流孔;11—阀芯;12—因定节流孔;13—滤油器;C_1、C_2—左右控制喷嘴腔

图8.11(a)为我国航天部609所生产的FF105型阀芯力综合式电液压力伺服阀。该阀的压力反馈作用是在功率滑阀阀芯上进行综合的,其工作过程(图8.11(b)和(c))如下。

力矩马达线圈电流在衔铁两端产生磁力,衔铁挡板组件绕弹簧管支承旋转。挡板移动,在两个喷嘴控制腔A和B内形成压力差ΔP_{AB},它与输入电流产生的力矩成正比(喷嘴腔内的压力产生一个力作用在挡板上,这个力对衔铁挡板组件提供了一个与压差ΔP_{AB}成正比的平衡力矩)。ΔP_{AB}作用在阀芯口环形面积A_a上,使阀芯有向左移动的趋势,从而一侧工作油口(C_1或C_2)与供油口P_S相通,另一侧工作油口(即C_1或C_2)与回油口P_T相通(见图8.11(b)),在负载腔输出控制压力P_1和P_2。工作油口C_1和C_2压力差ΔP_{12}作用在阀芯两端的小台阶面积A_S上,形成反馈力$\Delta P_{12} \times A_S$,阀芯被逐渐移回到"零位"附近的某一位置。在该位置上,作用在阀芯上的反馈力与喷嘴级输出压力差产生的作用力相等,即

$\Delta P_{12} A_S = \Delta P_{AB} A_a$(图 8.11(c))。因此,阀工作油口的压力差与两喷嘴腔的压力差成正比,即与输入电流大小成正比。

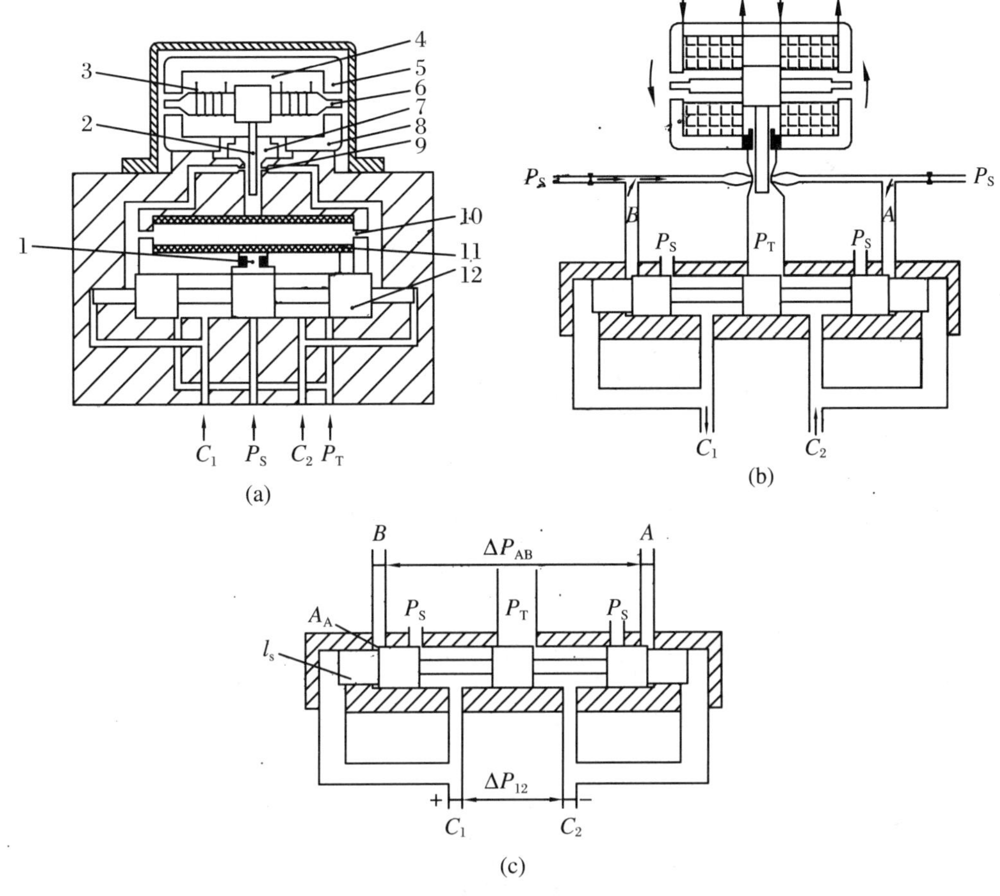

图 8.11　FF105 阀芯力综合式压力伺服阀及工作原理图

1—回流节流孔;2—挡板;3—线圈;4—永久磁铁;5—上导磁体;6—衔铁;7—弹簧管;8—下导磁体;9—喷嘴;10—因定节流孔;11—滤油器;12—阀芯

8.2　伺服阀的使用与故障排除

8.2.1　伺服阀的安装使用与维护

1. 选用

根据液压回路选择伺服阀的类型、规格时,必须考虑到负载的性质及大小,控制速度、加速度的要求,系统控制精度及系统频宽的要求,工作环境,可靠性及经济性等等。一般选用步骤如下:

(1) 确定类型。根据系统的控制任务,负载性质确定伺服阀的类型。一般来说,位置及速度控制系统采用流量阀;力控制系统最好采用压力阀,亦可采用流量阀;大惯量但外负载力较小的系统,拟用压力-流量阀。

(2) 确定伺服阀的种类和性能指标。根据系统的性能要求,确定伺服阀的种类及性能指标。控制精度要求高的系统,拟采用分辨率高、滞环小的伺服阀;外负载力大时,拟采用压力增益高的伺服阀。

伺服阀的频宽应根据系统频宽要求来选择。频宽过低将限制系统的响应速度,过高则会把高频干扰信号及颤振信号传给负载。

工作环境较差的场合拟采用抗污染性能好的伺服阀。

需要特别指出的是,切不可不顾系统实际需要,一味追求伺服阀的高性能,因为高性能伺服阀不仅价格昂贵,而且要求较高的过滤精度和维护水平。

(3) 确定伺服阀的规格。根据负载的大小和要求的控制速度,确定伺服阀的规格——额定压力和额定流量。

(4) 选择合适的额定电流。每种规格的伺服阀,有 2～3 种额定电流值可供选用。虽然较大的额定电流要求采用较大功率的伺服放大器,但较大额定电流值的阀具有较强的抗干扰能力。因此,一般工业系统多采用额定电流大的伺服阀。

2. 电液伺服阀安装调整

由于电液伺服阀属于精密产品,使用时必须特别小心,并应按产品说明书的具体规定使用维护。安装时一般应注意如下事项。

(1) 电液伺服阀在安装前,切勿拆下保护板和力矩马达上盖,更不允许随意拨动调零机构,以免引起性能变化、零部件损伤及污染等故障。

(2) 安装伺服阀的连接板,其表面应光滑平直。

(3) 油液管路中应尽量避免采用焊接式管接头,如必须采用时,应将焊渣彻底清除干净,以免混入油液中,使伺服阀工作发生故障。

(4) 一般应在伺服阀进口处的管路上,安装名义精度为 10 μm(绝对精度为 25 μm)的精滤器。

(5) 管路系统安装后,应先在安装伺服阀的位置上安装冲洗板进行管路清洗,至少应用油液冲洗 36 h,而且最好用高压热油。冲洗后,更换新滤芯再冲洗 2 h,并检查油液清洁度,当油液清洁度确已达到要求时,才能安装伺服阀。一般双喷嘴-挡板式伺服阀要求油液的污染度为 NAS1638 标准(该标准是美国国家宇航学会 1964 年提出并制定的,油液污染度等级标准为:ISO4406—1999,我国采用的油液污染度等级标准为 GB/T039—1993,NAS1638 标准和美国汽车工程学会 1963 年提出了 SAE749D 等级标准)的 5～6 级,射流管式伺服阀要求 NAS1638 标准的 8 级。

(6) 油箱必须密封并加空气滤清器。更换新油液时,仍需经精密滤油器过滤,并应按上述要求冲洗。国外在加新油时,要求使用名义精度为 5 μm(绝对精度为 18 μm)的滤油器过滤。

(7) 安装伺服阀时应检查以下各项:

① 伺服阀的安装面上是否有污物附着，进出油口是否接好，O型密封圈是否完好及定位销孔是否正确。

② 伺服阀在连接板上安装好，连接螺钉应均匀拧紧，以在工作油压下不漏为准。伺服阀安装后，接通油路，检查外漏情况，如有外漏应排除。

③ 在接通电路前，先检查插头、插座、接线柱有无脱焊、短路等故障。当一切正常后，再接通电路检查伺服阀的极性。

(8) 电液伺服阀调整要点如下。

① 极性的检查。伺服阀通电前，务必按说明书检查控制线圈与插头线脚的连接是否正确。

② 零点的调整。闲置未用的伺服阀，投入使用前应调整其零点。最好在伺服阀实验台上调零；如装在系统上调零，则得到的实际上是系统零点。

③ 颤振信号的调整。由于每台阀的制造及装配精度有差异，所以使用时务必调整颤振信号的频率及振幅，以使伺服阀的分辨率处于最高状态。

3. 使用与维护

(1) 电液伺服阀线圈的接法。伺服阀的两个线圈，可根据需要采用图8.12中任何一种接法。

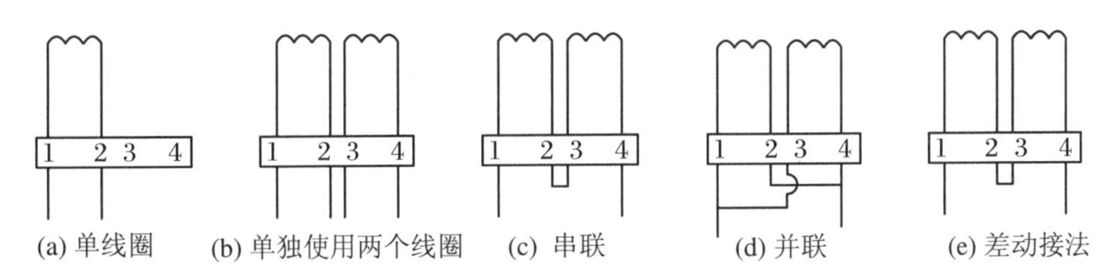

(a) 单线圈　(b) 单独使用两个线圈　(c) 串联　(d) 并联　(e) 差动接法

图8.12　线圈的接法

① 单线圈接法。输入电阻等于单线圈电阻 R，线圈电流等于电流 I_R，电控功率 $P=I_R^2R$。单线圈接法可以减小电感的影响。

② 双线圈单独接法。一只线圈接输入，另一只线圈可用来调偏、接反馈或引入颤振信号。单线圈接法或双线圈单独接法适合于模拟计算机电控部分的情况。

③ 串联接法。输入电阻为单线圈电阻 R 的两倍，额定电流为单线圈时的一半，电控功率 $P=I_R^2R/2$。串联接法的特点是额定电流和电控功率小，但易受电源电压变动的影响。

④ 并联接法。输入电阻为单线圈电阻 R 的一半，额定电流等于单线圈接法的额定电流，电控功率 $P=I_R^2R/2$。并联接法的特点是工作可靠性高，一只线圈坏了也可以工作，但易受电源电压变化的影响。

⑤ 差动接法。差动电流等于额定电流或等于两倍的信号电流，零值电流大于或等于额定电流的一半，电控功率 $P=I_R^2R$。差动接法的特点是不易受电子放大器和电源电压变动的影响。

(2) 电液伺服阀颤振信号的使用。为了提高伺服阀的分辨率,有意给伺服阀输入一高频低幅的颤振信号。颤振信号使阀始终处于一种高频低幅的微振状态,从而可以减小或消除伺服阀中由于静摩擦力而引起的死区,并可有效地防止出现阀的堵塞现象。但颤振对减小力(矩)马达磁滞所产生的伺服阀滞环值没有帮助。

颤振信号的波形可以是正弦波、三角波或方波,通常采用正弦波。颤振信号的幅值应足够大,其峰值应大于伺服阀的死区值,使主阀芯的振幅约为其最大行程的0.5%~1%。但振幅过大将会把颤振信号通过伺服阀传给负载,造成动力元件的过度磨损或疲劳破坏。颤振信号的频率应为控制信号频率的2~4倍,以免扰乱控制信号的作用。由于力(矩)马达的滤波衰减作用,较高的颤振频率要求加大颤振信号幅值,因此颤振频率不能过高。此外,颤振频率不应是伺服阀或动力元件谐振频率的倍数,以免引起共振,造成伺服阀组件的疲劳破坏。

(3) 电液伺服阀使用中应注意的主要事项:

① 据统计,85%的液压伺服控制系统中的故障是由油液污染造成的。工作油液应定期抽样检验,至少每年更换一次新油。为延长油液的使用寿命,建议油温尽量保持在40 ℃左右,避免在超过50 ℃时长期使用,滤芯应3~6个月更换一次。

② 伺服阀不应在不符合产品说明书所规定的数据下使用,尤其应注意输入电流不应超过规定值。如需加颤振信号,则不应超过说明书中的规定值。

③ 当系统发生严重零偏或故障时,应首先检查和排除电路与伺服阀以外各环节的故障。若确定伺服阀有故障,应首先检验和清洗伺服阀内的滤芯。若故障仍未排除,可拆下伺服阀按检修规程拆检维修。经拆检维修后的伺服阀应在实验台上调试合格后加热铅封,然后再重新安装。

4. 污染控制

控制污染首先应防范污染的侵入,大型工业伺服系统的过滤系统设有主泵出口高压过滤器、伺服阀前高压过滤器、主回油低压过滤器、循环过滤器、空气过滤器和磁性过滤器(一般在油箱内回油口处和吸油口处附近各设置一永久磁铁,来吸附油液中的铁质颗粒)。阀前过滤精度由伺服阀的类型而定,喷嘴挡板阀的绝对过滤精度要求达5 μm。滑阀式工业伺服阀的绝对过滤粗度要求达10 μm,伺服阀内配置的过滤器是随伺服阀购买来的,为粗过滤器,以防止偶然的较大污染物进入伺服阀。阀内过滤器和系统过滤器应定期检查、更换和清洗。

系统安装伺服阀前,必须用伺服阀清洗板代替伺服阀,对系统循环清洗,循环清洗时要定期检查油液的污染度并更换滤芯,直至系统的洁净度达到要求后方可装上伺服阀。

8.2.2 伺服阀常见故障及原因

伺服阀使用过程中的常见故障及原因见表8.2。

表 8.2　伺服阀使用过程中的常见故障及原因

常见故障	原　　因
阀不工作(无流量或压力输出)	外引线断路;电插头焊点脱焊;线圈霉断或内引线断路(或短路);进油或回油未接通或进、回油口接反
阀输出流量或压力过大或不可控制	阀安装座不平;或底面密封圈未装妥,使阀壳体变形;阀芯卡死,阀控制级堵塞;阀芯被脏物或锈块卡住
阀反应迟钝、响应降低、零偏增大	系统供油压力低;阀内部油滤太脏;阀控制级局部堵塞;调零机构或力矩马达(力马达)部分零组件松动
阀输出流量或压力(或执行机构速度或力)不能连续控制	系统反馈断开;系统出现正反馈;系统间隙、摩擦或其他机械因素;阀的分辨率变差、滞环增大;油液太脏
系统出现抖动或振动(频率较高)	系统开环增益太大;油液太脏;油液混入大量空气;系统接地干扰;伺服放大器电源滤波不良;伺服放大器噪声变大;阀线圈绝缘变差;阀外引线碰到地线;电插头绝缘变差;阀控制级时堵时通
系统变慢(频率较低)	油液太脏;系统极限环振荡;执行机构摩擦大;阀零位不稳(阀内部螺钉或机构松动、或外调机构未锁紧、或控制级中有污物);阀分辨率变差
外部漏油	安装座表面粗糙度过大;安装座表面有污物;底面密封圈未装妥或漏装;底面密封圈破裂或老化;其他密封圈破裂或老化;弹簧管破裂

第 9 章　伺服液压缸

伺服液压缸，是电液伺服系统或比例系统中的执行元件，通过对某一物体施加可控的推、拉、压、扭等作用力，实现对该物体的运动方向、位置、速度或变形的随意控制。在设计整套控制系统时，为简化机构，常常把其中的信号检测和反馈装置、伺服阀或比例阀等直接安装在伺服液压缸上。

伺服液压缸是伺服液压系统中关键性部件之一，伺服液压缸结构及其动态特性直接影响到系统的性能和使用寿命。伺服油缸与伺服阀常常安装在一块或两者较近连接，以便于缩短管路连接距离和提高控制灵敏度。

9.1　伺服液压缸与传统的普通液压缸结构性能比较

9.1.1　功用方面

普通液压缸作为执行元件，用于驱动工作负载，实现工作循环运动，满足常规运动速度及平稳性要求；伺服液压缸作为控制执行元件用于高频下驱动负载工作，实现高精度、高响应伺服控制。

9.1.2　强度及结构方面

1. 强度

普通液压缸满足工作压力和冲击压力下的工作要求；伺服液压缸满足工作压力和高频冲击压力下的工作要求，因此其厚度尺寸往往是按超过正常的强度设计计算值，偏于安全，即比普通液压缸的壁厚要大。

2. 刚度

普通液压缸一般无特别要求；伺服液压缸要求高刚度，即活塞杆的细长比要很小，否则执行元件的固有频率会下降很多，缸的底座不仅能够满足支承缸的受力要求，而且要有“坚实”的基础。

3. 稳定性

普通液压缸满足压杆稳定性要求；伺服液压缸满足压杆高稳定性要求。

4. 导向

普通液压缸要求有良好的导向性能，满足重载或偏载要求；伺服液压缸要求有良好的导向性能，满足高频下的重载、偏载要求。

5. 连接间隙

普通液压缸连接部位配合良好无较大间隙；伺服液压缸连接部位配合优良，不允许存在游隙。

6. 缓冲

普通液压缸高速运动时应能满足在行程终点时缓冲；伺服液压缸不碰缸底不需要考虑缓冲装置。

7. 安装

普通液压缸只需考虑缸体与机座、活塞杆与工作机构的连接；伺服液压缸除了考虑缸体与机座、活塞杆与工作机构的连接，还要考虑传感器及伺服控制阀阀块的安装。

9.1.3　性能方面

1. 摩擦力

普通液压缸要求较小的启动压力；伺服液压缸要求尽可能降低摩擦启动阻力和全程摩擦阻力，若阻力过大，易产生极限环振荡，并产生静态死区和动态死区，所以应尽量减少静、动态摩擦阻力。解决措施如下。

(1) 选用动、静摩擦系数小、弹性好、密封性好的组合式密封件和硬度较高的导向环。

(2) 尽量增长活塞杆的有效导向长度，以减少油缸轴向歪斜而产生的附加摩擦力。

(3) 保证缸体与活塞尺寸在允许公差范围内，其公差值应遵循密封件的公差要求。

2. 泄漏

普通液压缸不允许外泄漏，内泄漏较小；伺服液压缸不允许外泄漏，内泄漏很小。

3. 寿命

普通液压缸要求较高工作寿命；伺服液压缸要求高工作寿命。

4. 清洁度

普通液压缸要求较高清洁度；伺服液压缸要求很高清洁度。

9.2　伺服液压缸的工艺与安装要求

(1) 伺服液压缸的安装与固定。一般受力较小的伺服液压缸可采用普通液压缸安装与固定的方法(图 9.1(b))；对于出力很大，有较大的径向尺寸，而轴向尺寸往往较小的液压缸多数与设备做成一体或用缸底支承(图 9.1(a))，因缸自重很大(3～6 t)，必须有起重、吊装装置。

(2) 伺服液压缸的防转装置。当装有外置位移传感器时，要求与活塞与缸体之间不能有相对转动，常采用框架限制住缸体并设定位销，图 9.1(a)和(c)所示的缸体与柱塞间有导向装置，图 9.1(c)左下角 2 和右上角为导向装置，左右对称。缸体左右四翼为用框架固定缸体的支承座。

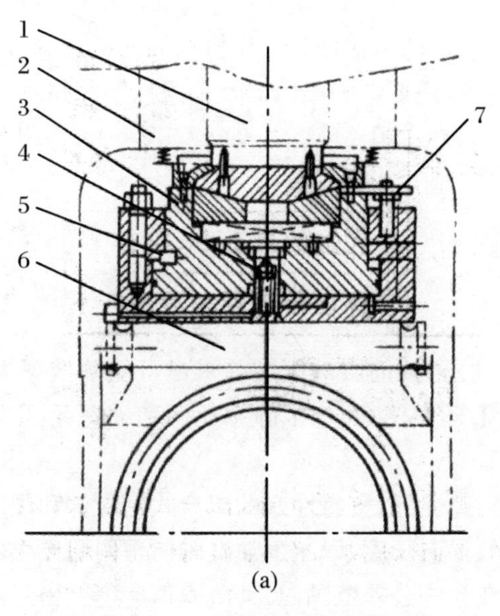

1—压下螺丝；2—机架；3—活塞杆；4—位移传感器；
5—防转块；6—轧辊轴承座；7—防转装置

图 9.1　伺服液压缸的结构

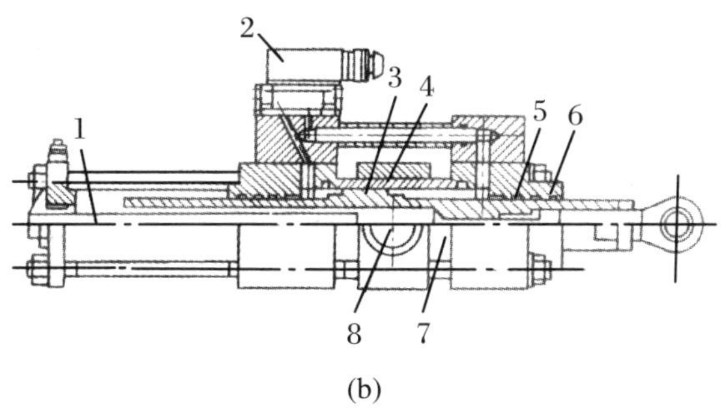

(b)

1—传感器；2—伺服阀；3—活塞密封；4—活塞；
5—活塞杆密封；6—缸盖；7—缸筒；8—销轴

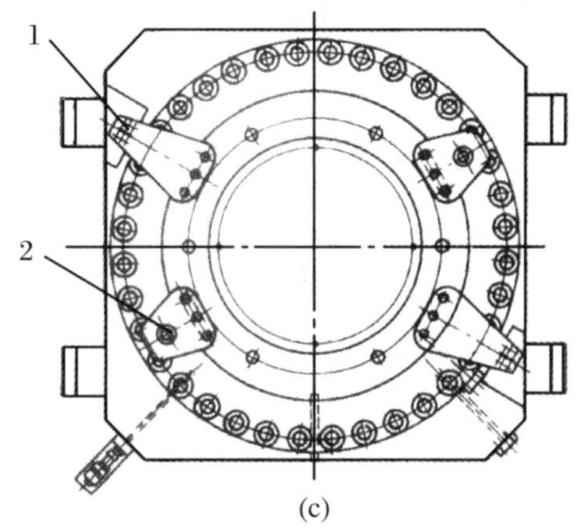

(c)

1—外置传感器；2—导向装置

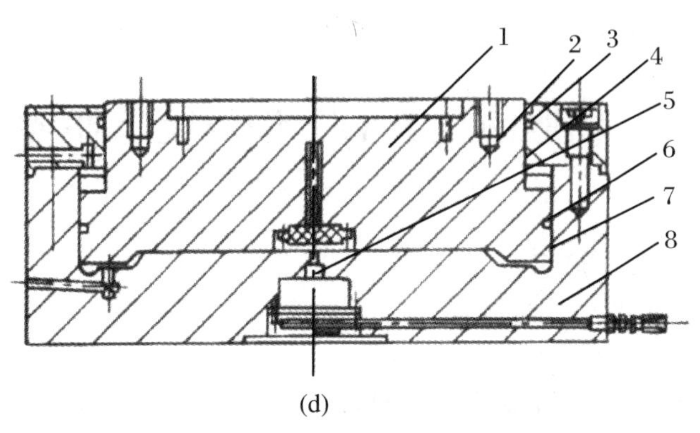

(d)

1—活塞；2—防尘圈；3、6—组合密封圈；
4、7—导向环；5—位移传感器；8—缸体套

图 9.1 续

(3) 传感器的设置。传感器设置的方法有两种。一种设在中间，如图 9.1(d)所示，优点是只用一个传感器即能得到准确数据，缺点是不易维修和调整。另一种方式是在缸两侧对称设置两个传感器，如图 9.1(c)中 9 所示，传感器分别固定在缸体和挡板上，以防止缸体歪斜时单个传感器检测不准确。在工作过程中，要保证位置传感器对中，运动自如。

(4) 在缸的最上方应有放气装置,保证油腔中无空气存在。

(5) 保证传感器与活塞杆不受灰尘和水汽的污染,应加防护装置。

9.3 伺服液压缸的技术要求

(1) 最大输出力公差为±1%的额定值。

(2) 最大行程公差为±1%的额定值。

(3) 强度密封性。在1.25倍额定压力作用下,保压10 min,全部零部件不应有破坏、永久变形和外部渗漏。

(4) 工作密封性。全行程的500次往复运动,活动密封处允许有可见的渗油油膜,但不得有成滴油液积聚。

(5) 内部泄漏量不大于1 mL/min。

(6) 最低启动压力按表9.1规定。

表9.1 最低启动压力(MPa)

伺服缸类型	活塞杆和活塞头采用组合密封件密封	活塞头间隙密封、活塞杆组合密封件密封	静压支承
双向活塞杆	0.50～0.15	0.30～0.10	≤0.10
单向活塞杆	0.40～0.10	0.20～0.08	≤0.10
内杆式单向活塞杆	0.50～0.20	0.30～0.15	≤0.10

注:一般情况下,启动压力与缸径成反比,与杆径成正比。

9.4 伺服液压缸的工作环境条件要求

(1) 环境温度:－20～50 ℃。

(2) 相对湿度:≤85%。

(3) 油液温度:10～60 ℃。

(4) 工作液清洁度:ISO 440615/11,伺服阀进油口前安装名义过滤度不低于5 μ的滤油器。

(5) 无振动、无较大的无线电干扰环境场强和磁场干扰环境场强。

(6) 伺服阀、传感器与伺服控制器连接电线用屏蔽线。

(7) 伺服阀、传感器与伺服控制器外壳应良好接地,接地电阻≤5 Ω。

9.5　伺服油缸的结构形式

对于中小规格的伺服液压缸可以选用标准产品，国内主要生产的是以天津优瑞纳斯(US)为代表的伺服油缸，其结构如图 9.2 所示，它们分别是尾部耳环式、中部摆动式。另外还有头部摆动式、头部法兰式、尾部法兰式、脚架固定式、中部摆动式等速缸和脚架固定式等速缸，具体结构和参数可以查阅天津优瑞纳斯的产品样本。国外的主要有力士乐、穆格公司和意大利阿托斯(Atos)公司等生产的伺服油缸(图 9.3)，常见的伺服液压缸见图 9.4。

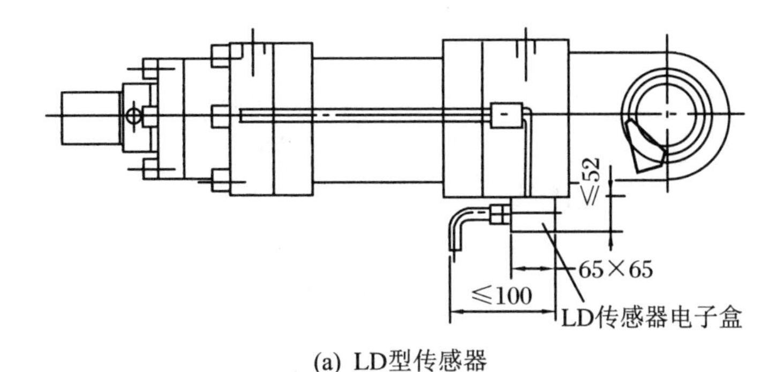

(a) LD型传感器

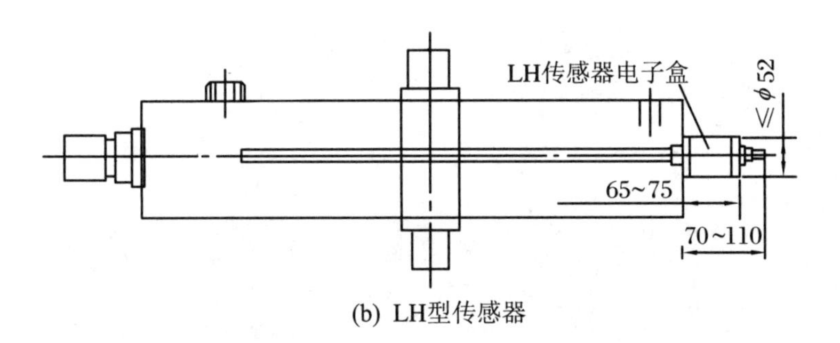

(b) LH型传感器

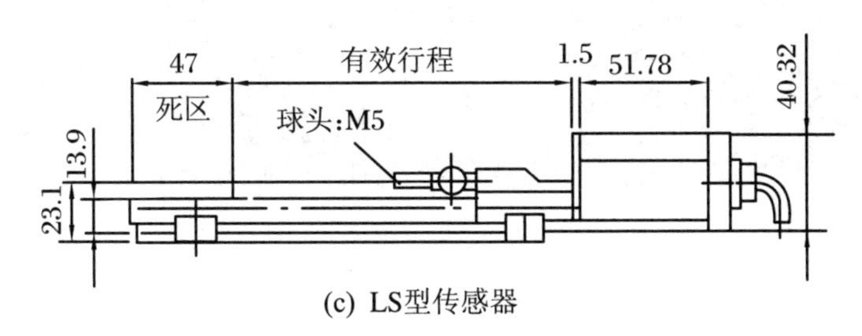

(c) LS型传感器

图 9.2　优瑞纳斯(US)伺服液压缸

注：(a) 适用于尾部耳环式液压缸，缸体外增加一个 65 mm×65 mm×52 mm 的电子盒，传感器维修、更换不方便；(b) 适用于缸底耳环以外任何形式的液压缸。将在缸尾部增加一个直径为 52 mm，长约 72 mm 的电子盒，传感器维修、安装、更换方便；(c) 适用于所有安装结构的液压缸，传感器安装、维修、更换方便，传感器的拉杆需带防转装置

而对于大规格的伺服液压缸则需要进行非标设计，伺服液压缸的结构及其动态特性直接影响到系统的性能和使用寿命。

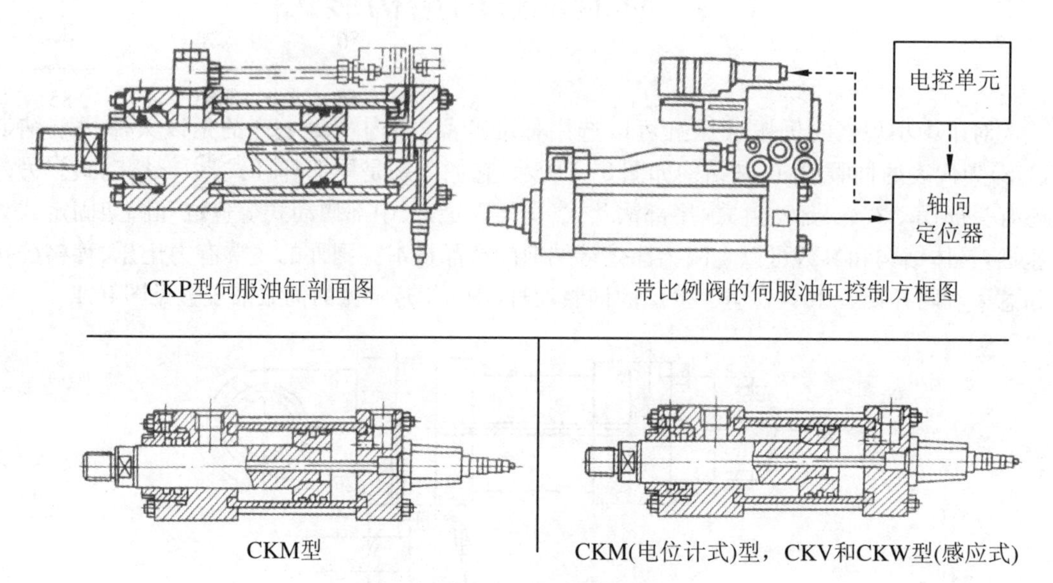

图 9.3　意大利 Atos 伺服液压缸

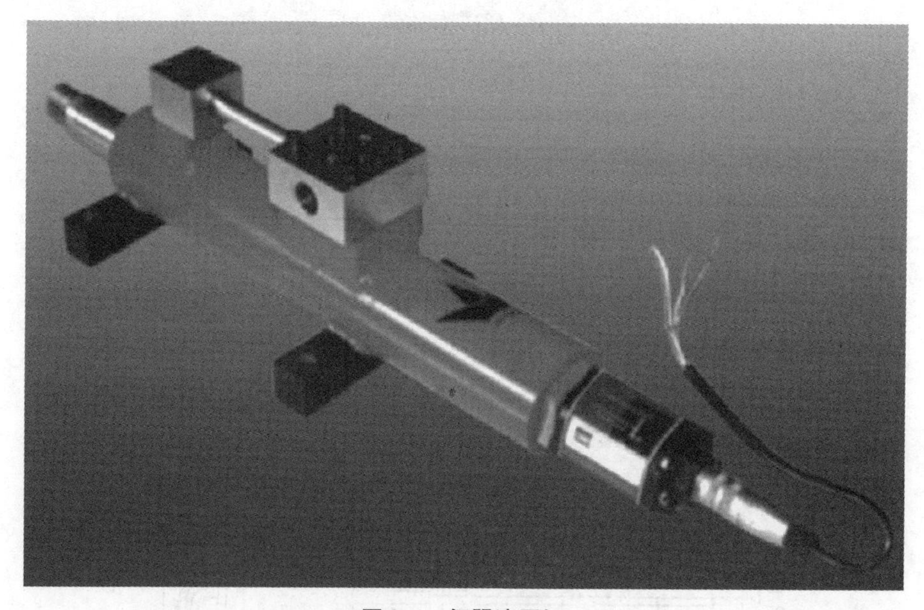

图 9.4　伺服液压缸

第10章　液压伺服控制系统

10.1　机液伺服控制系统

主要用来进行位置控制，由于它结构简单，工作可靠，使用维修比较容易，因而广泛地用于飞机舵面操纵系统、汽车动力转向装置、汽轮机转速调节、行走机械、采煤机牵引部恒功率控制和液压仿形机床等场合。

下面是车辆助力转向系统的机液伺服系统应用实例。汽车的液压动力转向系统是在机转向系统的基础上加设液压转向助力装置形成的。借助液压传动所产生的动力减轻驾驶员手的操纵力，使汽车驾驶更加舒适、转向更加轻便。

1. 液压动力转向系统

液压动力转向系统如图10.1所示。为了使车辆转向轻便，保证动力安全，重型汽车、大型客车、高速轿车普遍采用动力转向系统。

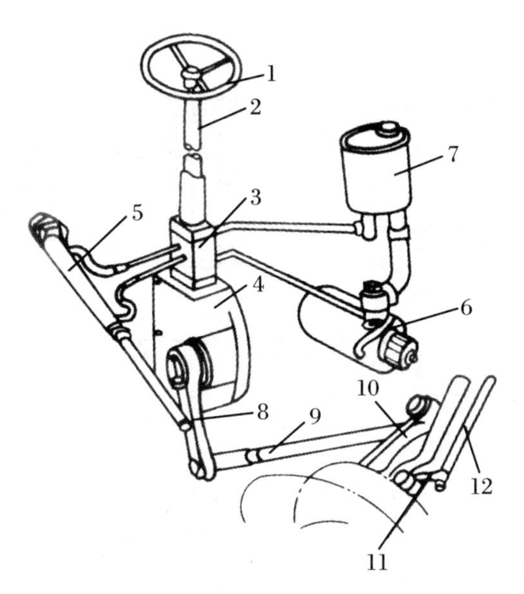

图10.1　液压动力转向系统示意图

1—方向盘；2—转向器；3—转向控制阀；4—转向器；5—转向动力缸；6—转向泵；7—转向油罐；8—转向摇臂；9—转向直拉杆；10—转向节臂；11—转向梯形臂；12—转向横拉杆

2. 对动力转向的要求

(1) 安全可靠。在行驶或原地转向时应有足够的助力作用。当转向泵失效时,应具备强行用操纵汽车转向的功能。

(2) 保证转向灵敏,滞后时间要短。

(3) 随着车速和路面上的阻力的变化,应给驾驶员适当的手感并能成比例地反应到转向盘上。

(4) 应有自动回正的能力和直线行驶的稳定性。

3. 动力转向液压系统

动力转向液压系统如图 10.2 所示。

(1) 当汽车直线行驶时,方向盘 6 不转向,控制滑阀 15 处于中间位置,液压缸 7 的两腔均与回油路相通,液压缸活塞处于平衡状态,不起助力作用。

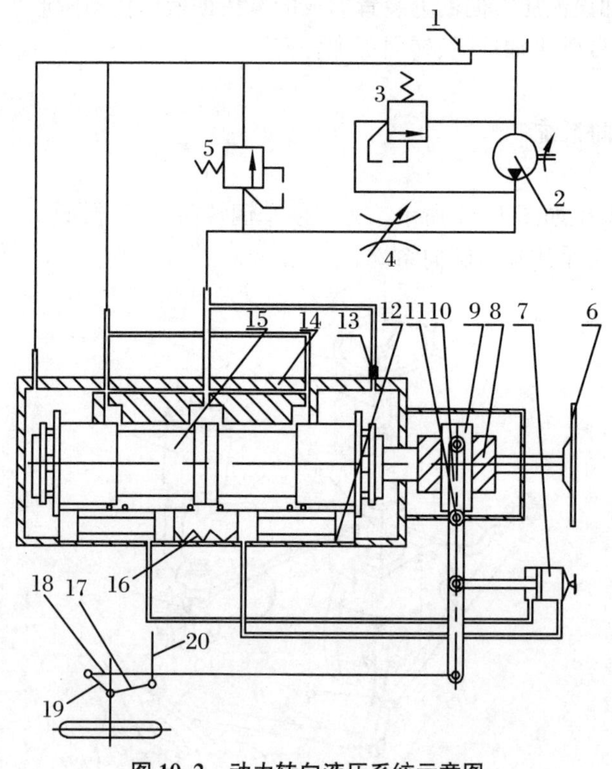

图 10.2 动力转向液压系统示意图

1—油箱;2—液压泵;3—溢流阀;4—节流阀;5—安全阀;6—方向盘;7—液压缸;8—螺杆;9—螺母;10—摇臂杆;11—摇臂轴;12—反作用柱塞;13—单向阀;14—阀体;15—滑阀;16—回位弹簧;17—梯形臂;18—直拉杆;19—转向节臂;20—横拉杆

(2) 汽车转向行驶时,方向盘 6 向左转动时,螺杆 8 随之转动。螺母 9 因受车轮转向阻力的约束而暂不动,因此螺母对螺杆产生一个向左的轴向作用力,迫使滑阀 15 相对阀体 14 向左移动,改变油路通道。从泵 2 来的压力油经转向控制阀 15 进入液压缸 7 的右腔,推动活塞向左移动，起助力作用。此时，转向摇臂10、直拉杆18、转向节臂19、梯形臂17、横拉杆20随着动作使车轮左转。同理，当向右打方向盘时，滑阀15右移，从泵来的压力油经控制阀进入液压缸7的左腔，活塞右移，起到助作用使车轮右转。

泵由原动机带动，若泵转速增高时，流过节流阀4的阻力增加，节流阀上游压力可使溢流阀3打开，泵出口的油可经溢流阀3回油箱，若因负载加大，节流阀4下游压力增加时，安全阀5打开限制了系统压力的进一步升高。

(3) 当转向液压泵2失效不能向系统供油时，通过进油道、回油道的压力差，使单向阀13打开，从而使进油道、回油道相通，以便减少液压油的阻力，从而可实现手动强行转向。

10.2 电液伺服控制系统

电液伺服控制系统是由电的信号处理部分和液压的功率输出部分组成的闭环控制系统。由于电检测器的多样性，所以可以组成许多物理量的闭环控制系统。最常见的是电液位置伺服系统、电液速度控制系统和电液阀或压力控制系统。电液伺服控制系统综合了电和液压两方面的优势，具有控制精度高、响应速度快、信号处理灵活、输出功率大、结构紧凑、重量轻等优点，因此得到了广泛的应用。

10.2.1 电液伺服阀的基本回路

在现代电子学和计算机控制与液压传动密切结合的条件下，电液伺服阀在自动控制技术中得到了广泛的应用，起着精确地控制执行机构的工作位置、运动速度及压力、工作同步等功用。为利于更好地推广和选用电液伺服阀，现将其基本回路介绍如下。

1. 位置控制回路

电液伺服系统中，执行机构的类型根据被控制对象的具体要求而定，一般直线位移位置的控制多采用液压缸，如图10.3(a)和(b)所示；角位移位置控制则采用液压马达，如图10.3(c)所示。采用液压马达对其进行角位置控制时，若负载质量很大，为提高液压谐振频率，亦即响应速度，也往往特意加设齿轮减速装置。

图10.3常用的位置控制回路中，图10.3(a)和(b)为直线位移位置控制，分别用电位计，差动变压器进行位移检测；图(c)的角位移控制采用整角机检测角差。三个回路的原理相同：当系统输入指令信号时，电液伺服阀的电-机械转换器动作，液压放大器将能量转换和放大后，驱动液压缸或液压马达运行到预定位置；同时，利用上述位移检测传感装置发出反馈信号，与输入指令信号比较，而使执行机构精确停止在所需的位置上。

2. 速度控制回路

图10.4为利用电液伺服阀控制液压马达运转速度保持一定值的回路。电液伺服阀根

据输出的指令信号，将能量转换和放大后，液压泵输出的压力油通过电液伺服阀向液压马达供油，使液压马达具有一定的转速；同时，通过速度传感器发出的反馈信号，并与输出电信号相比较，以控制电液伺服阀的功率级滑阀开口量，使液压马达的转速保持预定值。

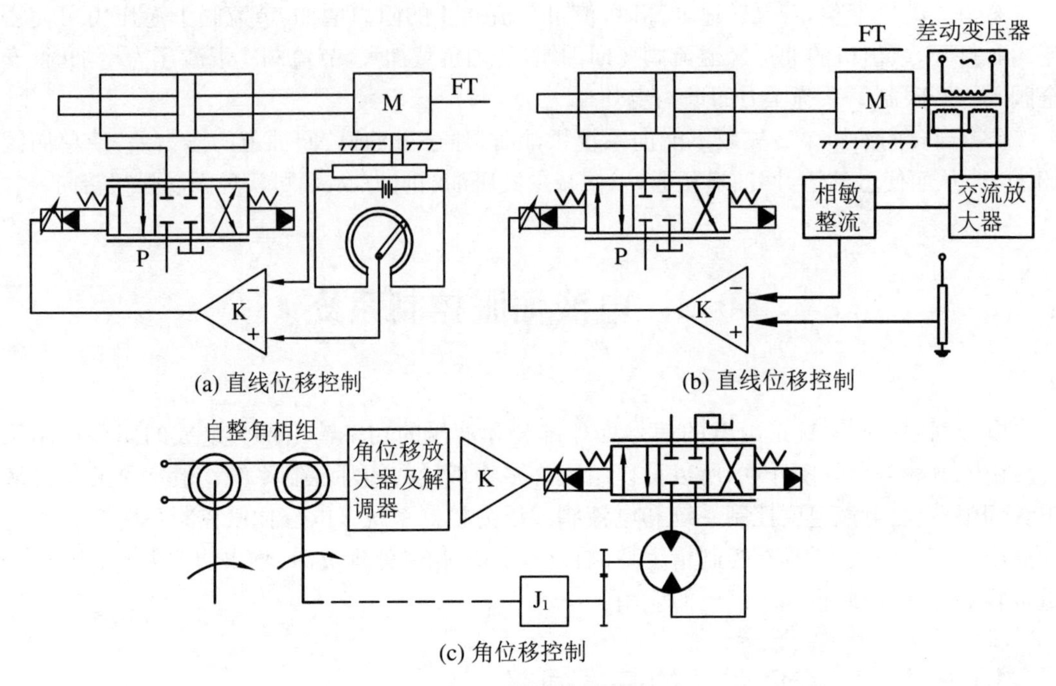

(a) 直线位移控制　　(b) 直线位移控制

(c) 角位移控制

图 10.3　位置控制回路

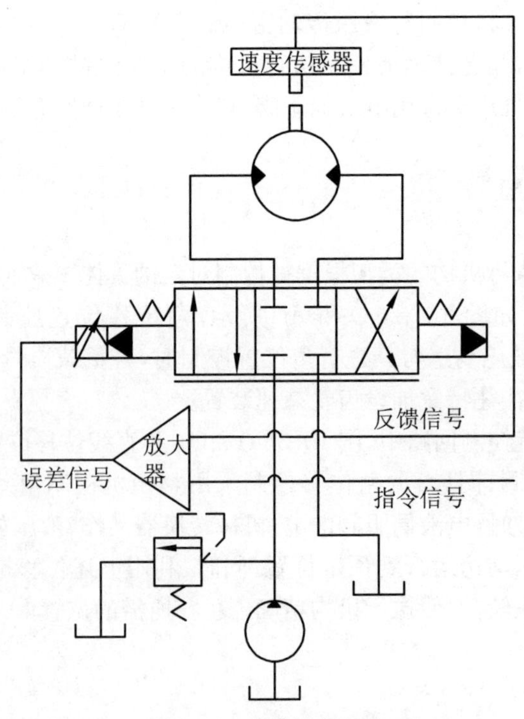

图 10.4　速度控制回路

3. 压力控制回路

图10.5所示的是利用电液伺服阀维持液压缸中压力恒定的控制回路。当电液伺服阀接受到输入指令信号,将信号转换和放大后,使油缸内油液压力达到某一定值,而当油压有变化时,由压力传感器发出的反馈信号与输入的指令信号比较,再通过电液伺服阀控制油缸的动作,以保持油缸内压力的恒定。

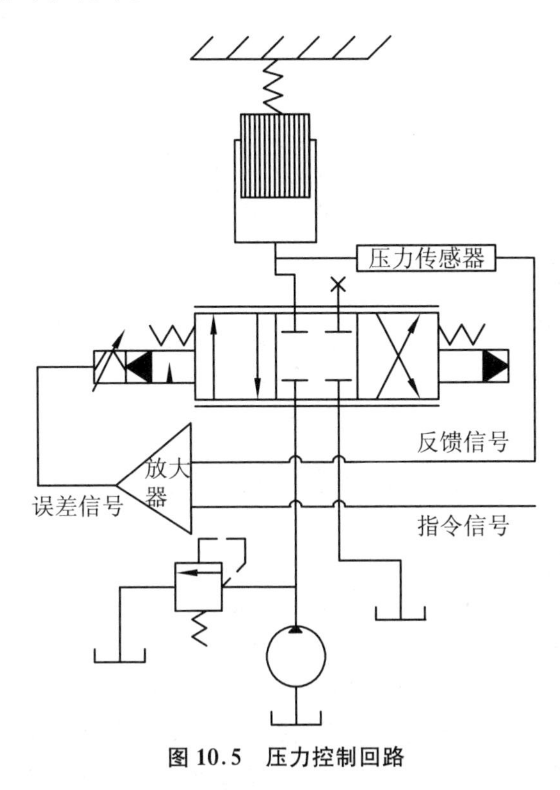

图10.5　压力控制回路

4. 液压缸同步控制回路

图10.6(a)为利用电液伺服阀配流的形式控制两液压缸同步运动的一种回路。该电液伺服阀的功率级是一个三通滑阀,在初始中间位置时,进油腔与两缸的下腔互相沟通。电液伺服阀在没有误差信号输入的情况下,处在静止初始位置,当下部的换向阀换向至左边工作位置时,液压泵输出压力油,通过换向阀,再由电液伺服阀配流,同时进入两缸下腔,两缸上腔油液通过方向控制阀返回油箱,从而推动两油缸同时向上运动。当两油缸的运动同步精度发生偏差时,将传感器B和C检测的反馈信号与指令信号相比较后,再经过放大器控制电液伺服阀的动作,以其反馈信号持续地调整阀口开度,以补充或释放进入两缸的油液,使两缸获得预定的同步运动精度。

如图10.6(b)所示,伺服阀A根据位移传感器C和D的反馈信号持续地控制阀A的开口度,输出一个与换向阀B相同的流量,使两个缸获得双向同步运动。该回路尤其适用于两缸相距较远但要求同步精度很高的场合。

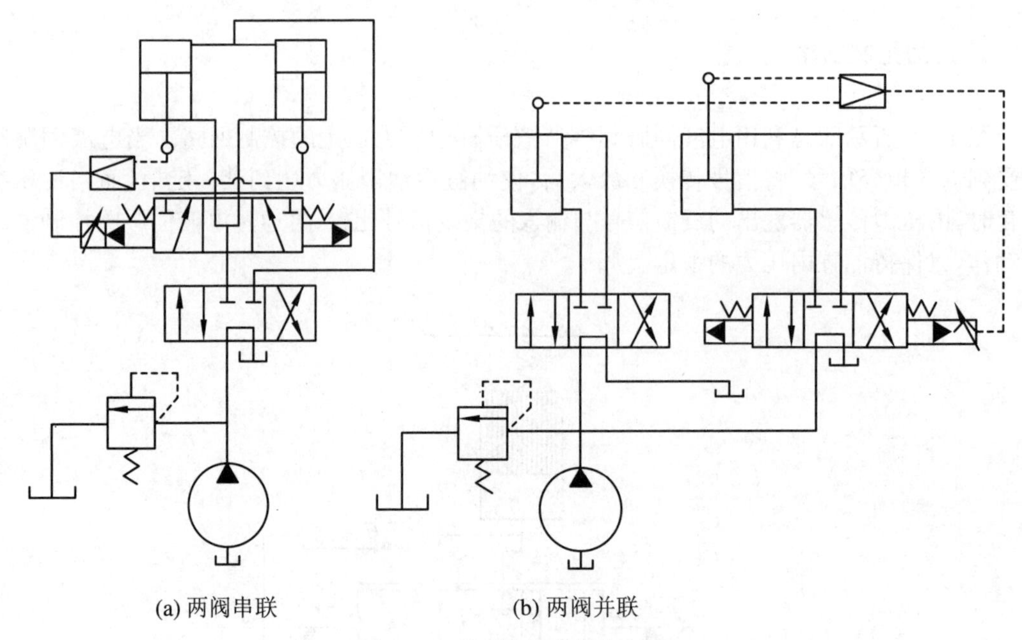

(a) 两阀串联 (b) 两阀并联

图 10.6 液压缸同步控制回路

10.2.2 电液伺服控制系统应用实例

在炼钢车间中，将炼好的钢水由钢水包浇注入钢锭模之前有一系列的炉前操作工作，如在放置钢锭模的底盘上要吹扫除尘、喷涂涂层，在底盘凹坑内充填废钢屑、放置铁垫板，还须在钢锭模内放置金属防溅筒，并将它们与垫板与底盘点焊在一起，这些操作由机械手完成。

图 10.7 为炼钢炉前操作机械手工作原理图。图中(a)为机械手工作原理图。机械手的腕部可以分别绕转腕轴 1 旋转，由液压缸 26 驱动，并可绕转腕轴 2 摆动，由液压缸 25 驱动，机械手掌 3 做成铲斗状，它不仅可以铲取钢屑，而且利用上爪 4(由液压缸 23 驱动)和下爪 5(由液压缸 24 驱动)可抓取铁垫和防溅筒等物体。在机械手的掌上装有喷吹空气的喷嘴 6 和喷吹涂料的喷嘴 7。机械手的小臂 8 和大臂 9 分别用小臂液压缸 19 和大臂液压缸 18 驱动。大臂液压缸 18 由机液伺服阀 13 通过反馈杠杆进行闭环控制，小臂液压缸 19 由另一机液伺服阀(图中未标明)进行闭环控制。小臂和大臂的连杆机构可以保证在机械手处于任何状态时，转腕轴都保持在水平位置，这将使操作简化。机械手转台 10 由转台液压缸 17 通过链轮 11 驱动。转台液压缸 17 由机液伺服阀通过操纵器上的凸轮 16 进行开环控制。图 10.7(b)为操纵器工作原理图。它由小杆 12、大杆 13 和转杆 14 组成，它们分别控制机械手的小臂、大臂和转台。22 为小臂负载感受液压缸，它可将小臂负载的变化准确地反应到小杆上，使操作者感受到负载的变化。21 和 22 分别为大臂负载感受液压缸。

图 10.8 为炼钢炉前操作机械手的控制方框图。因大小臂控制系统的结构完全相同，故图 10.8 中只图示了小臂控制系统的方框图。图 10.8(a)为操纵器对控制系统的方框图。大小臂都采用了机液伺服阀，构成了杠杆式位移负反馈的机液位置伺服控制系统，这样就保证了小臂的摆角 θ_3 能按比例地跟踪小杆摆角 φ_3。转台的转角 θ_1 则由转杆的转角 φ_1 进行开环控制。图 10.8(b)为机械手负载感受系统的方框图。小臂与小杆之间以及大臂与大杆之

间都是采用了压力伺服控制系统，以保证操纵器小杆上感受的力 f_3 能准确地反应小臂上负载力 F_3 的变化。系统采用了电液伺服阀和压力传感器。由于转台负载感受液压缸和转台液压缸并联，转杆上感受的力矩 t_1 也能反应转台负载力矩 T_1 的变化。

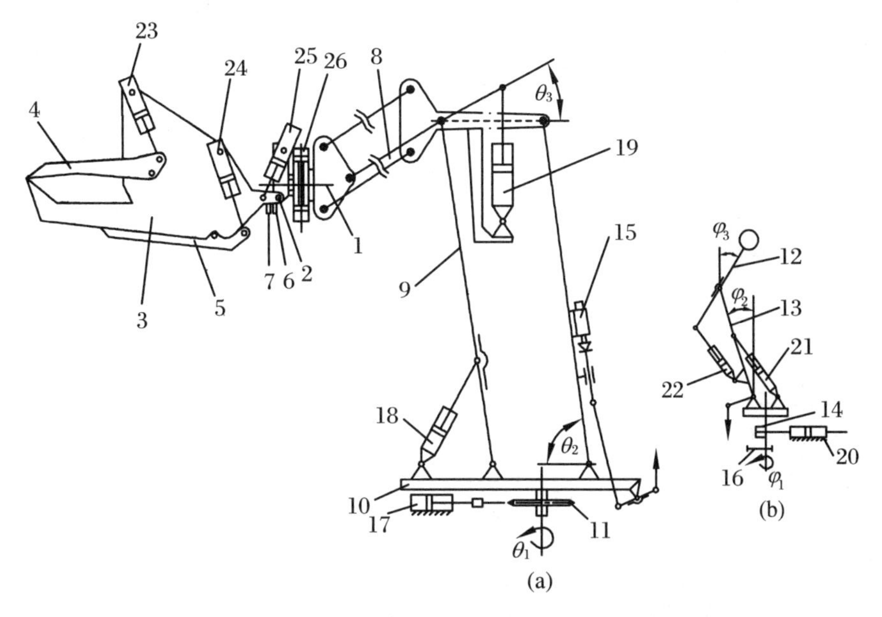

图 10.7 炼钢炉前操作机械手工作原理图

1、2—转腕轴；3—手掌；4—上爪；5—下爪；6、7—喷嘴；8—小臂；9—大臂；10—转台；11—链轮；12—小杆；13—大杆；14—转杆；15—机液伺服阀；16—凸轮；17—转台油缸；18—大臂油缸；19—小臂油缸；20—转台负载感受油缸；21—大臂负载感受油缸；22—小臂负载感受油缸；23、24、25—油缸；26—转腕油缸

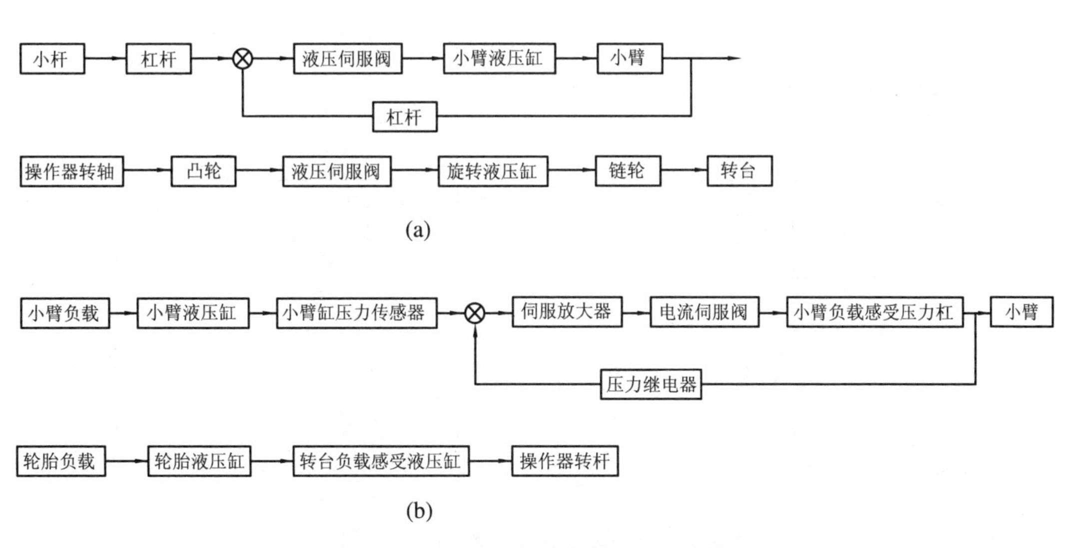

图 10.8 炼钢炉前操作机械手控制方块图

图 10.9 为炼钢炉前操作机械手的液压系统图。机械由手上爪液压缸 23，下爪液压缸 24，摆腕 2、3 和 4 控制。液压缸 23、24、25 和 26 的油路中都装有单向节流阀 5、6、7、8，用以控制爪的开闭、腕的旋转和摆动速度。G_9 的油路中除有单向节流阀 7 外，还有腕负载过载

保护的两个安全阀9、10和腕的摆动姿态自锁的两个液控单向阀11、12。小臂液压缸19和大臂液压缸18分别由机液伺服阀14和机液伺服阀13进行闭环控制，换向阀15用来控制19和18右路的通断，换向阀16是由压力继电器32进行控制的，只有油源压力高于某特定值后大、小臂才能工作。换向阀16和液控单向阀33、34组成闭锁油路，当系统发生故障使阀16失电后，大、小臂不致因载荷而下降以确保安全。压力传感器27和28分别感受大、小臂的负载，作为负载感受系统的给定值。转台双液压缸17由机液伺服阀29进行开环控制，油路具有双向过载保护功能，在换向阀30、31失电时油路具有双向节流功能，以限制转台的运动速度。在操作器的负载感受系统中，大杆负载感受液压缸21和小杆负载感受液压缸22分别由电液伺服阀35和36控制。37和38为压力传感器，它是负载感受系统的检查反馈元件。转台负载感受液压缸20则与转台液压缸17的油路相并联，使负载力矩能直接感受到。

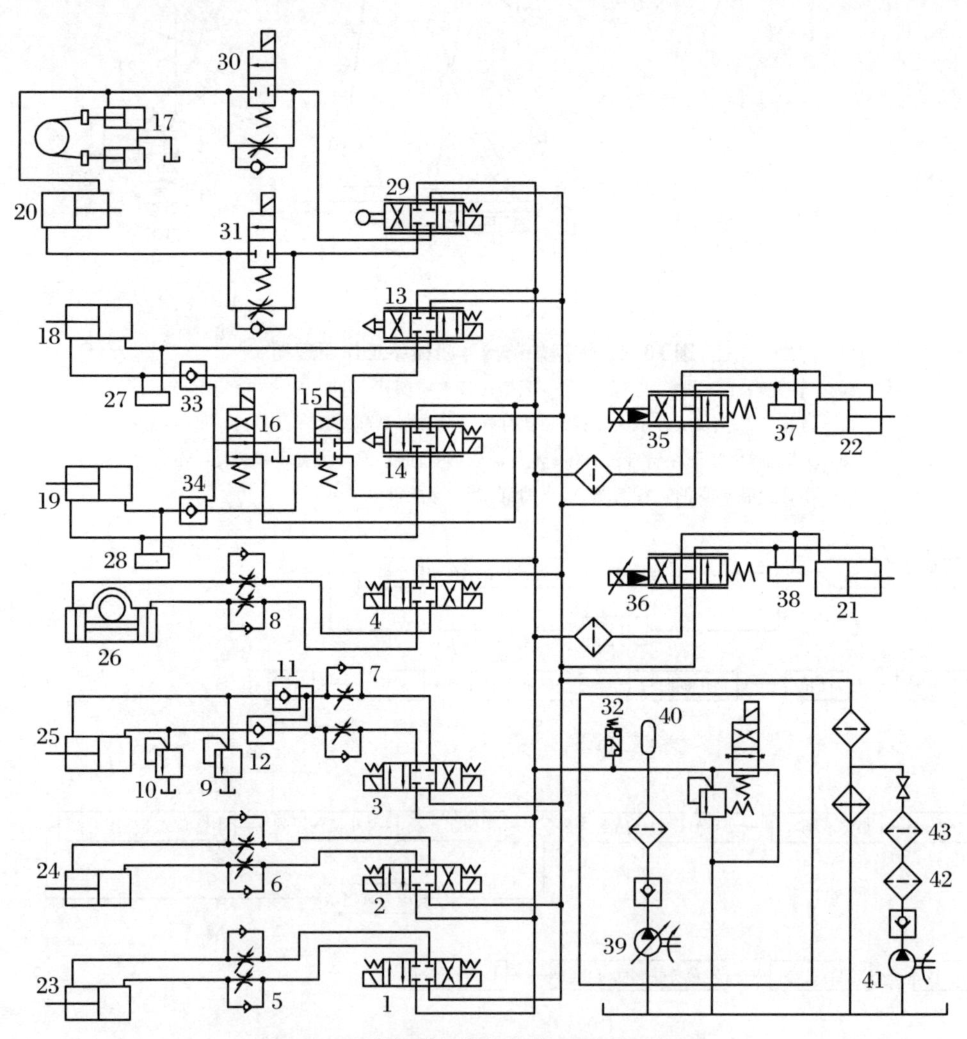

图10.9 炼钢炉前操作机械手液压系统图

1、2、3、4—电磁换向阀；5、6、7、8—单向节流阀；9、10—安全阀；11、12、33、34—液控单向阀；13、14—机液伺服阀；15、16—电磁换向阀；17—转台双液压缸；18—大臂油缸；19—小臂油缸；20—转台负载感受油缸；21—小杆负载感受油缸；22—大杆负载感受油缸；23—上爪油缸；24—下爪油缸；25—摆腕油缸；26—转腕油缸；27、28、37、38—压力传感器；29—机液伺服阀；30、31—电磁阀；32—压力继电器；35、36—电液伺服阀；39—变量油泵；40—蓄能器；41—辅油泵；42、43—滤油器油源油路中有恒压变量泵39、蓄能器40和压力继电器32,并具有安全溢流和卸压功能。由于操作机械手是在高温、易燃环境中工作的,所以采用抗燃磷酸脂作为液压工作介质。在循环泵41后的42为吸附过滤器,内装吸附剂用以降低磷酸脂在使用过程中的酸度,过滤器43用以阻留通过42的颗粒。

课后复习题

1. 思考题

(1) 简述电液比例技术是将电信号按比例转换为液压功率输出的电液转换技术。

(2) 简述比例电磁铁的吸力特性是指衔铁在运动中所受到的电磁力 F_m 与它的行程 y 之间的关系。在一定电流下,衔铁在工作行程区,其电磁吸力不随运行的距离变化而改变。电流变化了,电磁吸力跟着成比例地改变。

(3) 图 A.1 中,为什么曲线 2 是平直的,比例电磁铁不是 $I\uparrow\rightarrow F\uparrow$ 这样变化吗? 请解释清楚。

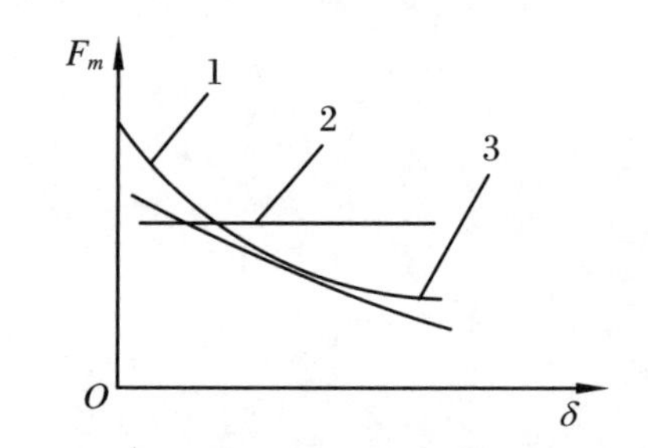

图 A.1 直流螺管式电磁铁的吸力特性

1—平底止座式;2—盆底止座式;3—锥底止座式

(4) 耐高压比例电磁铁主要性能参数有哪些?

(5) 比例电磁铁有力控制和行程控制两种形式,指出图 A.2 所示的两种比例电磁铁分别是何种控制形式。

(6) 比例电磁铁多数为湿式,也有干式比例电磁铁,不同厂家的湿式比例电磁铁中耐油压的程度也不尽相同,多数为耐 35 MPa 的静压。

(7) 比例控制阀分为比例压力控制阀、比例流量控制阀、比例方向阀和比例复合阀。前两种为单参数控制阀,后两种为多参数控制阀。比例方向阀能同时控制流体运动的方向和流量,是一种两参数控制阀。还有一种被称作比例压力流量阀的两参数控制阀,能同时对压力和流量进行比例控制。有些复合阀能对单个执行器或多个执行器实现压力、流量和方向的同时控制。

(8) 比例压力控制阀有比例溢流阀和比例减压阀。比例溢流阀又分为直动式比例溢流阀和先导式比例溢流阀。先导式比例溢流阀有间接检测式和直接检测式之分。直接检测式灵敏度更高。比例减压阀也分直动式和先导式。先导式比例减压阀又分带限压阀的先导式比例减压阀和带压力补偿流量控制器的比例减压阀。

(9) 三通比例减压阀属于直动式减压阀,它分单向三通和双向三通。单向三通有一个出口,双向三通有两个出口。它们的原理是控制出口压力低于进口压力且保持出口压力恒定不变。双向三通比例减压阀常用作电液比例方向阀的先导阀。

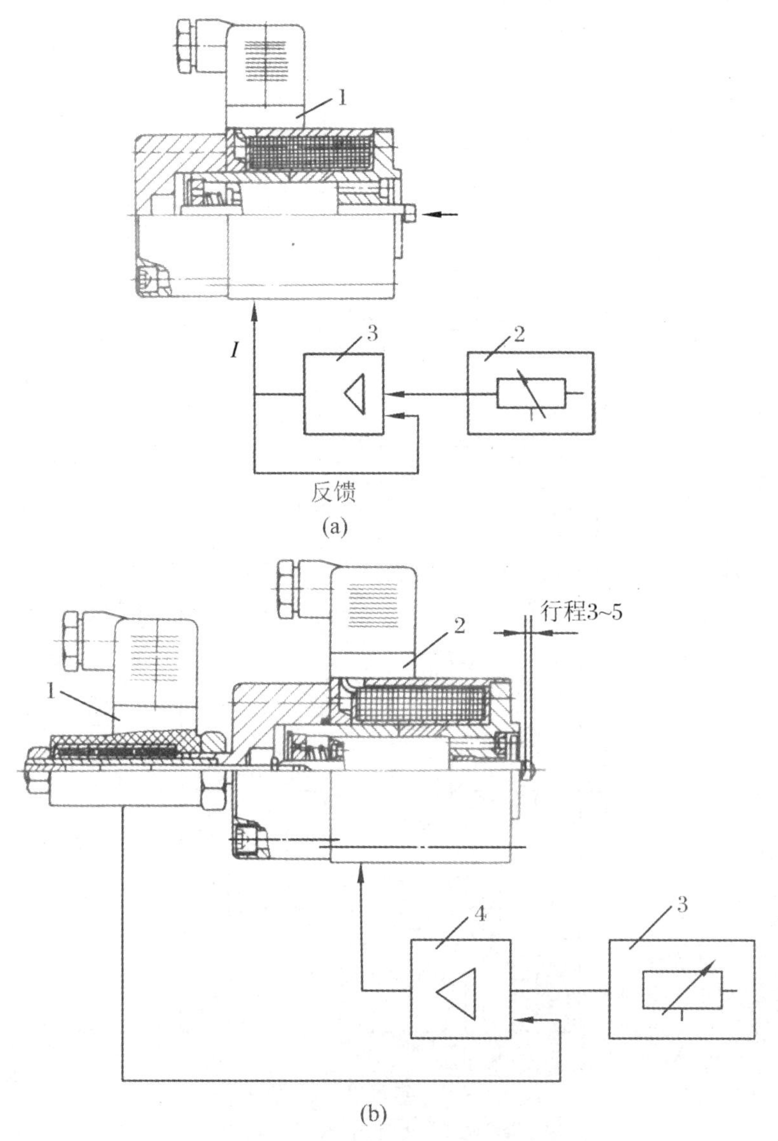

图 A.2

1—比例电磁铁;2—给定电位计;3—比例电控器;4—位移传感器;5—比例方大器

(10) 指出图 A.3 所示的分别是何种功能比例阀?

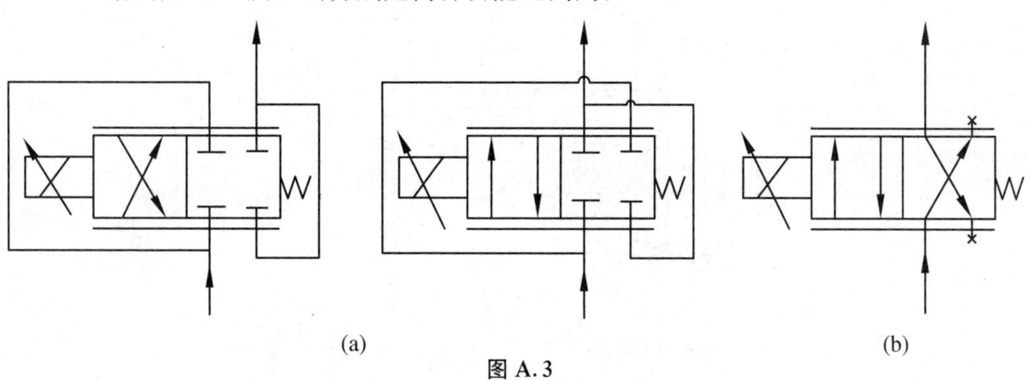

图 A.3

(11) 指出图 A.4 所示是何种功能比例阀?

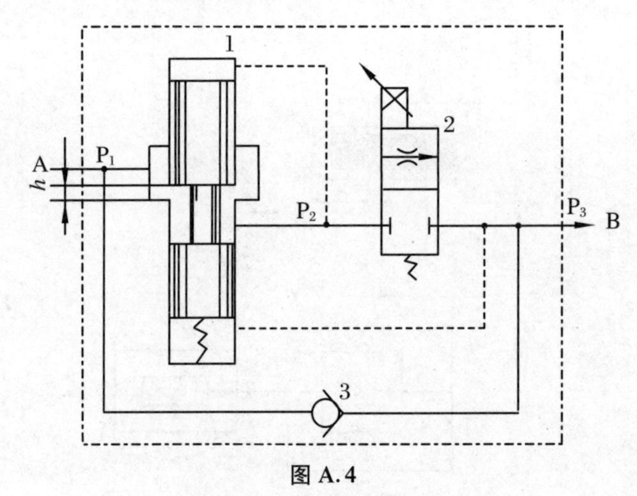

图 A.4

1—定差减压阀;2—比例节流阀;3—单向阀

(12) 指出图 A.5 所示的是何种功能比例阀?

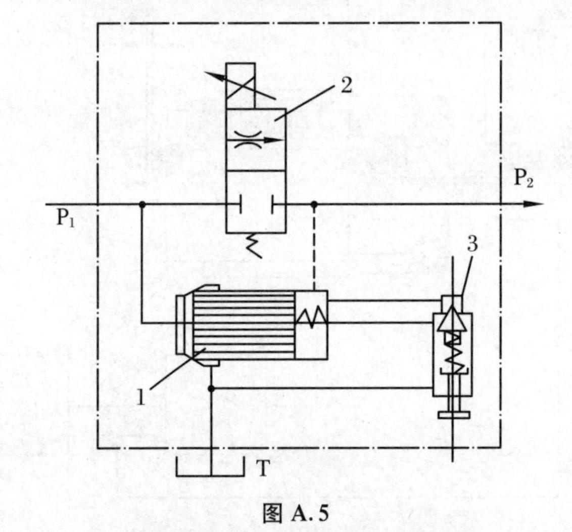

图 A.5

1—定差溢流阀;2—比例节流阀;3—限压先导阀

(13) 图 A.6 所示的是带压力锁定的比例调速阀,它是如何锁定的? 请阐述其工作原理。

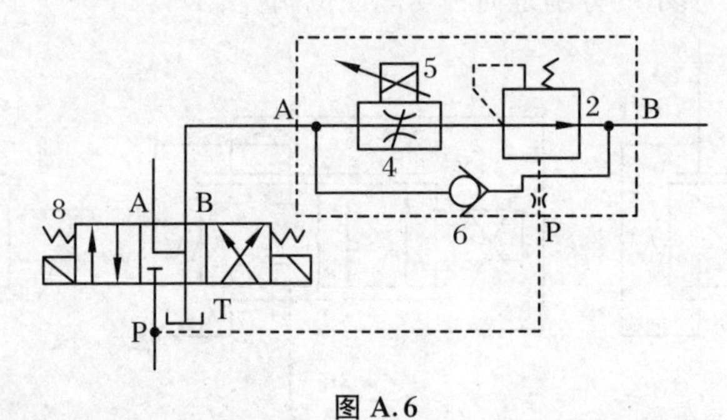

图 A.6

2—压力补偿阀芯;4—控制节流口;5—位置控制型比例电磁铁;6—单向阀;8—换向阀

(14) 图 A.7 所示为直接位置反馈式比例节流阀,请阐述其工作原理。

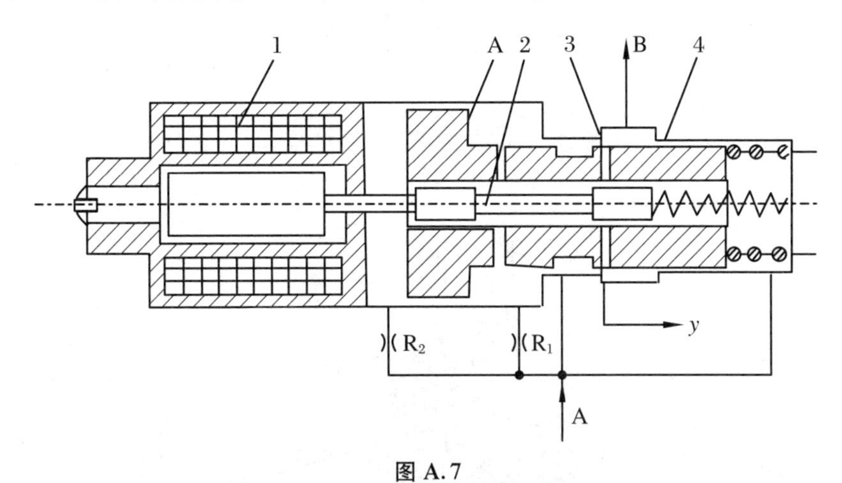

图 A.7

1—比例电磁铁;2—先导阀;3—主节流口;4—主阀

(15) 图 A.8 所示为位置-力反馈式比例节流阀,请阐述其工作原理。

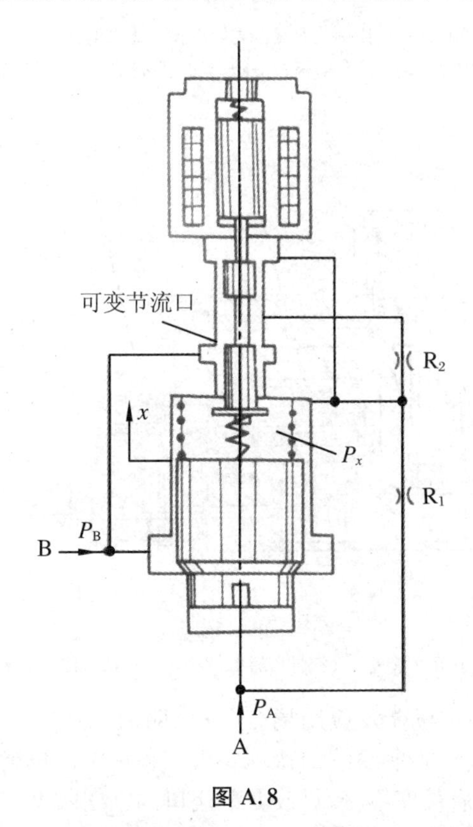

图 A.8

(16) 图 A.9 所示为位移-电反馈式比例节流阀,请阐述其工作原理。

(17) 图 A.10 所示为流量-位移-力反馈式比例节流阀,请阐述其工作原理。

(18) 比例方向阀的阀芯运动控制特点是一般的方向阀开启过程总是先通过死区,然后全开,直至本质上消除节流作用为止。而比例方向阀通过死区后进入节流阶段,而且节流槽的轴向长度永远大于阀芯行程,这样做可以使控制口总具有节流功能。

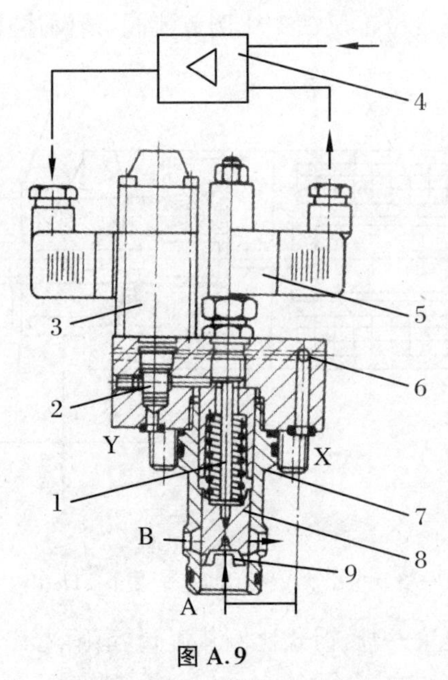

图 A.9

1—位移检测杆；2—比例三通减压先导阀；3—比例电磁铁；4—电控器；

5—位移传感器；6—控制盖板；7—阀套；8—阀芯；9—主节流口

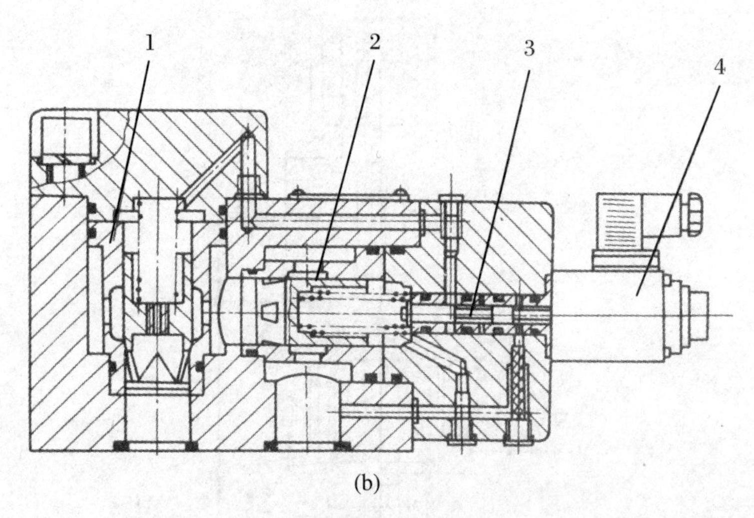

(b)

图 A.10

1—主节流量阀；2—流量传感器；3—先导阀；4—比例电磁铁

(19) 比例方向阀的中位机能及应用场合：三位四通比例方向阀也像电液换向阀那样，具有不同的中位机能，以适应控制系统的特别要求。各种中位机能的获得，是通过保持换向阀套的沉割槽和阀芯的台肩长度不变，只改变节流口的轴向长度来实现的。其中位机能有：O 型、P 型和 YX 型、O_3 型和 YX_3 型等。

(20) 如图 A.11 所示，对于 O_1 型比例方向阀，左位接通时 P→B = Q/2，A→T = Q；右位接通时：P→A = Q，B→T = Q/2。这里指的是什么意思？哪几种中位机能用于对称执行器？哪种机能用于非对称执行器？

(21) 在比例方向阀控制应用回路中，对称阀芯用于对称执行器控制，非对称阀芯用于非对称执行器控制。如图 A.12 所示的阀芯怎么用于控制非对称执行器？为什么？

(22) 比例方向阀的阀芯节流槽口的形状常有几种形式？节流槽口的几何形状为三角形、矩形、圆形或它们的组合。这些节流口有时称为控制槽，在圆周上均匀分布，且左右对称或成某一比例，通常比例系数为1/2，用来适应控制对称执行器或非对称执行器的需要。

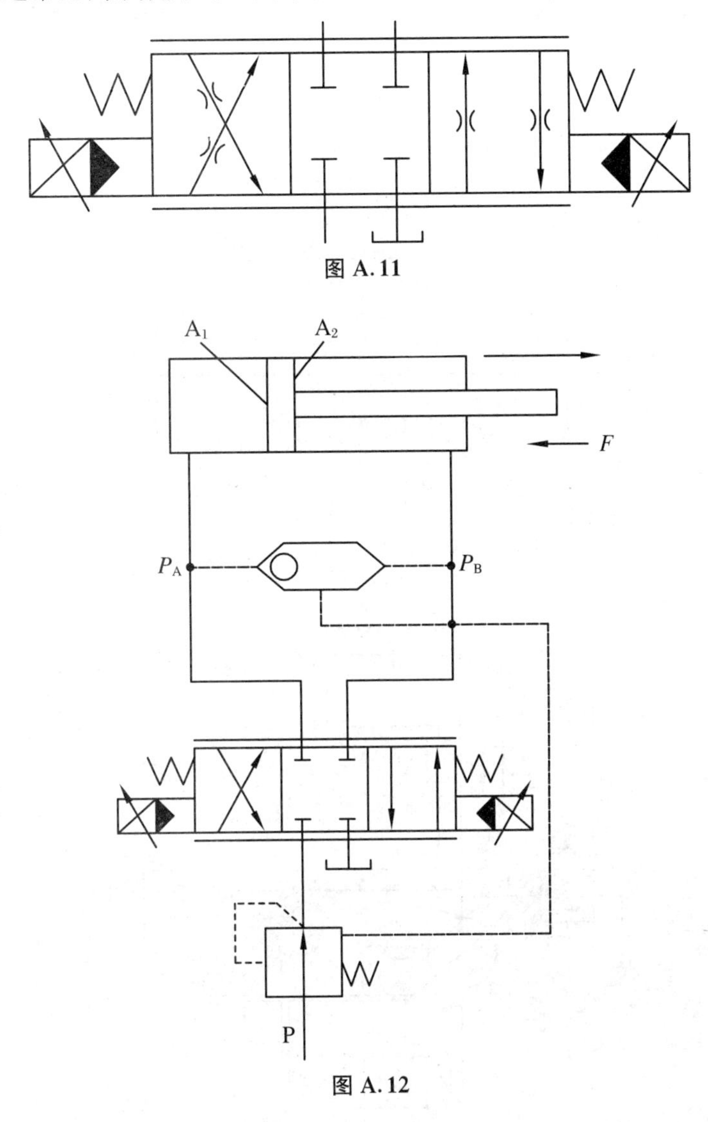

图 A.11

图 A.12

(23) 直动式四位四通闭环比例阀(图 A.13)由阀芯、阀套和阀体组成，与一般比例方向阀略有不同，它有四个工作位置，由一个行程控制型的比例电磁铁来控制。最左面的一个位置是机械零位，与普通阀的自然中位相似。进入正常工作之前，由一偏置电流使阀芯快跳到控制中位上，这时阀芯与阀套采用零搭接，因而无控制死区。工作期间，阀芯在右面的三个工作位置上移动。比例电磁铁失电时，由复位弹簧使阀芯定位在机械零位(紧急停止时的故障保护位置)。

(24) 图 A.14 是何种形式比例阀？起什么作用？

(25) 图 A.15 所示是比例排量调节型变量泵的调速回路，它是通过改变泵的排量来改变进入液压执行器的流量的，属于容积调速回路。请说明它的调速原理。

(26) 图 A.16 所示是比例流量调节型变量泵的调速回路，它属于容积节流型的调速回路。请说明清楚它的调速原理，并指出它与比例排量调节型变量泵的区别。

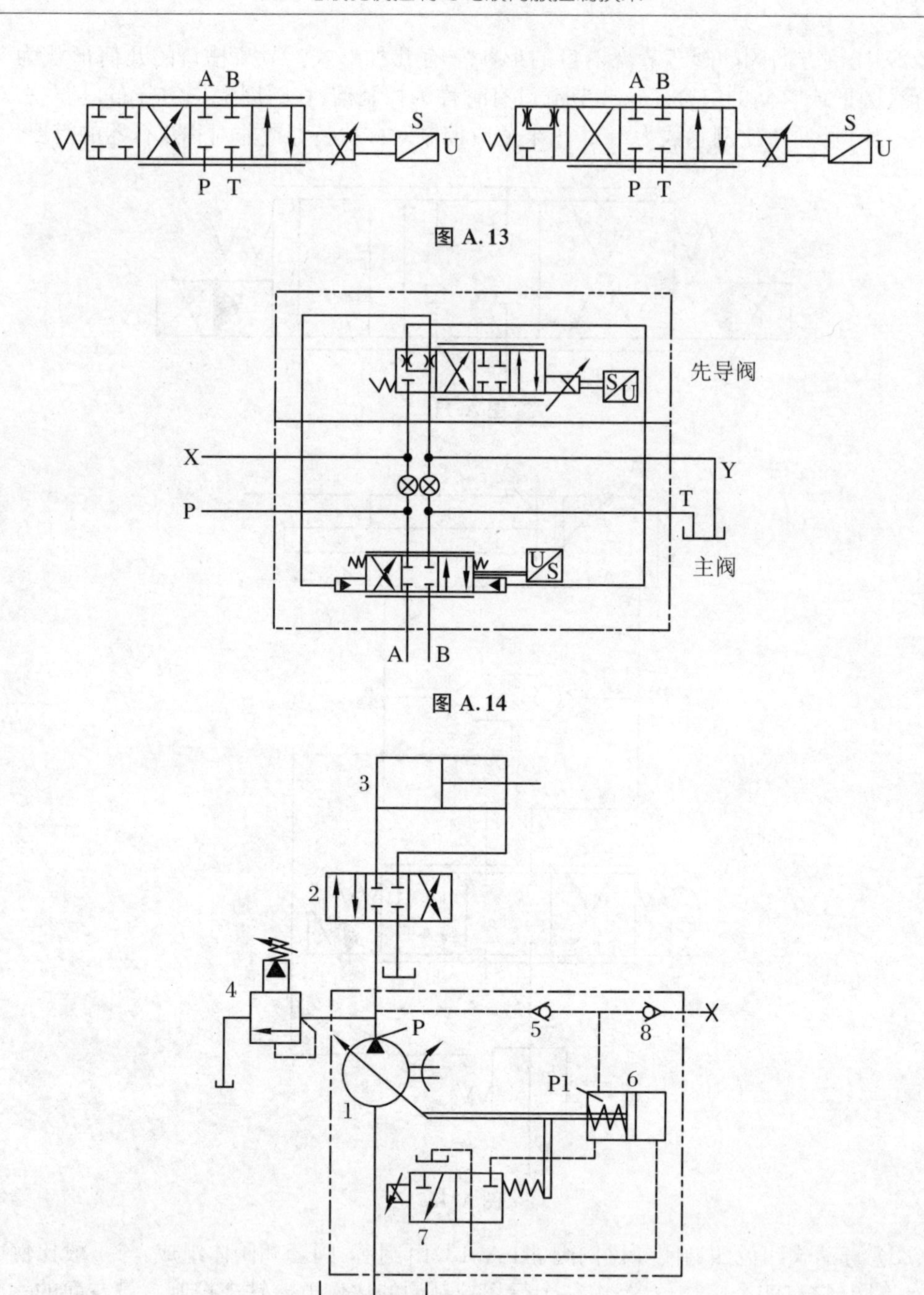

图 A.13

图 A.14

图 A.15

1—变量柱塞泵；2—三位四通换向阀；3—液压缸；
4、7—比例换向阀；5、8—单向阀；6—控制油缸

(27) 图 A.17 所示的是利用 Y 型阀芯实现的差动回路。左侧比例电磁铁通电时油缸差动向右前行，右侧比例电磁铁通电时油缸向左返回。可以看出，在两个方向上速度连续可调，而普通换向阀的差动速度不可调。差动速度的调节是通过控制从 P 到 A 的开口面积变化来实现。由于在 B 管处装入单向阀，使阀芯处于中位时不具 Y 型阀的特点。为此可以把一个节流小孔与单向阀并联，从而实现在中位时仍具有 Y 型阀的特点。此回路处于中位时，油缸能否实现两腔浮动？

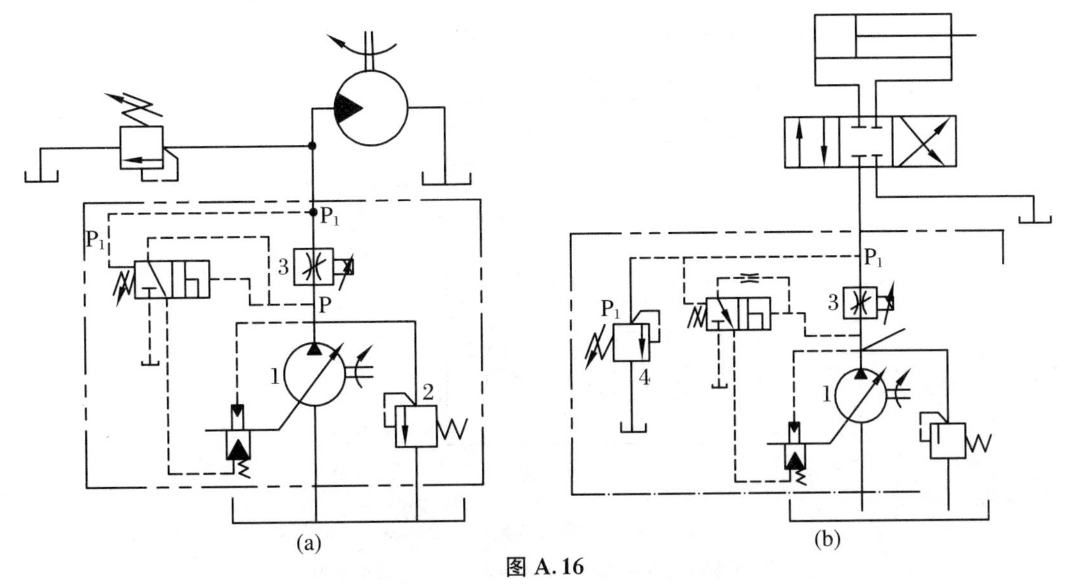

图 A.16

1—变量叶片泵;2—溢流阀;3—比例节流阀;4—压力阀

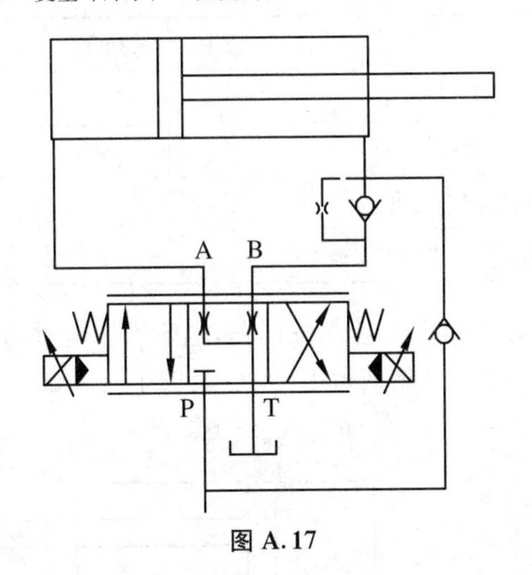

图 A.17

(28) 图 A.18 所示为比例方向阀控制的回路,左位接通时:_______________、__________________中位接通时:__________________,右位接通时:________________________。

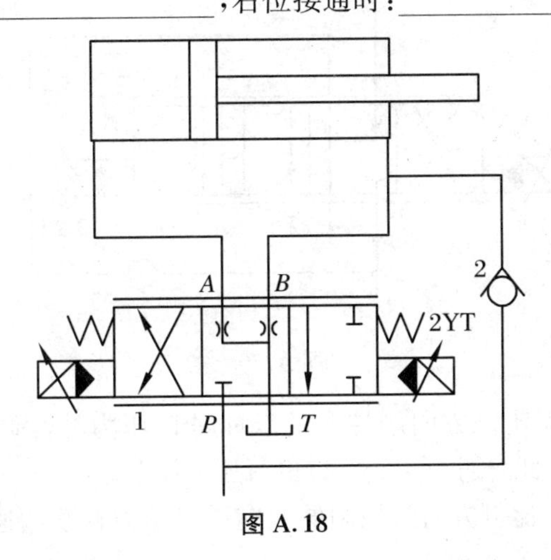

图 A.18

(29) 图 A.19 所示为比例方向阀控制的回路,电磁铁动作顺序如表 $A1$ 所示。

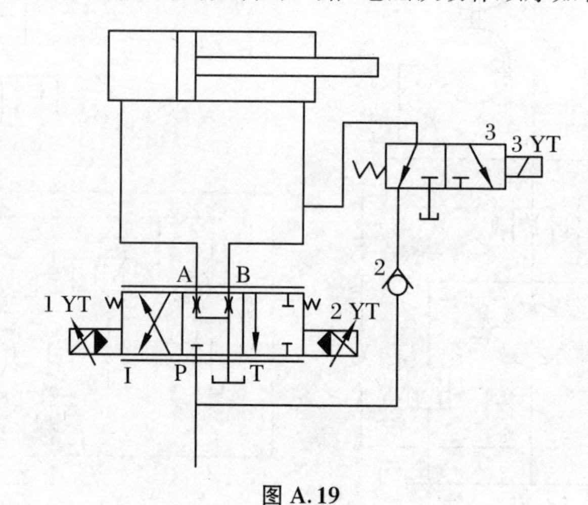

图 A.19

1—Y 型比例方向阀;2—单向阀;3—二位三通换向阀

	1YT	2YT	3YT
活塞杆差动伸出			
活塞杆大推力右行			
活塞杆向左退回			
活塞杆处于中位			

(30) 图 A.20 所示为比例方向阀控制的回路,电磁铁失电时,阀芯处于 2 位置。左侧电磁铁得电时处于______位,右侧电磁铁得电,当电流较小时处于________位,当电流较大时处于________位,且为___________油路。

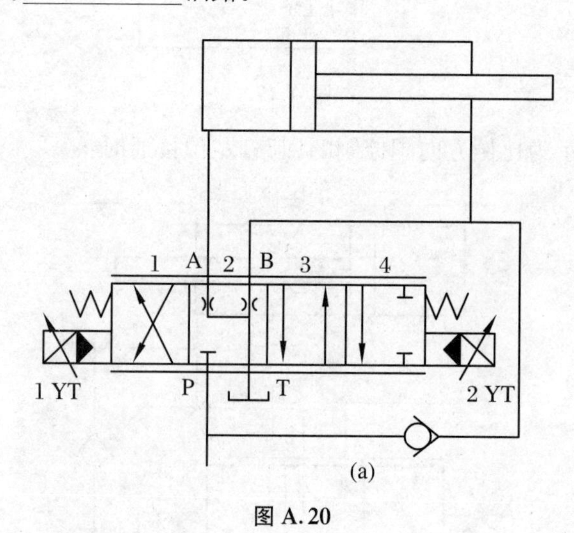

图 A.20

(31) 图 A.21 所示为比例方向阀控制的双向进口压力补偿调速回路,3 DT 得电时,1 DT 为_________状态,此时对________口进行压力调节。

(32) 图 A.22 所示为比例方向阀控制的双向进口压力补偿调速回路,试分析左侧电磁

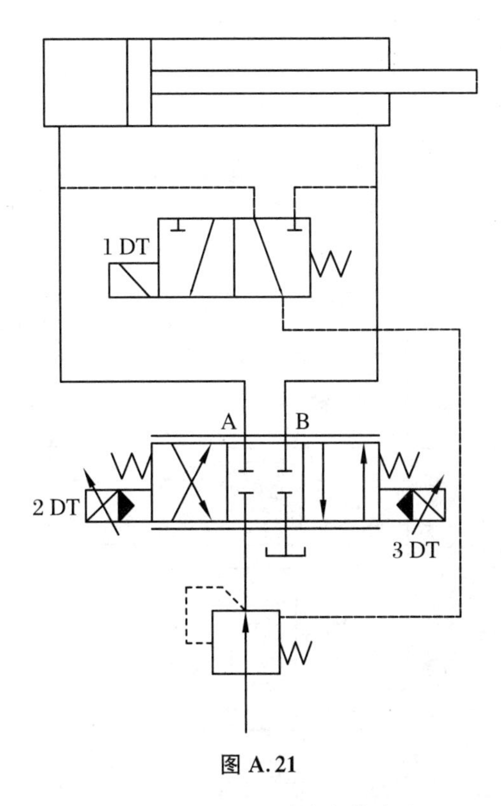

图 A.21

铁得电时,进油路走向:____________________;回油路走向:____________________;右侧电磁铁得电时进油路走向:____________;回油路走向:____________。

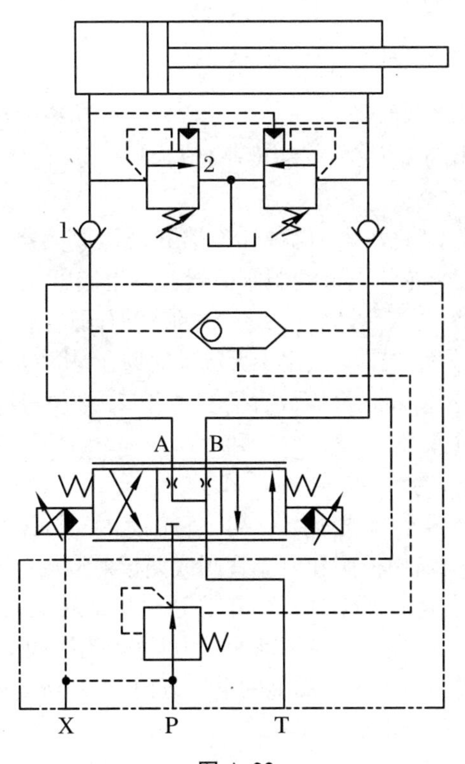

图 A.22

(33) 图 A.23 所示为比例方向阀控制的双向进口压力补偿且带制动阀的调速回路,进口压力补偿器可以调节________端和__________端的压差恒定。使比例方向阀的 A、B 出口流量保持恒定。制动阀可起到__________和______________作用。

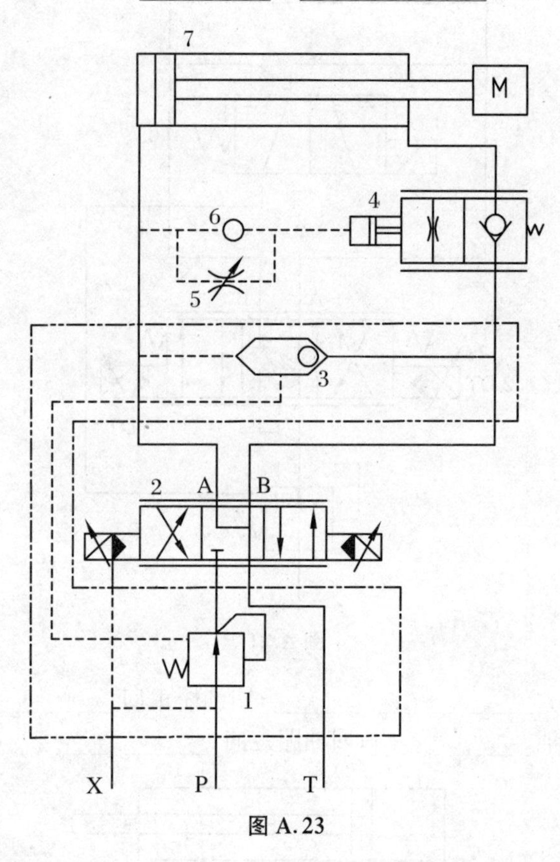

图 A.23

(34) 电液伺服技术是将电信号____________为液压功率输出的电液控制技术。电液伺服系统响应速度快、输出功率大、控制精度高,成为目前__________和____________的伺服系统。

(35) 电液伺服阀的基本组成:电-机械转换器和液压放大器。液压放大器可分为单级放大、两级放大和三级放大。单级电液伺服阀一般适用于低压、小流量和负载动态变化不大的场合;两级电液伺服阀是____________。三级电液伺服阀是由____________去控制第三级滑阀(功率级油阀),____________。它只用于大流量的场合,其流量通常在 200 L/min 以上。

(36) 指出图 A.24 所示滑阀式伺服放大器三种开口形式的名称及其特点。

(37) 电-机械转换器主要是__________和______________,将小功率的电信号转变为阀内的机械运动。力马达分为____________和____________;力矩马达也分为动铁式和动圈式。动铁式即为衔铁可动,动圈式线圈可动。它们是由永久磁铁或激磁线圈产生磁场。动铁式力矩马达一般配用喷嘴挡板阀和射流管阀或偏板射流放大器式阀。动圈式力马达常用于驱动滑阀放大器的阀芯运动。动铁式力矩马达输出的转矩与输入的信号电流成正比,转矩的方向由信号电流的方向决定。对于动圈式力马达,当线圈中有电流通过时,线圈会因受到电磁力而运动,运动方向取决于线圈上的电流方向;线圈所受的电磁力克服弹簧力和负载力,线圈移动的位移与其信号电流成正比。

流量控制型伺服阀的特点是:____。

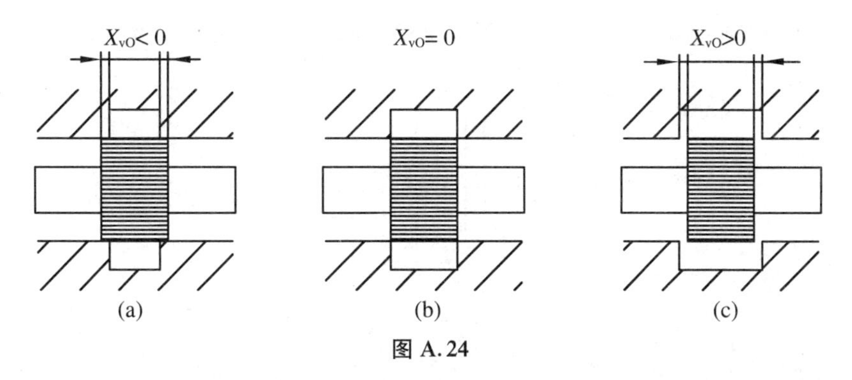

图 A.24

压力控制型伺服阀的特点是：________________________________。

压力-流量控制型伺服阀（P－Q 阀）的特点是：____________________。

(38) 图 A.25 所示为喷嘴挡板式单级阀，试指出是动铁式还是动圈式力马达？

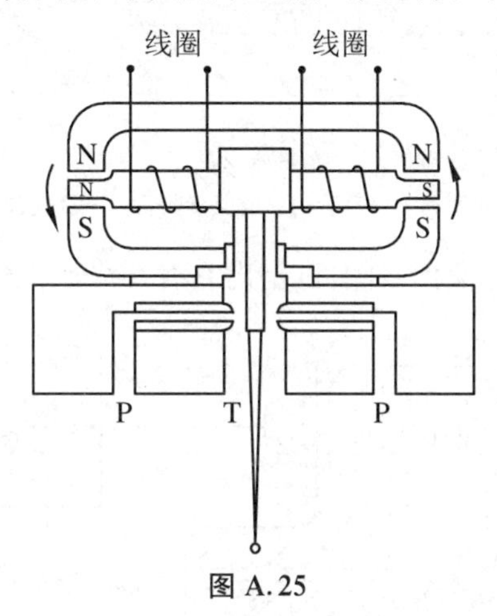

图 A.25

(39) 图 A.26 所示为喷嘴挡板式电液伺服阀，指出它是几级阀？并说明第一级和第二级分别是哪部分？

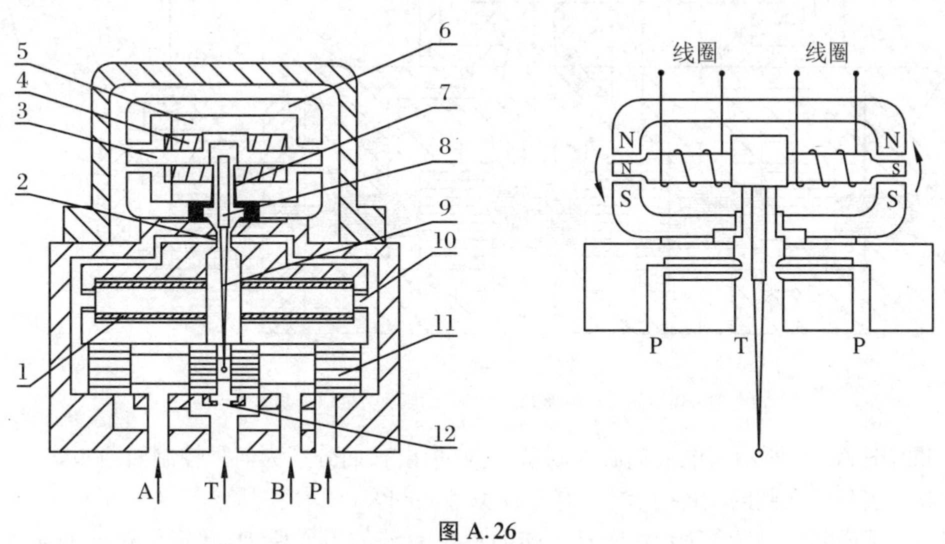

图 A.26

1—滤油器；2—喷嘴；3—衔铁；4—线圈；5—永久磁铁；6—导磁体；7—弹簧管；
8—挡板；9—反馈杆；10—固定节流孔；11—阀芯；12—回油节流孔

(40) 图 A.27 所示为射流管式力反馈电液伺服阀,试指出它为几级放大?

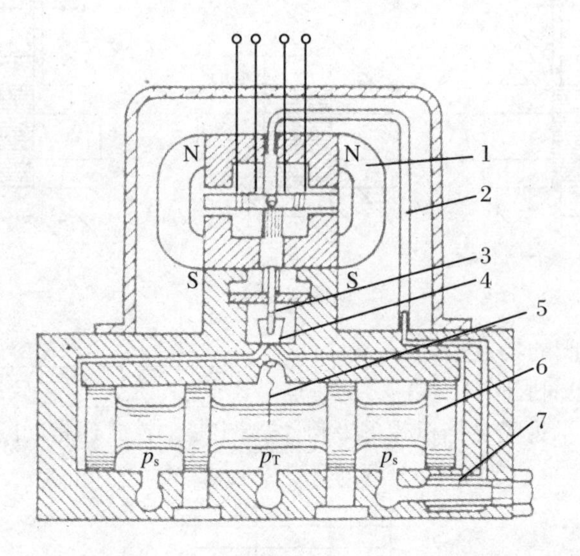

图 A.27

1—力矩马达;2—柔性供油管;3—射流管;4—射流接收管;5—反馈弹簧;6—阀芯;7—滤油器

(41) 图 A.28 所示为一电液伺服阀,试指出它有几级放大?并写出元件 1、2、3 的名称。

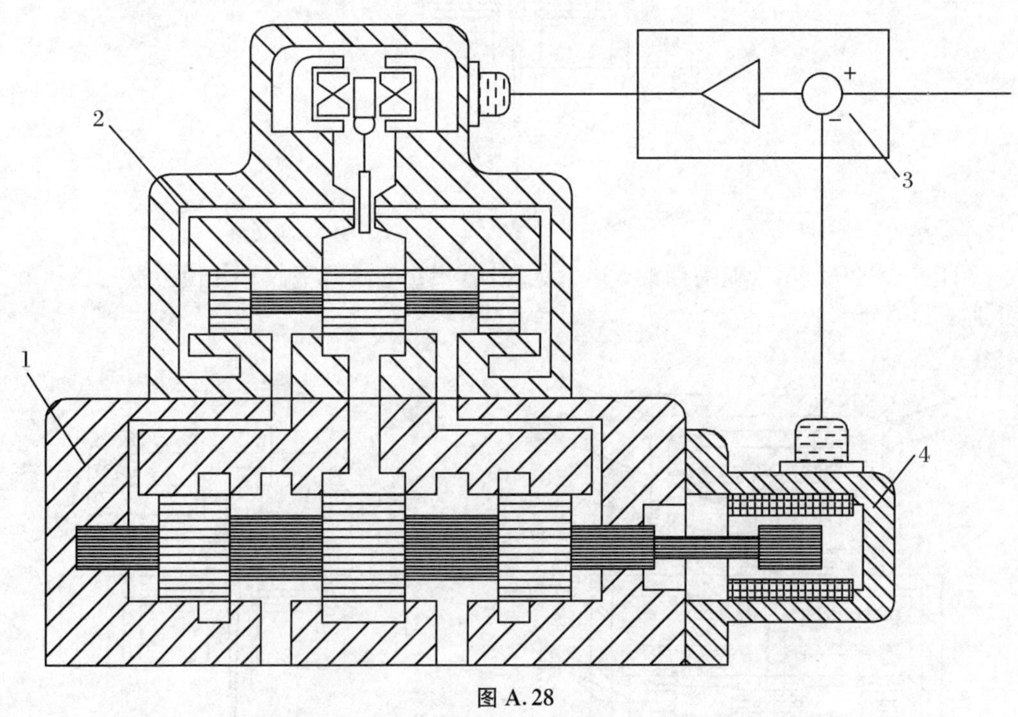

图 A.28

1—功率级滑阀;2—两级伺服阀;3—伺服放大器;4—差动变压器

(42) 图 A.29 所示为电液伺服控制系统,试指出它们分别为何种控制回路?

(43) 按照伺服阀的功能分类,它有几种类型的阀?(压力、流量)

(44) 试说明图 A.30 所示汽车动力转向液压系统的工作原理,并指出在下列 4 种状态下进、回油路的流向。

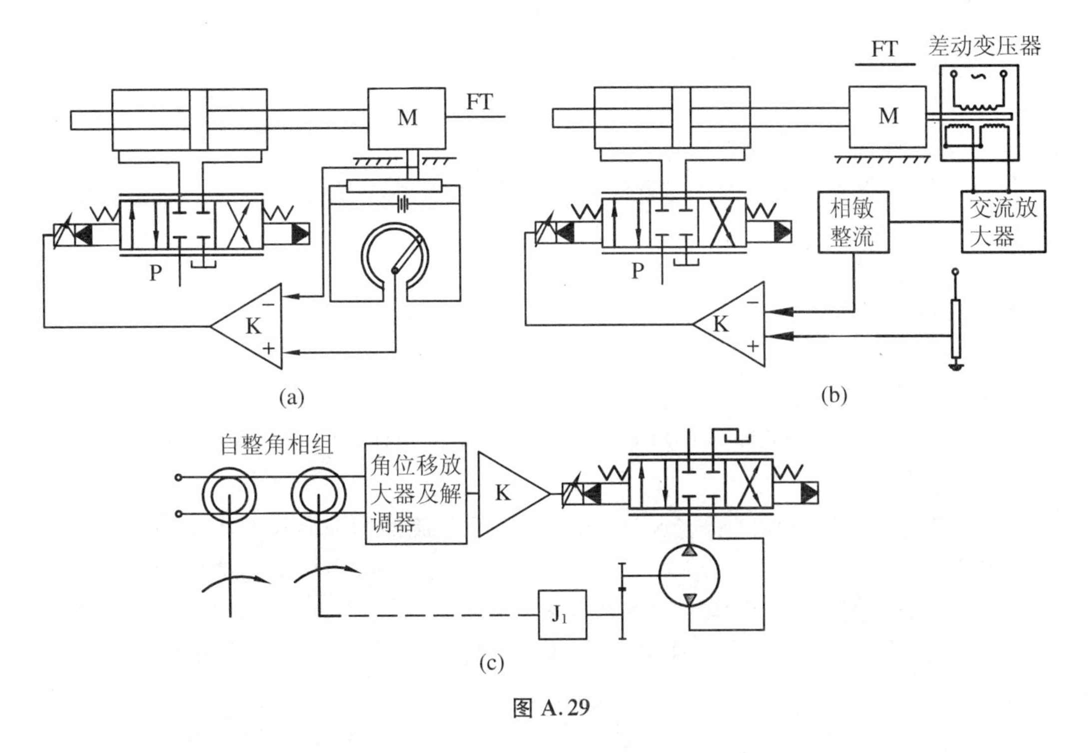

图 A.29

图 A.30

1—油箱；2—液压泵；3—溢流阀；4—节流阀；5—安全阀；6—方向盘；7—液压缸；8—螺杆；9—螺母；10—摇臂杆；11—摇臂轴；12—反作用柱塞；13—单向阀；14—阀体；15—滑阀；16—回位弹簧；17—梯形臂；18—直拉杆；19—转向节臂；20—横拉杆

① 汽车直线行驶时。

② 油泵转速较高时。

③ 汽车左转向时。

④ 汽车方转向液压系统失灵时。

(45) 电液伺服控制系统由于受电检测器的多样性影响,可以组成许多物理量的闭环控制系统。最常见的有哪三种控制系统?

2. 判断题

(1) 三通比例减压阀属于直动式减压阀。 ( )

(2) 三通比例减压阀的原理是控制出口压力低于进口压力且保持出口压力恒定不变。 ( )

(3) 比例方向阀通过死区后进入节流阶段,而且节流槽的轴向长度小于阀芯行程。这样做可以使控制口总具有节流功能。 ( )

(4) 比例方向阀的中位也像电液换向阀那样,具有不同的中位机能,以适应控制系统的特别要求。比例方向阀主有O型、P型和Y型三大类,其中P型能实现差动功能,Y型能实现浮动功能。 ( )

(5) 比例阀中位机能的获得,是通过保持换向阀套的沉割槽和阀芯的台肩长度不变,只改变节流口的轴向长度来实现的。 ( )

(6) O型中位机能用于对称执行器,O_1型机能用于非对称执行器。 ( )

(7) P型中位机能用于对称执行器,PX型机能用于非对称执行器。 ( )

(8) O_1型中位机能用于对称执行器,O_3型机能用于非对称执行器。 ( )

(9) O_2型中位机能用于对称执行器,O型机能用于非对称执行器。 ( )

(10) YX型中位机能用于对称执行器,YX_1型机能用于非对称执行器。 ( )

(11) YX_2型中位机能用于对称执行器,YX_3型机能用于非对称执行器。 ( )

(12) 流量控制型伺服阀的特点是输出空载流量与输入电流成正比关系。 ( )

(13) 压力控制型伺服阀的特点是输出负载压力与输入电流成正比。这种类型的伺服阀多用于压力控制系统里。 ( )

(14) 压力-流量控制型伺服阀(P-Q阀)的特点是负载流量与输入电流成正比。 ( )

参 考 文 献

[1] 黎启柏.电液比例控制与数字控制系统[M].北京:机械工业出版社,1997.

[2] 杨逢瑜.电液伺服与电液比例控制技术[M].北京:清华大学出版社,2009.

[3] 周士昌.液压系统设计图集[M].北京:机械工业出版社,2009.

[4] 成大先.液压控制[M].北京:化学工业出版社,2004.

[5] 赵应樾.液压控制阀及其修理[M].上海:上海交通大学出版社,1999.

[6] 袁承训.液压传动与气压传动[M].北京:机械工业出版社,2007.